普通高等教育新工科机器人工程系列教材

工业机器人控制技术基础

坐标变换计算与编程

郇极 ◎著

工业机器人坐标变换计算与编程是工业机器人控制的关键技术，本书通过5种典型结构的工业机器人介绍坐标正变换和逆变换计算方法和程序示例。所选机器人包括6自由度和7自由度的关节式工业机器人，以及6自由度并联工业机器人。每个程序示例都提供了详细的坐标变换公式推导过程和完整的源程序，内容涉及机构学、解析几何、线性代数、数值计算和计算机编程等多方面内容。程序示例使用Java语言编写，可以在安卓操作系统平板计算机或手机上运行。本书介绍的坐标变换计算方法和程序示例也可以应用于实际的工业机器人控制系统。

本书可作为机器人工程、智能制造工程、工业自动化专业“机器人控制技术”及相近课程的本科和研究生教材，也可作为工业机器人控制系统开发人员的参考书。

图书在版编目（CIP）数据

工业机器人控制技术基础：坐标变换计算与编程/郇极著. —北京：机械工业出版社，2023.12

普通高等教育新工科机器人工程系列教材

ISBN 978-7-111-74568-6

Ⅰ.①工…　Ⅱ.①郇…　Ⅲ.①工业机器人-机器人控制-高等学校-教材
Ⅳ.①TP242.2

中国国家版本馆CIP数据核字（2024）第024351号

机械工业出版社（北京市百万庄大街22号　邮政编码100037）
策划编辑：徐鲁融　　　责任编辑：徐鲁融
责任校对：甘慧彤　张　征　　封面设计：王　旭
责任印制：张　博
北京建宏印刷有限公司印刷
2024年3月第1版第1次印刷
184mm×260mm · 16.5印张 · 404千字
标准书号：ISBN 978-7-111-74568-6
定价：53.00元

电话服务　　　　　　　　　网络服务
客服电话：010-88361066　　机　工　官　网：www.cmpbook.com
　　　　　010-88379833　　机　工　官　博：weibo.com/cmp1952
　　　　　010-68326294　　金　　书　　网：www.golden-book.com

机工教育服务网：www.cmpedu.com

前言

工业机器人的运动由控制系统控制产生，控制系统的计算机控制程序实现机器人操作工具的位置和姿态的运动控制。应用最广泛的关节式工业机器人或并联机器人通常具有6个或7个自由度，它的运动控制需要完成复杂的坐标逆变换计算，由机器人工具在直角坐标系的位置和姿态计算关节转角。它涉及机构学、解析几何、线性代数、数值计算和计算机编程等多方面内容，是机器人控制的核心关键技术。

作者于2016年开始在北京航空航天大学的数控和伺服技术实验室网站上（www. nc-servo. com）发布自己开发的系列虚拟工业机器人控制程序（PAD ROBOT），这些控制程序可在安卓操作系统手机和平板计算机上运行。目前已发布15种关节式机器人、3种双臂机器人和3种并联机器人的控制程序，以便于进行工业机器人教学和编程练习。其中一种7自由度机器人坐标变换方法和程序被国内著名工业机器人控制器生产厂商采用，应用于实际的工业机器人产品之上。本书选取了其中5种结构工业机器人的坐标逆变换程序作为编程示例，向读者介绍工业机器人控制技术中的坐标逆变换计算方法和编程技术。所选机器人包括6自由度和7自由度的关节式工业机器人，以及6自由度并联工业机器人，通过程序示例，读者可以更容易理解和掌握各种复杂的坐标逆变换计算方法和编程方法。

本书向读者介绍了3种关节式工业机器人坐标逆变换计算方法：

1）几何法：该方法利用机器人结构的几何关系，通过分解位置和姿态变量，完成关节式工业机器人的坐标逆变换计算。

2）牛顿-拉普森迭代法 ：该方法是一种数值计算方法，本书采用牛顿-拉普森迭代法完成6自由度或7自由度关节式机器人坐标逆变换计算方法，包括工业机器人坐标逆变换非线性方程组和雅可比矩阵的构建方法。

3）复合迭代法：该方法是作者研究独创的一种数值计算方法。利用机器人结构的几何关系，分解机器人的位置和姿态变量，通过代数迭代和3元牛顿-拉普森方程的复合迭代组合，可以完成所有复杂结构工业机器人的坐标逆变换计算。这种计算方法比直接牛顿-拉普森迭代法更加简便。

此外，本书还结合两种方法完成了一种6自由度六杆并联机器人的坐标变换方法和编程：首先用牛顿-拉普森迭代法完成坐标正变换计算，然后用几何法完成坐标逆变换计算。

本书的主要内容如下：

1）第1章为概述，介绍了本书的内容概要和特点。

2）第2章介绍工业机器人控制系统软硬件结构和控制系统的控制原理。

3）第3章介绍使用几何法完成一种典型6自由度关节式机器人坐标变换的计算方法和

程序示例1。

4）第4章介绍使用几何法完成一种6自由度手腕关节偏移结构机器人坐标变换的计算方法和程序示例2。

5）第5章在第4章的基础上，改变关节J_4和J_5的旋转轴初始布置方向，介绍使用几何法完成一种6自由度手腕关节偏移结构机器人坐标变换的计算方法和程序示例3。

6）第6章介绍使用牛顿-拉普森迭代法完成一种7自由度关节式机器人坐标变换的计算方法和程序示例4。

7）第7章介绍一种六杆并联机器人坐标逆变换计算方法和牛顿-拉普森数值迭代坐标正变换计算方法，以及程序示例5。

8）第8章介绍一种6自由度关节式机器人的复合迭代坐标逆变换方法和程序示例6。

9）附录列出了全部程序示例的完整源程序，便于读者学习和进行编程应用。结合本书的理论讲解，读者可以利用本书提供的编程示例，编写自己的坐标变换计算程序并进行验证。本书程序示例是使用Java语言编写的，使用了与C语言相同的指令集，可以直接转换成C语言程序。

书中难免有疏漏和不足之处，敬请各位读者批评指正。

作　者

目录

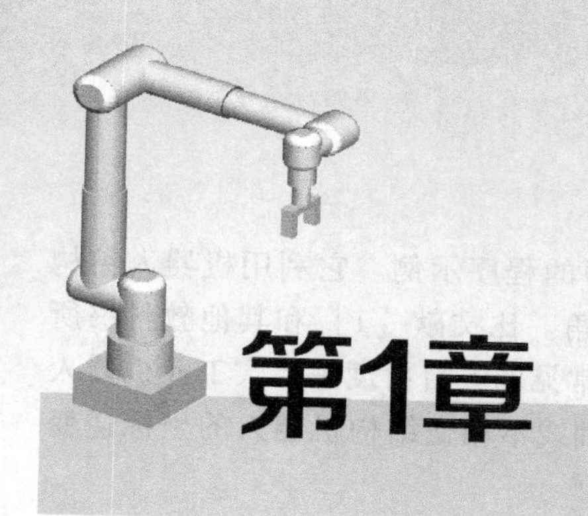
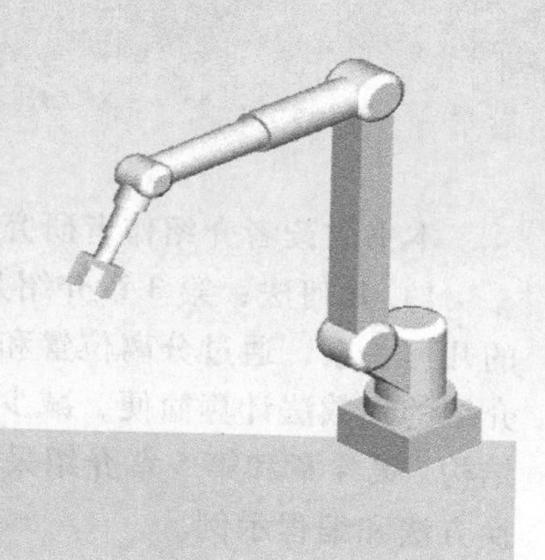

第1章 概述

1.1 工业机器人控制与坐标变换计算方法

关节式工业机器人或六杆并联机器人通常具有6个或7个旋转自由度，由伺服电动机通过减速机驱动。机器人控制系统通过控制关节的转角实现末端工具在直角坐标系的位置和姿态控制，执行操作程序和工作任务。坐标变换是机器人关节转角与工具在直角坐标系位置之间关系的数学变换，涉及机构学、解析几何、线性代数、数值计算和计算机编程等多方面内容，是机器人控制的核心关键技术之一。

作者于2016年至2023年在北京航空航天大学的数控和伺服技术实验室网站上（www.nc-servo.com）发布了自己开发的系列虚拟工业机器人控制系统程序（PAD ROBOT），可在安卓操作系统手机或平板计算机上运行，用于工业机器人教学和编程练习。它包含了多种结构关节式和并联结构工业机器人控制案例，所涉及的坐标变换计算方法和程序示例也可以移植到工业机器人控制系统，目前已经有国内著名机器人制造商利用本书提供的方法和程序成功开发了7自由度工业机器人控制系统。

机器人坐标变换包括2种变换：①正变换，已知机器人关节转角，获得末端工具在直角坐标系的位置和姿态的变换计算；②逆变换，已知末端工具在直角坐标系中的位置和姿态，获得机器人关节转角的变换计算。其中，逆变换计算比较复杂，涉及较多计算方法和编程技术。机器人的运动由控制器控制伺服电动机产生，为了获得快速、精确和平稳的运动，控制器必须以0.5~2ms的周期向驱动伺服电动机的伺服装置发送控制命令，控制机器人关节的转角，最终控制末端工具在直角坐标系的位置和姿态。控制器必须在0.5~2ms的控制周期内完成坐标变换计算，对坐标变换计算方法和编程技术提出了很高的运算速度要求，这也是工业机器人控制技术的一个专门领域。

根据文献［4］［5］，可以将现有的坐标逆变换方法分为如下3类。

1）代数法：用代数消元法求解多元非线性方程组。

2）几何法：利用机器人结构的几何关系，通过分解位置和姿态变量，求解多元非线性方程组。

3）数值计算法：采用牛顿-拉普森迭代法求解非线性方程组。

1.2 本书内容与特点

本书向读者介绍作者研究的3种坐标逆变换计算方法。

1）几何法：第3章介绍几何法的计算原理和作者编写的程序示例。它利用机器人结构的几何关系，通过分离位置和姿态变量，求解6个关节转角。比文献［1］和其他教科书所介绍的代数法计算简便，减少了多重解。它适用于目前最常见的6自由度关节式工业机器人结构。第4章和第5章介绍采用几何法完成手腕3个关节轴线不相交结构机器人的坐标逆变换方法和编程示例。

2）牛顿-拉普森迭代法：适用于6个或7个自由度手腕3个关节轴线不相交结构的关节式机器人。第6章介绍这种结构工业机器人的坐标逆变换计算方法和程序示例。包括5元非线性方程组的构建方法、雅可比矩阵的构建方法、数值解法。

3）作者提出的一种数值计算坐标逆变换方法：作者将其命名为“复合迭代法”。它离散化末端工具的位置和姿态变化增量，将关节转角未知量分为2组，分别用代数迭代法和牛顿-拉普森迭代法求解位置相关关节转角和姿态相关关节转角。可以用3元非线性方程组求解部分关节转角。比前述第2种方法的5元非线性方程组解法计算简便，避免了多重解，简化编程，缩短了计算时间。它能够处理所有特殊和复杂结构的6个或7个自由度的关节式机器人的坐标逆变换。第8章介绍这种方法和程序示例。

此外，本书第7章介绍了一种六杆并联机器人的坐标变换计算方法和编程示例，其中包括用牛顿-拉普森迭代法完成坐标正变换计算。

综上所述，本书介绍作者研究和验证的4种关节式工业机器人坐标变换计算方法和程序示例，以及一种六杆并联机器人坐标变换计算方法和程序示例，附录列出了全部程序示例的完整源程序，便于读者学习工业机器人坐标变换计算方法和编程技术。这些计算方法和示例程序也可以移植到实际的工业机器人控制系统。读者可以利用本书提供的编程示例，编写自己的坐标变换计算程序并进行验证。

1.3 编程环境和程序示例

本书所介绍的示例程序是使用安卓应用程序开发工具 Eclipse 和 Java 编程语言编写的，因此可以直接在安卓系统的平板计算机或手机上运行验证。Google 公司提供了一个安卓集成开发环境，下载网址为 http://developer.android.com/sdk/index.html[㊀]。本书编程示例所使用的安装版本为 jdk-6u22-windows-i586.exe。若将该开发工具安装在 Windows 操作系统中，可以在 Windows 操作系统的 PC 上开发安卓应用程序。将所开发的应用程序（APK）下载到平板计算机或手机上，即可在平板计算机或手机上运行。关于下载和安装安卓集成开发环境的具体步骤及 Eclipse 相关操作，请读者参考作者所著文献［2］或其他相关书籍学习。本书程序示例采用 Java 语言编写，使用了与 C 语言相同的指令集，读者也可以参考程序示例直接转换成 C 语言编程。

㊀ 本书中涉及的网站若无法打开，请读者查阅相关信息自行解决。

第2章 关节式工业机器人结构和控制系统

2.1 6自由度关节式工业机器人结构和控制系统

图2-1所示为一种典型的6自由度关节式工业机器人结构和控制系统示意图。机器人具有6个关节转动自由度，由电动机通过减速机驱动。机器人控制器运行工作程序，完成控制运算，将关节位置控制命令发送到伺服驱动装置。伺服驱动装置驱动伺服电动机，控制机器人关节 J_0 ~ J_5 的运动，使它们到达工作程序指定的位置。操作人员通过操作盒控制机器人的运行，可实现示教编程、手动调试和自动运行等功能。

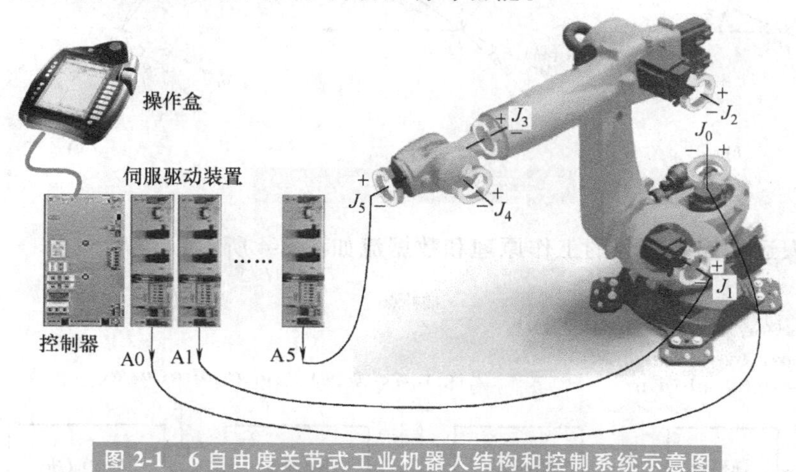

图2-1　6自由度关节式工业机器人结构和控制系统示意图

2.2 工业机器人控制系统基本原理及控制过程

2.2.1 工业机器人控制系统基本原理

工业机器人电动机驱动关节，进而产生工具在直角坐标系的运动和定位，完成工作任务

操作。工具位置和姿态控制原理如图 2-2 所示，P_0-$x_0y_0z_0$ 是设置在机器人基座上的机器直角坐标系，通过控制关节转动角度 $\alpha_0 \sim \alpha_5$ 产生工具的位置 $P_t(x, y, z)$ 和姿态，在工具位移建立的 P_t-$x_ty_tz_t$ 坐标系也称为移动坐标系。

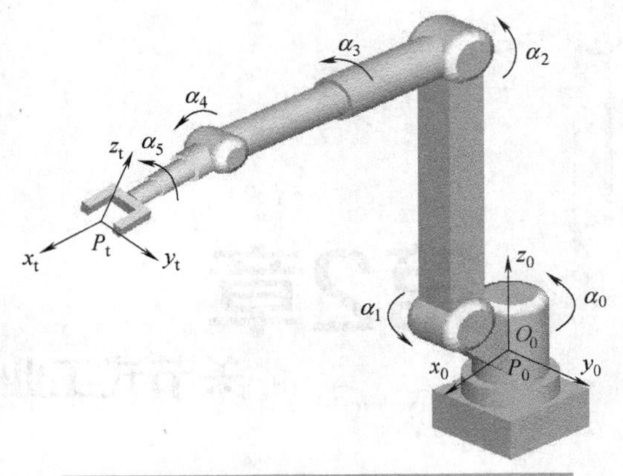

图 2-2　工具位置和姿态控制原理示意图

工具的姿态由工具坐标系的 x_t、y_t、z_t 坐标轴相对直角坐标系 x_0、y_0、z_0 坐标轴的旋转定义。设在 P_t 处有一与 O_0-$x_0y_0z_0$ 方向相同的坐标系 P_t-$x'_0y'_0z'_0$，在初始姿态下，x_t、y_t、z_t 坐标轴方向与 x'_0、y'_0、z'_0坐标轴方向重合，如图 2-3a 所示。工具坐标系 x_t、y_t、z_t 坐标轴的姿态由欧拉旋转变换产生，它是工具坐标系由初始姿态绕中间坐标系轴旋转 3 次所产生的结果，共有 12 种旋转组合[4]。本书编程示例采用的欧拉变换旋转次序如下。

1）绕 x_t 轴旋转角度 Φ，形成新的工具坐标系 x'_t、y'_t、z'_t坐标轴，如图 2-3a 所示。

2）绕 z'_t轴旋转角度 Ψ，形成新的工具坐标系 x''_t、y''_t、z''_t坐标轴，如图 2-3b 所示。

3）绕 y''_t轴旋转角度 θ，形成最终的工具坐标系 x'''_t、y'''_t、z'''_t坐标轴，如图 2-3c 所示。

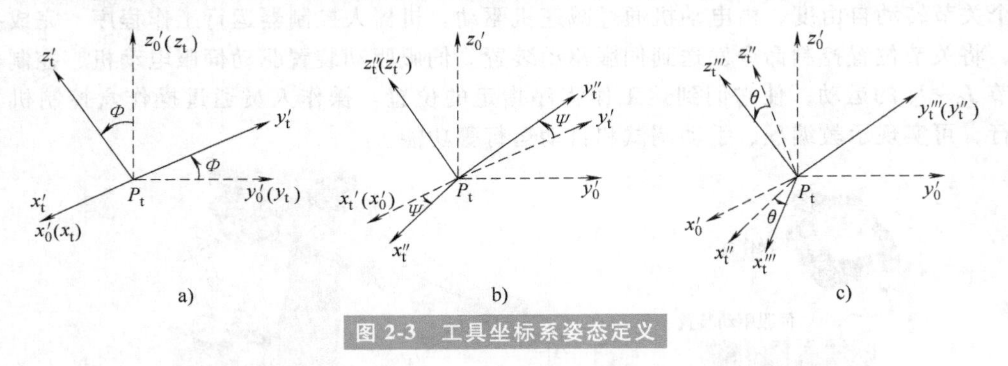

图 2-3　工具坐标系姿态定义

工业机器人运动控制部分的工作原理和数据流如图 2-4 所示。

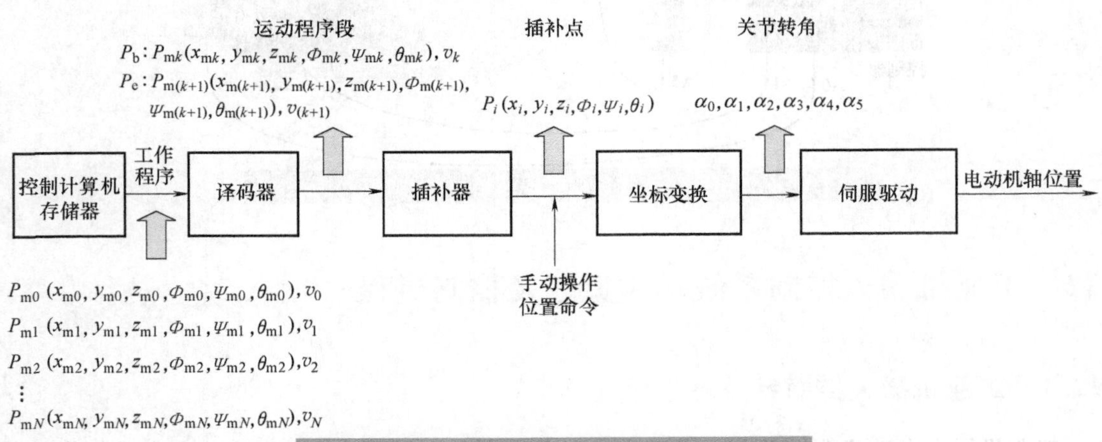

图 2-4　工业机器人运动控制工作原理和数据流

2.2.2 工业机器人控制具体过程

工作程序可以通过示教编程或离线编程产生，保存在控制计算机存储器中，其运动控制工作程序如图 2-4 所示。工作程序规定机器人的工具按照工作顺序完成从程序控制点 0 到控制点 N 的位置和姿态以及速度从 P_{m0}，v_0 到 P_{mN}，v_N 的变换，执行操作任务，具体控制过程说明如下。

1. 译码器

译码器按照工作任务执行顺序，从控制计算机存储器读取下一个运动点的位置和姿态以及速度 $P_{m(k+1)}$（$x_{m(k+1)}$，$y_{m(k+1)}$，$z_{m(k+1)}$，$\Phi_{m(k+1)}$，$\Psi_{m(k+1)}$，$\theta_{m(k+1)}$），v_{k+1}，与当前运动点的位置和姿态以及速度 P_{mk}（x_{mk}，y_{mk}，z_{mk}，Φ_{mk}，Ψ_{mk}，θ_{mk}），v_k 构成一个运动程序段。起点用 P_b 表示，终点用 P_e 表示，如图 2-4 和图 2-5 所示。

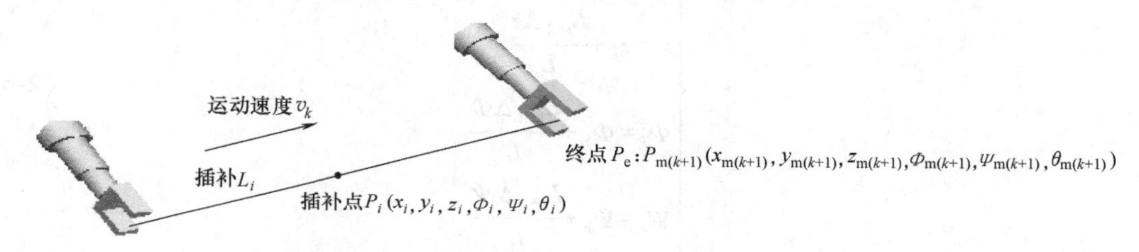

图 2-5 直角坐标系直线插补

2. 插补器

直线插补是工业机器人最基本的运动控制插补功能，它根据直线起点位置和姿态 P_b、终点位置和姿态 P_e 和编程运动速度 v_k，通过固定时间周期计算位置和姿态增量，计算插补点位置和姿态 P_i（x_i，y_i，z_i，Φ_i，Ψ_i，θ_i），控制机器人工具沿给定的直线和速度运动，完成操作任务。插补器运算周期为 T_{intpl}，由机器人控制器的实时中断产生。插补器计算过程如下。

1）插补准备：进行插补准备计算，为插补器运行准备必要的固定参数。

工具运动的直线位移增量和姿态转角增量为

$$\begin{cases}\Delta x = x_e - x_b \\ \Delta y = y_e - y_b \\ \Delta z = z_e - z_b \\ \Delta\Phi = \Phi_e - \Phi_b \\ \Delta\Psi = \Psi_e - \Psi_b \\ \Delta\theta = \theta_e - \theta_b\end{cases} \tag{2-1}$$

插补线段长度为

$$L = \sqrt{\Delta x^2 + \Delta y^2 + \Delta z^2 + \Delta\Phi^2 + \Delta\Psi^2 + \Delta\theta^2} \tag{2-2}$$

它是直线位移增量和姿态转角增量的合成长度（synthetic length）。

每个插补周期的合成位置增量为

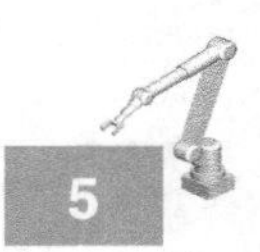

$$\Delta L=v_k T_{\text{intpl}} \tag{2-3}$$

插补计算次数为

$$N=L/\Delta L \tag{2-4}$$

2）插补计算：计算每个插补周期的插补长度，有

$$L_i=L_{i-1}+\Delta L \tag{2-5}$$

式中，L_{i-1} 是前一个插补周期的插补位置，初始值为 $L_0=0$。

计算第 i 个插补点的位置和姿态，有

$$\begin{cases} x_i=x_b+\dfrac{L_{i-1}\Delta x}{L} \\ y_i=y_b+\dfrac{L_{i-1}\Delta y}{L} \\ z_i=z_b+\dfrac{L_{i-1}\Delta z}{L} \\ \Phi_i=\Phi_b+\dfrac{L_{i-1}\Delta \Phi}{L} \\ \Psi_i=\Psi_b+\dfrac{L_{i-1}\Delta \Psi}{L} \\ \theta_i=\theta_b+\dfrac{L_{i-1}\Delta \theta}{L} \end{cases} \tag{2-6}$$

用式（2-6）以插补周期 T_{intpl} 计算 N 次，工具由起点位置和姿态 P_b 运动到终点位置和姿态 P_e。

3. 坐标变换

如图 2-4 所示，坐标变换模块在每个插补周期将插补器输出的插补点的位置和姿态 $P_i(x_i, y_i, z_i, \Phi_i, \Psi_i, \theta_i)$ 通过坐标变换计算转换成机器人关节转角 α_0，α_1，α_2，α_3，α_4，α_5。

4. 伺服驱动

伺服驱动装置根据关节转角指令 α_0，α_1，α_2，α_3，α_4，α_5，通过电动机和减速机驱动器人关节运动，使机器人工具到达程序指定的位置和姿态 $P_i(x_i, y_i, z_i, \Phi_i, \Psi_i, \theta_i)$。

5. 手动运动

如图 2-4 所示，直角坐标系下的手动操作位置指令可以直接输入坐标变换模块。

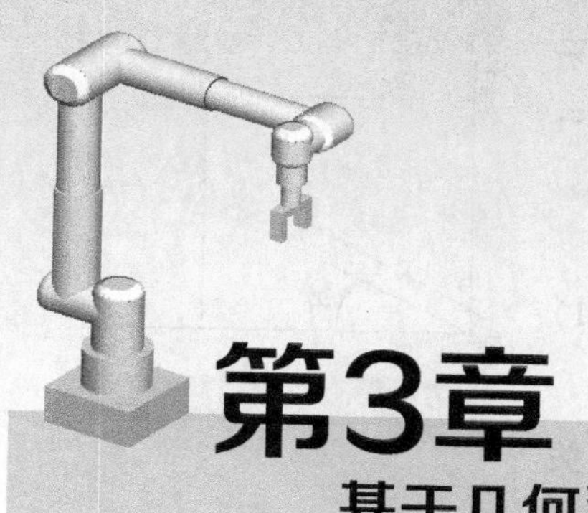
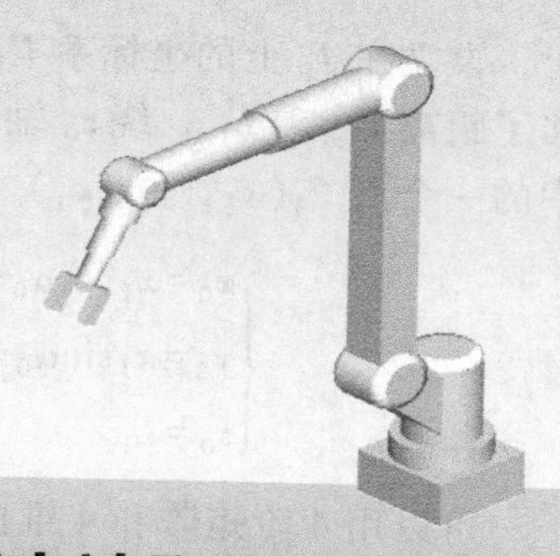

第3章 基于几何法的坐标逆变换计算方法和程序示例1

图 2-1 和图 2-2 所示的工业机器人结构是一种最典型和最广泛采用的工业机器人结构。本章以此机器人结构为例，介绍机器人坐标正变换方法和基于几何法的坐标逆变换方法，并提供对应的程序示例。机器人坐标变换包括如下 2 种类型。

1）正变换：已知机器人关节转角，获得操作工具在直角坐标系中的位置和姿态的变换计算，如图 2-2 所示。几何法的坐标逆变换计算过程中需要使用坐标正变换计算方法。

2）逆变换：已知工具在直角坐标系中的位置和姿态，获得机器人关节转角的变换计算，产生机器人在直角坐标系中的运动。

本章介绍作者研究的基于几何法的坐标逆变换计算方法，适用于图 2-1 和图 2-2 所示类型工业机器人的坐标逆变换计算。它根据机器人结构的几何关系、分离位置和姿态变量相关的关节转角，分 2 组未知量求解机器人的 6 个关节转角，避免求解多元非线性方程组，比文献［1］［4］［5］介绍的代数法计算简便，减少了多重解。

3.1 坐标正变换计算方法

关节式工业机器人机构由关节和连杆串联组成，如图 3-1 所示，每个关节处，关节连杆都构成一个独立的子坐标系，即有 P_1-$x_1y_1z_1$，P_2-$x_2y_2z_2$，P_3-$x_3y_3z_3$，P_4-$x_4y_4z_4$，P_5-$x_5y_5z_5$，坐标正变换基于子坐标系串联的平移和旋转完成。

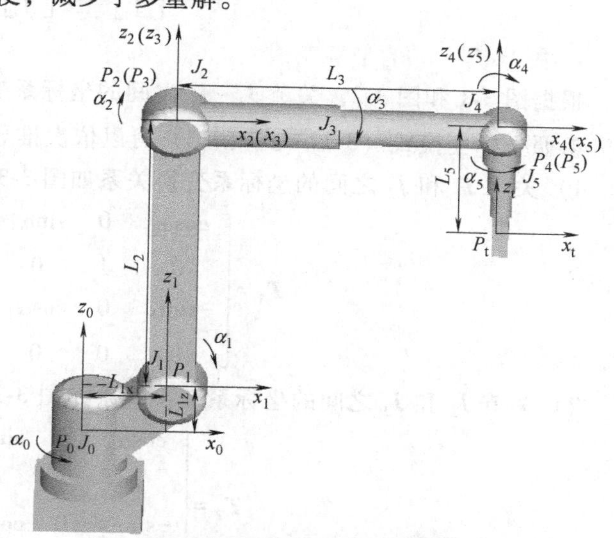

图 3-1　程序示例 1 的坐标系定义

1. 坐标系平移和旋转变换

如图 3-1 和图 3-2 所示，关节 J_1 通过长为 L_1（分解为 L_{1x} 和 L_{1z}）的连杆连接到机器人的机器坐标系 P_0-$x_0y_0z_0$

上，设立在 J_1 上的坐标系 P_1- $x_1y_1z_1$ 相对坐标系 P_0-$x_0y_0z_0$ 平移了距离 L_{1x} 和 L_{1z}，绕 z_0 轴旋转了角度 α_0。坐标系 P_1-$x_1y_1z_1$ 中的一个点 $P_1'(x_1，y_1，z_1)$ 在坐标系 P_0-$x_0y_0z_0$ 中的位置为

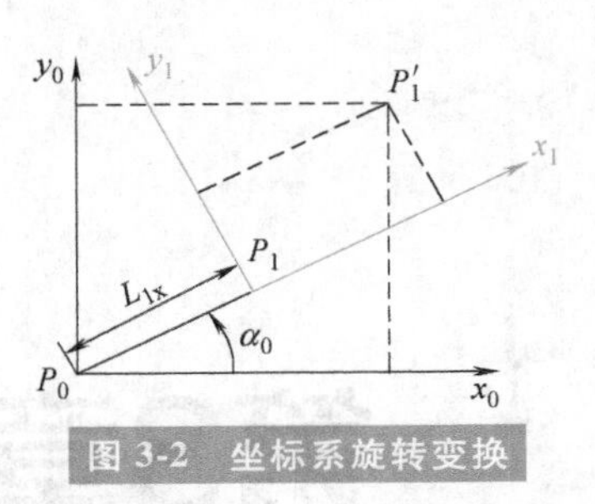

图 3-2　坐标系旋转变换

$$\begin{cases} x_0 = x_1\cos\alpha_0 - y_1\sin\alpha_0 + L_{1x}\cos\alpha_0 \\ y_0 = x_1\sin\alpha_0 + y_1\cos\alpha_0 + L_{1x}\sin\alpha_0 \\ z_0 = L_{1z} \end{cases} \tag{3-1}$$

可以用 4 阶矩阵和 4 维向量表示式（3-1）的坐标变换关系，即

$$\begin{bmatrix} x_0 \\ y_0 \\ z_0 \\ 1 \end{bmatrix} = \begin{bmatrix} \cos\alpha_0 & -\sin\alpha_0 & 0 & L_1\cos\alpha_0 \\ \sin\alpha_0 & \cos\alpha_0 & 0 & L_1\sin\alpha_0 \\ 0 & 0 & 1 & L_{1z} \\ 0 & 0 & 0 & 1 \end{bmatrix} \begin{bmatrix} x_1 \\ y_1 \\ z_1 \\ 1 \end{bmatrix} \tag{3-2}$$

这种变换也称为齐次坐标变换[1][4][5]。

设

$$\boldsymbol{T}_0 = \begin{bmatrix} \cos\alpha_0 & -\sin\alpha_0 & 0 & L_1\cos\alpha_0 \\ \sin\alpha_0 & \cos\alpha_0 & 0 & L_1\sin\alpha_0 \\ 0 & 0 & 1 & L_{1z} \\ 0 & 0 & 0 & 1 \end{bmatrix} \tag{3-3}$$

则式（3-2）可写成

$$\begin{bmatrix} x_0 \\ y_0 \\ z_0 \\ 1 \end{bmatrix} = \boldsymbol{T}_0 \begin{bmatrix} x_1 \\ y_1 \\ z_1 \\ 1 \end{bmatrix} \tag{3-4}$$

2. 关节 J_1 ~ J_5 的坐标变换

根据图 3-1 和图 3-2，关节 J_1 ~ J_5 之间的坐标系变换关系如图 3-3 所示。

参照坐标变换式（3-1）~式（3-3）可以依次推导出坐标变换矩阵。

1）关节 J_1 和 J_2 之间的坐标系变换关系如图 3-3a 所示，坐标变换矩阵为

$$\boldsymbol{T}_1 = \begin{bmatrix} \cos\alpha_1 & 0 & \sin\alpha_1 & L_2\sin\alpha_1 \\ 0 & 1 & 0 & 0 \\ -\sin\alpha_1 & 0 & \cos\alpha_1 & L_2\cos\alpha_1 \\ 0 & 0 & 0 & 1 \end{bmatrix} \tag{3-5}$$

2）关节 J_2 和 J_3 之间的坐标系变换关系如图 3-3b 所示，坐标变换矩阵为

$$\boldsymbol{T}_2 = \begin{bmatrix} \cos\alpha_2 & 0 & \sin\alpha_2 & 0 \\ 0 & 1 & 0 & 0 \\ -\sin\alpha_2 & 0 & \cos\alpha_2 & 0 \\ 0 & 0 & 0 & 1 \end{bmatrix} \tag{3-6}$$

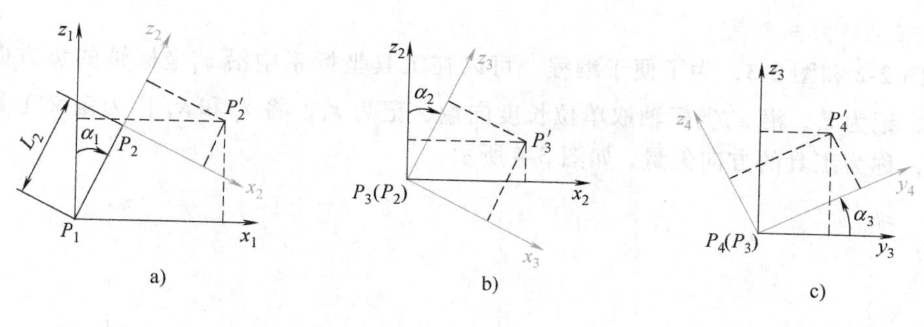

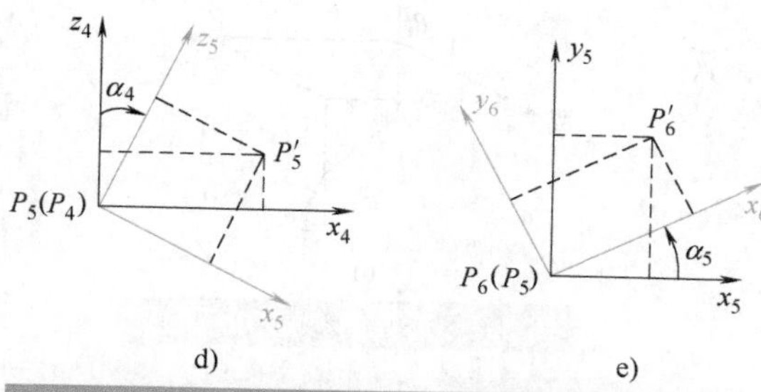

图 3-3 关节 $J_1 \sim J_5$ 之间的坐标系变换关系

3）关节 J_3 和 J_4 之间的坐标系变换关系如图 3-3c 所示，坐标变换矩阵为

$$
\boldsymbol{T}_3=\begin{bmatrix} 1 & 0 & 0 & L_3 \\ 0 & \cos\alpha_3 & -\sin\alpha_3 & 0 \\ 0 & \sin\alpha_3 & \cos\alpha_3 & 0 \\ 0 & 0 & 0 & 1 \end{bmatrix} \tag{3-7}
$$

4）关节 J_4 和 J_5 之间的坐标系变换关系如图 3-3d 所示，坐标变换矩阵为

$$
\boldsymbol{T}_4=\begin{bmatrix} \cos\alpha_4 & 0 & \sin\alpha_4 & 0 \\ 0 & 1 & 0 & 0 \\ -\sin\alpha_4 & 0 & \cos\alpha_4 & 0 \\ 0 & 0 & 0 & 1 \end{bmatrix} \tag{3-8}
$$

5）关节 J_5 和 J_6 之间的坐标系变换关系如图 3-3e 所示，坐标变换矩阵为

$$
\boldsymbol{T}_5=\begin{bmatrix} \cos\alpha_5 & -\sin\alpha_5 & 0 & 0 \\ \sin\alpha_5 & \cos\alpha_5 & 0 & 0 \\ 0 & 0 & 1 & -L_5 \\ 0 & 0 & 0 & 1 \end{bmatrix} \tag{3-9}
$$

3. 计算工具位置

参照图 3-1～图 3-3，工具在机器直角坐标系中的位置（x，y，z）可以通过坐标变换计算获得，即

$$
\begin{bmatrix} x \\ y \\ z \\ 1 \end{bmatrix}=\boldsymbol{T}_0\boldsymbol{T}_1\boldsymbol{T}_2\boldsymbol{T}_3\boldsymbol{T}_4\begin{bmatrix} 0 \\ 0 \\ -L_5 \\ 1 \end{bmatrix} \tag{3-10}
$$

4. 计算工具方向矢量

参照图 2-2 和图 2-3，为了便于编程，可以在工具坐标系中沿 z'''_t坐标轴的负方向取单位长度向量，记为 $\boldsymbol{z}_t$，沿 x'''_t坐标轴取单位长度向量，记为 $\boldsymbol{x}_t$，将 $\boldsymbol{z}_t$ 和 $\boldsymbol{x}_t$ 作为定义工具姿态的中间变量，称为工具的方向矢量，如图 3-4 所示。

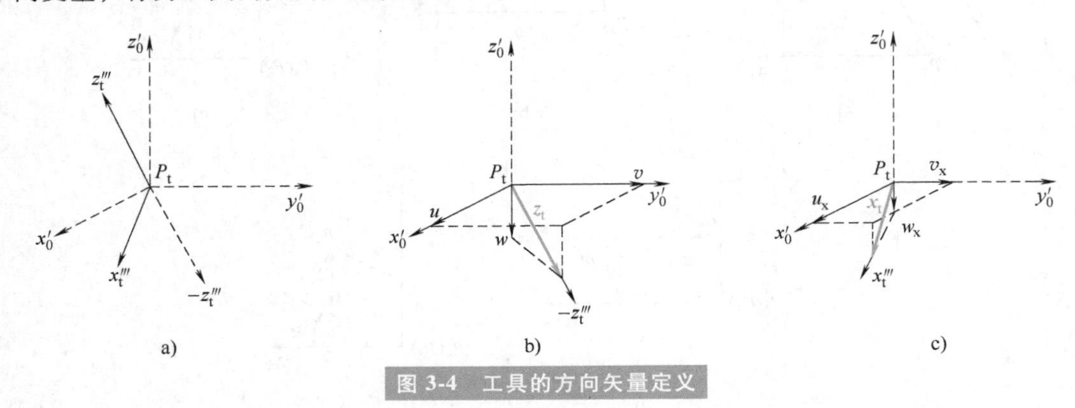

图 3-4　工具的方向矢量定义

工具方向矢量 $\boldsymbol{z}_t$ 在直角坐标系 P_t-$x'_0y'_0z'_0$各轴上的分量值为 u、v、w，$\boldsymbol{x}_t$ 的分量值为 u_x、v_x、w_x，坐标变换计算式为

$$\begin{bmatrix} u \\ v \\ w \\ 0 \end{bmatrix} = \boldsymbol{T}_0\boldsymbol{T}_1\boldsymbol{T}_2\boldsymbol{T}_3\boldsymbol{T}_4\boldsymbol{T}_5 \begin{bmatrix} 0 \\ 0 \\ -1 \\ 0 \end{bmatrix} \tag{3-11}$$

$$\begin{bmatrix} u_x \\ v_x \\ w_x \\ 0 \end{bmatrix} = \boldsymbol{T}_0\boldsymbol{T}_1\boldsymbol{T}_2\boldsymbol{T}_3\boldsymbol{T}_4\boldsymbol{T}_5 \begin{bmatrix} 1 \\ 0 \\ 0 \\ 0 \end{bmatrix} \tag{3-12}$$

5. 计算工具坐标系旋转姿态

根据图 2-3，可以使用方向矢量 u、v、w 和 u_x、v_x、w_x 计算工具旋转姿态 Φ、Ψ、θ，用于坐标正变换计算。

1）建立工具旋转坐标变换矩阵。首先定义

$$\boldsymbol{T}_{10}=\boldsymbol{T}_\Phi=\begin{bmatrix} 1 & 0 & 0 & 0 \\ 0 & \cos\Phi & -\sin\Phi & 0 \\ 0 & \sin\Phi & \cos\Phi & 0 \\ 0 & 0 & 0 & 1 \end{bmatrix}, \boldsymbol{T}_{11}=\boldsymbol{T}_\Psi=\begin{bmatrix} \cos\Psi & -\sin\Psi & 0 & 0 \\ \sin\Psi & \cos\Psi & 0 & 0 \\ 0 & 0 & 1 & 0 \\ 0 & 0 & 0 & 1 \end{bmatrix}, \boldsymbol{T}_{12}=\boldsymbol{T}_\theta=\begin{bmatrix} \cos\theta & 0 & \sin\theta & 0 \\ 0 & 1 & 0 & 0 \\ -\sin\theta & 0 & \cos\theta & 0 \\ 0 & 0 & 0 & 1 \end{bmatrix} \tag{3-13}$$

$$\boldsymbol{T}_{10}\boldsymbol{T}_{11}\boldsymbol{T}_{12}=\begin{bmatrix} 1 & 0 & 0 & 0 \\ 0 & \cos\Phi & -\sin\Phi & 0 \\ 0 & \sin\Phi & \cos\Phi & 0 \\ 0 & 0 & 0 & 1 \end{bmatrix}\begin{bmatrix} \cos\Psi & -\sin\Psi & 0 & 0 \\ \sin\Psi & \cos\Psi & 0 & 0 \\ 0 & 0 & 1 & 0 \\ 0 & 0 & 0 & 1 \end{bmatrix}\begin{bmatrix} \cos\theta & 0 & \sin\theta & 0 \\ 0 & 1 & 0 & 0 \\ -\sin\theta & 0 & \cos\theta & 0 \\ 0 & 0 & 0 & 1 \end{bmatrix}$$

$$=\begin{bmatrix}1&0&0&0\\0&\cos\Phi&-\sin\Phi&0\\0&\sin\Phi&\cos\Phi&0\\0&0&0&1\end{bmatrix}\begin{bmatrix}\cos\Psi\cos\theta&-\sin\Psi&\cos\Psi\sin\theta&0\\\sin\Psi\cos\theta&\cos\Psi&\sin\Psi\sin\theta&0\\-\sin\theta&0&\cos\theta&0\\0&0&0&1\end{bmatrix}$$

$$\boldsymbol{T}_{10}\boldsymbol{T}_{11}\boldsymbol{T}_{12}=\begin{bmatrix}\cos\Psi\cos\theta&-\sin\Psi&\cos\Psi\sin\theta&0\\\cos\Phi\sin\Psi\cos\theta+\sin\Phi\sin\theta&\cos\Phi\cos\Psi&\cos\Phi\sin\Psi\sin\theta-\sin\Phi\cos\theta&0\\\sin\Phi\sin\Psi\cos\theta-\cos\Phi\sin\theta&\sin\Phi\sin\Psi&\sin\Phi\sin\Psi\sin\theta+\cos\Phi\cos\theta&0\\0&0&0&1\end{bmatrix}\quad(3\text{-}14)$$

2）建立工具方向矢量（u，v，w）和（u_x、v_x、w_x）与工具坐标系旋转角度 Φ、Ψ、θ 之间的关系。

$$\begin{bmatrix}u\\v\\w\\0\end{bmatrix}=\boldsymbol{T}_{10}\boldsymbol{T}_{11}\boldsymbol{T}_{12}\begin{bmatrix}0\\0\\1\\0\end{bmatrix}$$

$$=\begin{bmatrix}\cos\Psi\cos\theta&-\sin\Psi&\cos\Psi\sin\theta&0\\\cos\Phi\sin\Psi\cos\theta+\sin\Phi\sin\theta&\cos\Phi\cos\Psi&\cos\Phi\sin\Psi\sin\theta-\sin\Phi\cos\theta&0\\\sin\Phi\sin\Psi\cos\theta-\cos\Phi\sin\theta&\sin\Phi\sin\Psi&\sin\Phi\sin\Psi\sin\theta+\cos\Phi\cos\theta&0\\0&0&0&1\end{bmatrix}\begin{bmatrix}0\\0\\1\\0\end{bmatrix}$$

得

$$\begin{bmatrix}u\\v\\w\\0\end{bmatrix}=\begin{bmatrix}\cos\Phi\sin\theta\\\cos\Phi\sin\Psi\sin\theta-\sin\Phi\cos\theta\\\sin\Phi\sin\Psi\sin\theta+\cos\Phi\cos\theta\\0\end{bmatrix}\quad(3\text{-}15)$$

$$\begin{bmatrix}u_x\\v_x\\w_x\\0\end{bmatrix}=\boldsymbol{T}_{10}\boldsymbol{T}_{11}\boldsymbol{T}_{12}\begin{bmatrix}1\\0\\0\\0\end{bmatrix}=\begin{bmatrix}\cos\Psi\cos\theta&-\sin\Psi&\cos\Psi\sin\theta&0\\\cos\Phi\sin\Psi\cos\theta+\sin\Phi\sin\theta&\cos\Phi\cos\Psi&\cos\Phi\sin\Psi\sin\theta-\sin\Phi\cos\theta&0\\\sin\Phi\sin\Psi\cos\theta-\cos\Phi\sin\theta&\sin\Phi\sin\Psi&\sin\Phi\sin\Psi\sin\theta+\cos\Phi\cos\theta&0\\0&0&0&1\end{bmatrix}\begin{bmatrix}1\\0\\0\\0\end{bmatrix}$$

得

$$\begin{bmatrix}u_x\\v_x\\w_x\\0\end{bmatrix}=\begin{bmatrix}\cos\Psi\cos\theta\\\cos\Phi\sin\Psi\cos\theta+\sin\Phi\sin\theta\\\sin\Phi\sin\Psi\cos\theta-\cos\Phi\sin\theta\\0\end{bmatrix}\quad(3\text{-}16)$$

3）计算转角 θ。

根据式（3-15）和式（3-16）可以计算获得

$$u=\cos\Psi\sin\theta\quad(3\text{-}17)$$

$$u_x=\cos\Psi\cos\theta\quad(3\text{-}18)$$

进而可以计算获得

$$\theta=\arctan\frac{u}{u_x}\quad(3\text{-}19)$$

4）计算转角 Ψ。

根据式（3-18）和式（3-19）可以计算获得

$$\Psi = \pm\arccos\frac{u_x}{\cos\theta} \tag{3-20}$$

5）计算转角 Φ。

根据式（3-15）和式（3-16）可以计算获得

$$w = \sin\Phi\sin\Psi\sin\theta + \cos\Phi\cos\theta \tag{3-21}$$

$$w_x = \sin\Phi\sin\Psi\cos\theta - \cos\Phi\sin\theta \tag{3-22}$$

获得

$$\sin\theta \cdot w = \sin\Phi\sin\Psi\sin^2\theta + \cos\Phi\cos\theta\sin\theta \tag{3-23}$$

$$\cos\theta \cdot w_x = \sin\Phi\sin\Psi\cos^2\theta - \cos\Phi\cos\theta\sin\theta \tag{3-24}$$

式（3-23）和式（3-24）相加可以获得

$$\sin\theta \cdot w + \cos\theta \cdot w_x = \sin\Phi\sin\Psi \tag{3-25}$$

$$\Phi = \arcsin\frac{\sin\theta \cdot w + \cos\theta \cdot w_x}{\sin\Psi} \tag{3-26}$$

根据式（3-16）可以获得

$$v_x = \cos\Phi\sin\Psi\cos\theta + \sin\Phi\sin\theta \tag{3-27}$$

将 $\sin\Psi$ 和 $\sin(-\Psi)$ 代入可以确定式（3-20）中 Ψ 的符号。

如果式（3-26）中的 $\sin\Psi=0$，可以根据式（3-16）中的

$$v = \cos\Phi\sin\Psi\sin\theta - \sin\Phi\cos\theta \tag{3-28}$$

直接计算获得

$$\Phi = \arcsin\frac{-v}{\cos\theta} \tag{3-29}$$

在编程示例中，可以使用坐标正变换式（3-10）~式（3-12）检查坐标逆变换的结果。由于在很多工作场合，使用方向矢量控制工具姿态更方便，一些机器人控制系统也采用方向矢量（u，v，w）和（u_x，v_x，w_x）定义和控制工具姿态。同时也可以用指令选择切换姿态的控制方式，采用方向矢量控制方式或转角 Φ、Ψ、θ 控制方式，如图 2-3 所示。

3.2 坐标正变换程序示例 1

通过本章的编程示例，读者可以更深入地理解机器人坐标正变换计算方法和编程技术，掌握工业机器人控制系统开发技术。示例是用 Java 语言编写的，文献［2］详细介绍了用 Java 语言编写安卓应用程序的基本方法，如果读者对使用 Java 语言编写安卓应用程序还不太熟悉，可以首先阅读文献［2］或者其他相关参考文献。对 Java 和其他编程语言比较熟悉的读者可以在参考程序示例之后，直接用其他语言编写和验证程序。本书提供的程序示例结构和变量定义来源于作者编写的虚拟机器人程序。

3.2.1 创建安卓应用程序

1）启动安卓应用程序开发工具 Eclipse。

2）创建一个安卓应用程序，例如，命名为 trans_test。Eclipse 自动生成了一个主程序

框架。

```
package com. example. trans_test;
import android. os. Bundle;
import android. app. Activity;
import android. view. Menu;

public classMainActivity extends Activity{

@ Override
protected void onCreate( BundlesavedInstanceState) {
        super. onCreate( savedInstanceState);
        setContentView( R. layout. activity_main);
    }

@ Override
public boolean onCreateOptionsMenu( Menu menu) {
        //Inflate the menu; this adds items to the action bar if it is present.
        getMenuInflater( ). inflate( R. menu. activity_main, menu);
        return true;
    }
}
```

在此程序框架下，开始编写坐标变换测试程序。附录 A 是本书提供的主程序源程序示例，它由 6 个示例程序组成。

3.2.2 创建程序参数

程序参数是示例程序使用的固定常数，供各个程序模块使用。本书程序示例所使用的参数定义引用自作者编写的虚拟机器人程序。附录 B 是程序参数源程序。

1. 程序参数 CONST

```
public class CONST {
static int MAX_AXIS=8;              //机器人最大自由度数目设定为 8
static int q_axis=6;                //7 自由度机器人的 J2 轴指令索引
}
```

机器人最大自由度数目设定为 8，为第 5 章 7 自由度机器人预留了自由度。

2. 程序参数 ROB_PAR

```
public class ROB_PAR{
//--- 示例程序 1 ---
static float L1x=150;               //依次定义工业机器人连杆参数
static float L1z=150;
static float L2=700;
```

```
static float L3 = 600;
static float L4 = 500;
static float L5 = 300;

//---编译兼容参数 ---
//…略…

}
```

程序参数 L1x、L1z、L2~L5 分别对应图 3-1 所示工业机器人结构中的 L_{1x}、L_{1z}、L_2~L_5。本书 6 个程序示例使用了 3 组机器人结构参数，通过程序注释 ROB_PAR 可以选择每个示例程序所匹配的参数。编译兼容参数是为本书所有 6 个程序示例共用一个参数类 ROB_PAR 而设置的。

3.2.3 创建_coord_trans_k 类

创建一个_coord_trans_k 类，在此类下编写与坐标变换计算相关的子程序（方法），附录 C 是程序示例 1 的_coord_trans_k 类。可以将_coord_trans_k 类分为如下 3 个部分。

1. 公共变量定义

```
//---供所有示例程序使用的公共变量---
int   MAT4 = 4;                                   //矩阵阶数
int   MAT5 = 5;                                   //矩阵阶数
int   TRANS_AXIS = CONST. MAX_AXIS;               //坐标变换自由度
int   MAX_NEWTON = 3;                             //非线性方程组变量数目

//--- 坐标变换矩阵变量定义 ---
float[ ][ ] trans0 = new float[MAT4][MAT4];       //trans0 = T0
float[ ][ ] trans1 = new float[MAT4][MAT4];       //trans1 = T1
float[ ][ ] trans2 = new float[MAT4][MAT4];       //trans2 = T2
float[ ][ ] trans3 = new float[MAT4][MAT4];       //trans3 = T3
float[ ][ ] trans4 = new float[MAT4][MAT4];       //trans4 = T4
float[ ][ ] trans5 = new float[MAT4][MAT4];       //trans5 = T5
float[ ][ ] trans01 = new float[MAT4][MAT4];      //trans01 = T0T1
float[ ][ ] trans012 = new float[MAT4][MAT4];     //trans012 = T0T1T2
float[ ][ ] trans0123 = new float[MAT4][MAT4];    //trans0123 = T0T1T2T3
float[ ][ ] trans01234 = new float[MAT4][MAT4];   //trans01234 = T0T1T2T3T4
float[ ][ ] trans012345 = new float[MAT4][MAT4];  //trans012345 = T0T1T2T3T4T5
float[ ][ ] trans0123456 = new float[MAT4][MAT4]; //trans0123456 = T0T1T2T3T4T5T6
float[ ][ ] trans10 = new float[MAT4][MAT4];      //trans10 = T10 = TΦ
float[ ][ ] trans11 = new float[MAT4][MAT4];      //trans11 = T11 = TΨ
float[ ][ ] trans12 = new float[MAT4][MAT4];      //trans12 = T12 = Tθ
```

```
float[][]trans1011=new float[MAT4][MAT4];        //trans1011=T10T11
float[][]trans101112=new float[MAT4][MAT4];      //trans101112=T10T11T12
float[][]mat_tmp=new float[MAT4][MAT4];          //临时矩阵变量
float[][]inverse012=new float[MAT4][MAT4];       //inverse012=T012 的逆矩阵
float[][]inverse0123=new float[MAT4][MAT4];      //inverse0123=T0123 的逆矩阵
float[][]inverse01234=new float[MAT4][MAT4];     //inverse01234=T01234 的逆矩阵
```

2. 矩阵计算子程序

1）给矩阵的列赋值：

```
mat_set_col(float[][]mat,int col,float row_0,float row_1,float row_2,float row_3)
```

程序中，mat 表示矩阵；col 表示列索引；row_0，row_1，row_2，row_3 表示行元素值。

2）给矩阵行赋值：

```
mat_set_row(float[][]mat,int row,float col_0,float col_1,float col_2,float col_3)
```

程序中，mat 表示矩阵；row 表示行索引；col_0，col_1，col_2，col_3 表示列元素值。

3）矩阵相乘：

```
float[][]mat_mult(float[][]mat_a,float[][]mat_b)
```

程序中，mat_a，mat_b 表示矩阵。

4）矩阵与向量相乘：

```
float[]mat_mult_vector(float[][]mat,float[]vector)
```

程序中，mat 表示矩阵；vector 表示向量。

5）求逆矩阵。

```
float[][]mat_inverse(float[][]mat_a)
```

程序中，mat_a 表示矩阵。

采用伴随矩阵法求解逆矩阵，有

$$\boldsymbol{A}^{-1}=\frac{\boldsymbol{A}^{*}}{|\boldsymbol{A}|}$$

3. 坐标正变换计算

在_coord_trans_k 类中编写坐标正变换程序。附录 C 的 C.3 节是坐标正变换的源程序，包括如下 2 个子程序。

1）axis_to_space()：输入为机器人关节转角 $\alpha_0 \sim \alpha_4$，输出为工具位置 $P_t(x,\ y,\ z)$ 和工具方向矢量（u、v、w），如图 3-4 所示。

2）axis_to_space_op()：输入为机器人关节转角 $\alpha_0 \sim \alpha_5$，输出为工具位置 $P_t(x,\ y,\ z)$ 和工具坐标系旋转姿态角 Φ、Ψ、θ，如图 2-3 所示。

3.2.4 示例程序 axis_to_space()

示例程序 axis_to_space() 入口为 float[]axis_to_space(float[]axis)，输入变量为 axis[0]，axis[1]，axis[2]，axis[3]，axis[4]，即 α_0，α_1，α_2，α_3，α_4。参照附录 C 的 C.3 节，示例程序片段如下。

1. 变量定义

```
float[ ] pos = new float[ TRANS_AXIS ];        //工具位置和工具方向矢量参数 x,y,z,u,v,w
float[ ] pt = new float[ MAT4 ];               //工具位置 x,y,z
float[ ] a = new float[ TRANS_AXIS ];          //关节转角 a0,a1,a2,a3,a4,a5
float[ ] vector = new float[ MAT4 ];           //中间变量
float[ ] uvw = new float[ MAT4 ];              //工具方向矢量参数 u,v,w
```

2. 获得机器人结构参数

```
float L1x = ROB_PAR. L1x;
float L1z = ROB_PAR. L1z;
float L2 = ROB_PAR. L2;
float L3 = ROB_PAR. L3;
float L5 = ROB_PAR. L5;
```

3. 计算 $\sin\alpha_0 \sim \sin\alpha_5$，$\cos\alpha_0 \sim \cos\alpha_5$ 的值

为了便于编程，定义程序变量与计算式的对应关系为：

$c0=\cos\alpha_0, s0=\sin\alpha_0$

$c1=\cos\alpha_1, s1=\sin\alpha_1$

$c3=\cos\alpha_3, s3=\sin\alpha_3$

$c4=\cos\alpha_4, s4=\sin\alpha_4$

$c5=\cos\alpha_5, s5=\sin\alpha_5$

于是可得如下程序片段。

```
for (i=0;i<TRANS_AXIS;i++)
a[i] = (float)(Math. toRadians(axis[i]));
float c0 = (float)Math. cos(a[0]);
float c1 = (float)Math. cos(a[1]);
mat c2 = (float)Math. cos(a[2]);
float c3 = (float)Math. cos(a[3]);
float c4 = (float)Math. cos(a[4]);
float c5 = (float)Math. cos(a[5]);

float s0 = (float)Math. sin(a[0]);
float s1 = (float)Math. sin(a[1]);
float s2 = (float)Math. sin(a[2]);
float s3 = (float)Math. sin(a[3]);
float s4 = (float)Math. sin(a[4]);
float s5 = (float)Math. sin(a[5]);
```

4. 建立坐标变换矩阵

根据式（3-3）、式（3-5）~式（3-9）建立坐标变换矩阵 $\boldsymbol{T}_0 \sim \boldsymbol{T}_5$。

```
//---T0 ---
mat_set_row(trans0,0,c0,-s0,0,L1x * c0);
```

```
mat_set_row(trans0,1,s0,c0,0,L1x * s0);
mat_set_row(trans0,2,0,0,1,L1z);
mat_set_row(trans0,3,0,0,0,1);

//--- T1 ---
mat_set_row(trans1,0,c1,0,s1,L2 * s1);
mat_set_row(trans1,1,0,1,0,0);
mat_set_row(trans1,2,-s1,0,c1,L2 * c1);
mat_set_row(trans1,3,0,0,0,1);

//--- T2 ---
mat_set_row(trans2,0,c2,0,s2,0);
mat_set_row(trans2,1,0,1,0,0);
mat_set_row(trans2,2,-s2,0,c2,0);
mat_set_row(trans2,3,0,0,0,1);

//--- T3 ---
mat_set_row(trans3,0,1,0,0,L3);
mat_set_row(trans3,1,0,c3,-s3,0);
mat_set_row(trans3,2,0,s3,c3,0);
mat_set_row(trans3,3,0,0,0,1);

//--- T4 ---
mat_set_row(trans4,0,c4,0,s4,0);
mat_set_row(trans4,1,0,1,0,0);
mat_set_row(trans4,2,-s4,0,c4,0);
mat_set_row(trans4,3,0,0,0,1);

//--- T5 ---
mat_set_row(trans5,0,c5,-s5,0,0);
mat_set_row(trans5,1,s5,c5,0,0);
mat_set_row(trans5,2,0,0,1,-L5);
mat_set_row(trans5,3,0,0,0,1);
```

5. 计算坐标变换总矩阵

根据式（3-11）计算坐标变换总矩阵 $\boldsymbol{T}_{012345}=\boldsymbol{T}_0\boldsymbol{T}_1\boldsymbol{T}_2\boldsymbol{T}_3\boldsymbol{T}_4\boldsymbol{T}_5$。

```
trans01=mat_mult(trans0,trans1);
trans012=mat_mult(trans01,trans2);
trans0123=mat_mult(trans012,trans3);
trans01234=mat_mult(trans0123,trans4);
```

```
trans012345=mat_mult(trans01234,trans5);
```

6. 计算工具位置

根据式（3-10）计算工具位置 $P_{T}(x, y, z)$。

```
vector[0]=0;
vector[1]=0;
vector[2]=-L5;
vector[3]=1;
pt=mat_mult_vector(trans01234,vector);
pos[0]=pt[0];
pos[1]=pt[1];
pos[2]=pt[2];
```

7. 计算工具方向矢量

根据式（3-12）计算工具方向矢量（u, v, w）。

```
vector[0]=0;
vector[1]=0;
vector[2]=-1;
vector[3]=0;
uvw=mat_mult_vector(trans01234,vector);
pos[3]=uvw[0];
pos[4]=uvw[1];
pos[5]=uvw[2];
```

3.2.5 示例程序 axis_to_space_op( )

示例程序 axis_to_space_op( ) 输出工具位置 $P_t(x, y, z)$ 和工具坐标系旋转姿态角 Φ、Ψ、θ，如图 2-3 所示。程序入口为 float[ ] axis_to_space_op(float[ ] axis)，输入变量为 α_0 ~ α_5，示例程序片段如下。

1. 变量定义

```
float[ ]pos=new float[TRANS_AXIS];      //工具位置和工具方向矢量 x,y,z,ux,vx,wx
float[ ]pt=new float[MAT4];             //工具位置 x,y,z
float[ ]vector=new float[MAT4];         //中间变量
float[ ]uvw=new float[MAT4];            //工具方向矢量参数 u,v,w
float[ ]uvw_x=new float[MAT4];          //工具方向矢量参数 ux,vx,wx
float[ ]rot=new float[MAT4];            //工具旋转姿态角 Φ,Ψ,θ
```

2. 计算工具位置

根据式（3-3）、式（3-5）~式（3-10）建立坐标变换矩阵 T_0 ~ T_5 并计算工具位置 $P_t(x, y, z)$。

```
pos=axis_to_space(axis);
```

3. 计算工具方向矢量（u, v, w）

根据式（3-11）计算工具方向矢量（u, v, w）。

```
vector[0]=0;
vector[1]=0;
vector[2]=1;
vector[3]=0;
uvw=mat_mult_vector(trans012345,vector);
```

4. 计算工具方向矢量（u_x，v_x，w_x）

根据式（3-12）计算工具方向矢量（u_x，v_x，w_x）。

```
vector[0]=1;
vector[1]=0;
vector[2]=0;
vector[3]=0;
uvw_x=mat_mult_vector(trans012345,vector);
```

5. 计算工具姿态转角 θ 值

根据式（3-19）计算工具姿态转角 θ 值。

```
rot[2]=(float)Math.atan2(uvw[0],uvw_x[0]);          //θ=arctan(u/ux)
```

6. 计算工具姿态转角 Ψ 值

根据式（3-20）计算工具姿态转角 Ψ 值。

```
float a11=(float)Math.acos(uvw_x[0]/Math.cos(rot[2]));          //Ψ=arccos(ux/cosθ)
```

7. 计算工具姿态转角 Φ 值

根据式（3-26）~式（3-29）计算姿态转角 Φ 值，并确定 Ψ 的正负取值。

1）临时变量：为便于编程，定义程序变量与计算式的对应关系为

a10=Φ，a11=Ψ，a12=θ

s10=sinΦ，c10=cosΦ

s11=sinΨ，c11=cosΨ

s12=sinθ，c12=cosθ

于是可得如下程序片段。

```
float s10=0;
float c10=0;
float s11=(float)Math.sin(a11);
float s12=(float)Math.sin(rot[2]);
float c12=(float)Math.cos(rot[2]);
float a10=0;
float a10_=0;
float vx=0;
```

2）转角 Ψ=0 时，根据式（3-29）计算 Φ 值和 Ψ 值。

```
if (s11==0){
  a10=(float)Math.asin(-uvw[1]/c12);          //Φ=arcsin(-v/cosθ);
  rot[0]=a10;
  rot[1]=0;
```

```
    }
```

3）转角 $\Psi \neq 0$ 时，根据式（3-26）计算 Φ 值，并利用式（3-28）判断选择 Ψ 值的正负号

```
else{
    a10=(float)Math.asin((s12*uvw[2]+c12*uvw_x[2])/s11);
    a10_=(float)Math.asin((s12*uvw[2]+c12*uvw_x[2])/-s11);

    //选择Φ的值
    s10=(float)Math.sin(a10);
    c10=(float)Math.cos(a10);

    vx=c10*s11*c12+s10*s12;
    if (Math.abs(vx-uvw_x[1])<0.01){
        rot[0]=a10;
        rot[1]=a11;
        }
    else {
        rot[0]=a10_;
        rot[1]=-a11;
    }
}
```

8. 返回值和弧度-度转换

```
pos[3]=(float)Math.toDegrees(rot[0]);
pos[4]=(float)Math.toDegrees(rot[1]);
pos[5]=(float)Math.toDegrees(rot[2]);
```

3.2.6 测试计算程序示例

本小节介绍一个测试计算示例程序，对第 3.2.4 小节和第 3.2.5 小节编写的坐标正变换程序 axis_to_space()和 axis_to_space_op()进行实际运行计算测试。测试示例在安卓平板计算机或手机运行，在第 3.2.1 小节所创建的安卓应用程序 trans_test 中继续添加如下功能。

1. 创建文字显示界面

使用 eclipse 提供的图形化布局设计工具添加一个 EditText（文字编辑）控件，用于编辑和显示计算结果，索引 Id 为“editText1”，如图 3-5 所示。将显示区“Layout Width”和“Layout Height”设为全屏模式，如图 3-6 所示。

2. 添加程序变量

在附录 A 所列安卓应用程序 trans_test 的主程序

```
public class MainActivity extends Activity {
protected void onCreate(BundlesavedInstanceState)
```

中添加测试程序变量，程序片段如下。

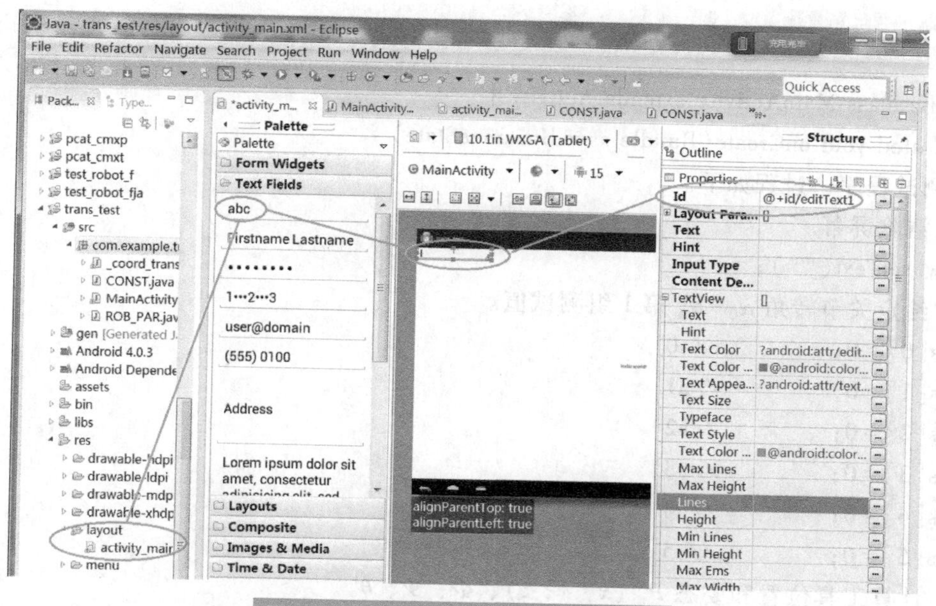

图 3-5　建立一个文字编辑和显示控件

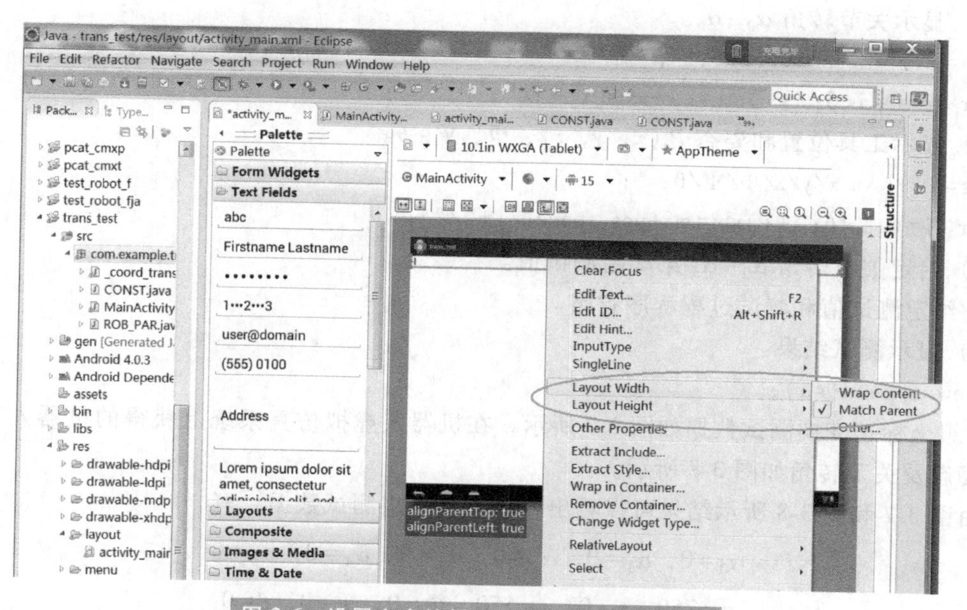

图 3-6　设置文字编辑和显示控件为全屏模式

```
_coord_trans_k coord_trans=new _coord_trans_k();              //导入示例程序1坐标变换类
EditText view =(EditText)findViewById(R.id.editText1);        //导入屏幕显示控件
float[]pos_space=new float[CONST.MAX_AXIS];                   //直角坐标系位置
float[]axis=new float[CONST.MAX_AXIS];                        //关节位置
String str="";                                                //用于显示的字符串
int    i;
```

3. 添加测试程序

在

```
public class MainActivity extends Activity {
protected void onCreate(Bundle savedInstanceState)
```

中添加测试程序，过程如下。

1）清除屏幕。

```
view.setText("");
```

2）给定关节转角 $\alpha_0 \sim \alpha_5$ 第1组测试值。

```
axis[0]=0;          //a0
axis[1]=0;          //a1
axis[2]=0;          //a2
axis[3]=0;          //a3
axis[4]=0;          //a4
axis[5]=0;          //a5
```

3）计算工具位置和姿态 P_t（x，y，z）、Φ、Ψ、θ。

```
pos_space=coord_trans.axis_to_space_op(axis);
```

4）显示关节转角 $\alpha_0 \sim \alpha_5$。

```
str=str+"\n \n a0...a5: ";
for (i=0; i<6; i++) str=str+axis[i]+"/";
```

5）显示工具位置和姿态 P_t（x，y，z）、Φ、Ψ、θ。

```
str=str+"\n x/y/z/Φ/Ψ/θ: ";
for (i=0; i<6; i++) str=str+pos_space[i]+"/";
```

6）给定关节转角 $\alpha_0 \sim \alpha_5$ 第2组测试值。

```
//给定测试值和测试过程程序省略。
```

7）显示测试结果。

```
view.append(str);
```

3组坐标正变换测试数据如图3-7所示，在机器人虚拟仿真系统上获得的机器人工具位置和姿态及关节转角如图3-8所示。

由图3-7和图3-8所示结果可以看出，对于第1组测试数据，有

$$\alpha_0=0，\alpha_1=0，\alpha_2=0，\alpha_3=0，\alpha_4=0，\alpha_5=0$$

$$x=750，y=0，z=550，\Phi=0，\Psi=0，\theta=0$$

对于第2组测试数据，有

$$\alpha_0=0，\alpha_1=0，\alpha_2=0，\alpha_3=0，\alpha_4=-30，\alpha_5=0$$

$$x=900，y=0，z=590.19，\Phi=0，\Psi=0，\theta=-30$$

对于第3组测试数据，有

$$\alpha_0=0，\alpha_1=0，\alpha_2=0，\alpha_3=30，\alpha_4=0，\alpha_5=60$$

$$x=750，y=150，z=590.19，\Phi=30，\Psi=60，\theta=0$$

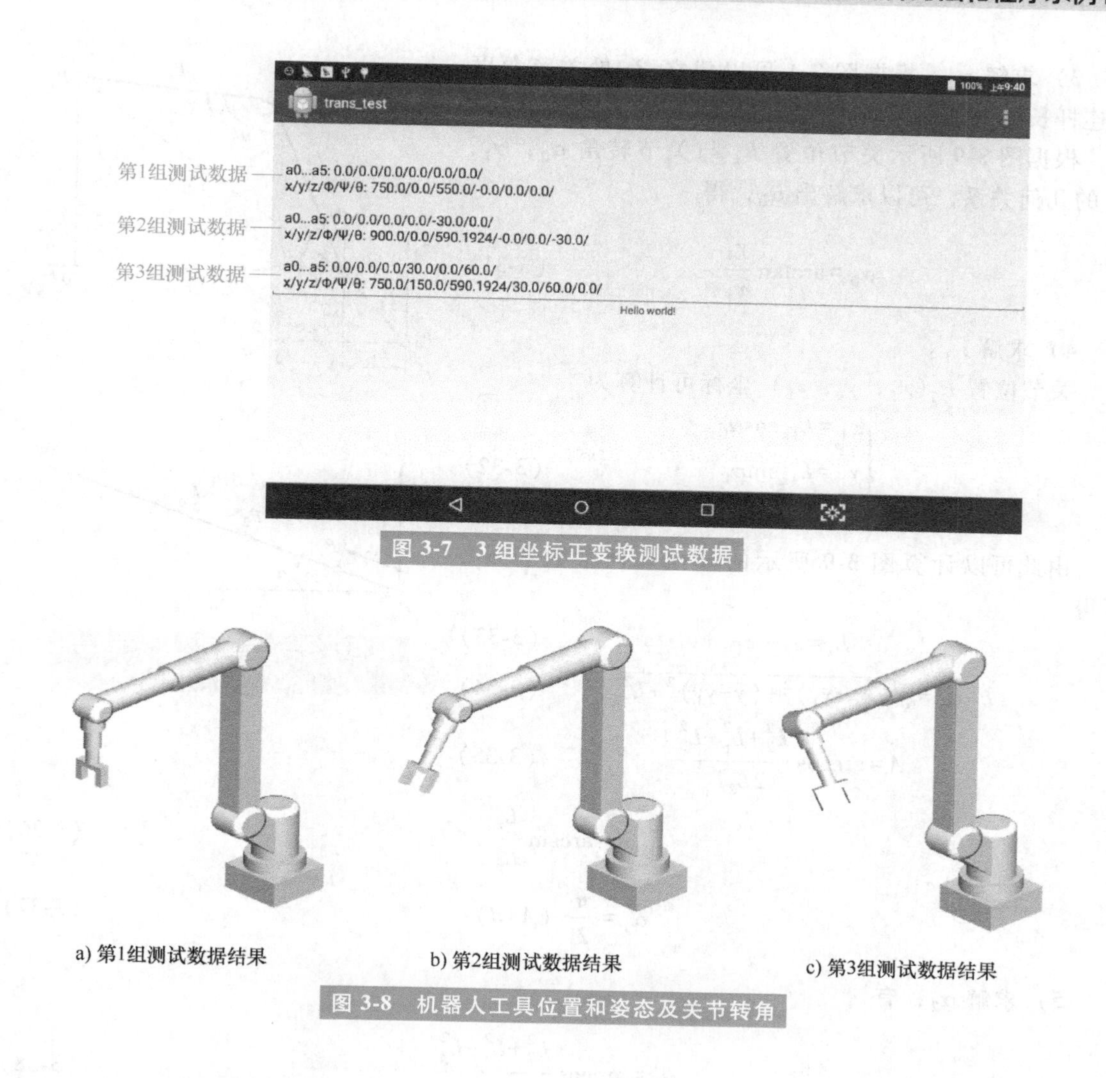

图 3-7 3组坐标正变换测试数据

a) 第1组测试数据结果　b) 第2组测试数据结果　c) 第3组测试数据结果

图 3-8 机器人工具位置和姿态及关节转角

3.3 坐标逆变换计算方法

坐标逆变换计算是指已知操作工具在直角坐标系的位置 $P_t(x, y, z)$ 和姿态 Φ、Ψ、θ，获得机器人关节转角 α_0，α_1，α_2，α_3，α_4，α_5 的变换计算。它涉及求解 α_0，α_1，α_2，α_3，α_4，α_5 6个未知数的非线性方程问题。采用几何法求解 α_0，α_1，α_2，α_3，α_4，α_5 分为如下4个步骤。

1）利用式（3-15）和式（3-16），由工具姿态角 Φ、Ψ、θ 获得工具方向矢量（u，v，w）和（u_x，v_x，w_x）。

2）根据图2-2和图3-1，可以由工具方向矢量（u，v，w）计算关节的位置 $P_4(x_4, y_4, z_4)$，即

$$\begin{cases} x_4 = x - uL_5 \\ y_4 = y - vL_5 \\ z_4 = z - wL_5 \end{cases} \tag{3-30}$$

3）求解 α_0。根据图 3-1 可以建立 P_4 处关节角度和连杆长度的几何关系，如图 3-9 所示。

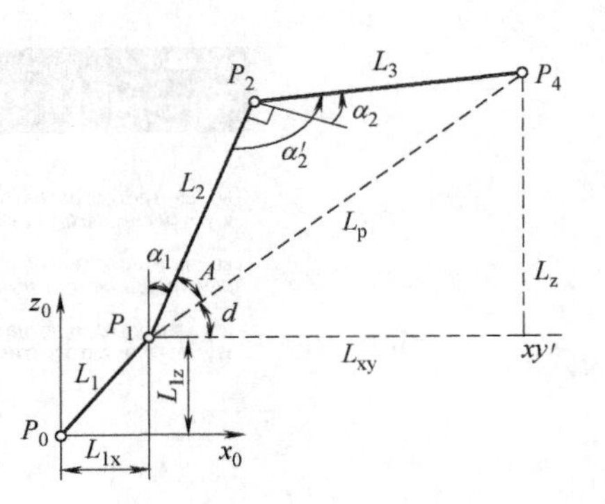

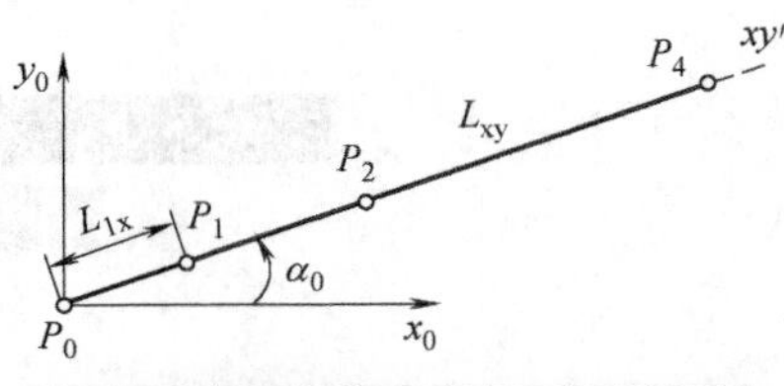

图 3-9　关节位置 P_4 与关节转角 α_0，α_1，α_2 的几何关系

根据图 3-9 所示关节位置 P_4 与关节转角 α_0，α_1，α_2 的几何关系，可以求解出 α_0，得

$$\alpha_0=\arctan\frac{y_4}{x_4} \tag{3-31}$$

4）求解 α_1。

关节位置 $P_1(x_1, y_1, z_1)$ 坐标可计算为

$$\begin{cases}x_1=L_{1x}\cos\alpha_0\\ y_1=L_{1x}\sin\alpha_0\\ z_1=L_{1z}\end{cases} \tag{3-32}$$

由此可以计算图 3-9 所示的其他几何参数和 α_1，可得

$$L_z=z_4-z_1 \tag{3-33}$$

$$L_p=\sqrt{(x_4-x_1)^2+(y-y_1)^2+L_z^2} \tag{3-34}$$

$$A=\arccos\frac{L_2^2+L_p^2-L_3^2}{2L_2L_p} \tag{3-35}$$

$$d=\arcsin\frac{L_z}{L_p} \tag{3-36}$$

$$\alpha_1=\frac{\pi}{2}-(A+d) \tag{3-37}$$

5）求解 α_2，有

$$\alpha_2'=\arccos\frac{L_2^2+L_3^2-L_p^2}{2L_2L_3} \tag{3-38}$$

$$\alpha_2=-\left(\alpha_2'-\frac{\pi}{2}\right) \tag{3-39}$$

6）求解 α_3 和 α_4。根据式（3-11）可以求解 α_3 和 α_4，有

$$\begin{bmatrix}u\\v\\w\\0\end{bmatrix}=\boldsymbol{T}_0\boldsymbol{T}_1\boldsymbol{T}_2\begin{bmatrix}1&0&0&L_3\\0&\cos\alpha_3&-\sin\alpha_3&0\\0&\sin\alpha_3&\cos\alpha_3&0\\0&0&0&1\end{bmatrix}\begin{bmatrix}\cos\alpha_4&0&\sin\alpha_4&0\\0&1&0&0\\-\sin\alpha_4&0&\cos\alpha_4&0\\0&0&0&1\end{bmatrix}\begin{bmatrix}0\\0\\-1\\0\end{bmatrix} \tag{3-40}$$

$$(\boldsymbol{T}_0\boldsymbol{T}_1\boldsymbol{T}_2)^{-1}\begin{bmatrix}u\\v\\w\\0\end{bmatrix}=\begin{bmatrix}-\sin\alpha_4\\\sin\alpha_3\cos\alpha_4\\\cos\alpha_3\cos\alpha_4\\0\end{bmatrix} \tag{3-41}$$

设

$$(\boldsymbol{T}_0\boldsymbol{T}_1\boldsymbol{T}_2)^{-1}\begin{bmatrix}u\\v\\w\\0\end{bmatrix}=\begin{bmatrix}t_{ru}\\t_{rv}\\t_{rw}\\0\end{bmatrix}$$

则有

$$\begin{bmatrix}t_{ru}\\t_{rv}\\t_{rw}\\0\end{bmatrix}=\begin{bmatrix}-\sin\alpha_4\\\sin\alpha_3\cos\alpha_4\\-\cos\alpha_3\cos\alpha_4\\0\end{bmatrix}\tag{3-42}$$

由此可解得

$$\alpha_3=\arctan\frac{t_{rv}}{-t_{rw}}\tag{3-43}$$

$$\alpha_4=\arcsin(-t_{ru})\tag{3-44}$$

7）求解α_5。根据式（3-9）和式（3-12）可以求解α_5，有

$$\begin{bmatrix}u_x\\v_x\\w_x\\0\end{bmatrix}=\boldsymbol{T}_0\boldsymbol{T}_1\boldsymbol{T}_2\boldsymbol{T}_3\boldsymbol{T}_4\begin{bmatrix}\cos\alpha_5&-\sin\alpha_5&0&0\\\sin\alpha_5&\cos\alpha_5&0&0\\0&0&1&-L_5\\0&0&0&1\end{bmatrix}\begin{bmatrix}1\\0\\0\\0\end{bmatrix}\tag{3-45}$$

$$(\boldsymbol{T}_0\boldsymbol{T}_1\boldsymbol{T}_2\boldsymbol{T}_3\boldsymbol{T}_4)^{-1}\begin{bmatrix}u_x\\v_x\\w_x\\0\end{bmatrix}=\begin{bmatrix}\cos\alpha_5\\\sin\alpha_5\\0\\0\end{bmatrix}\tag{3-46}$$

设

$$(\boldsymbol{T}_0\boldsymbol{T}_1\boldsymbol{T}_2\boldsymbol{T}_3\boldsymbol{T}_4)^{-1}\begin{bmatrix}u_x\\v_x\\w_x\\0\end{bmatrix}=\begin{bmatrix}t_{ru}\\t_{rv}\\t_{rw}\\0\end{bmatrix}$$

则有

$$\begin{bmatrix}t_{ru}\\t_{rv}\\t_{rw}\\0\end{bmatrix}=\begin{bmatrix}\cos\alpha_5\\\sin\alpha_5\\0\\0\end{bmatrix}\tag{3-47}$$

$$\alpha_5=\arctan\frac{t_{rv}}{t_{ru}}\tag{3-48}$$

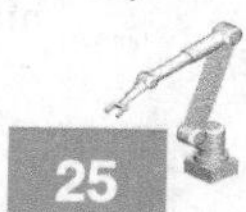

3.4 坐标逆变换程序示例1

在3.2.3创建的_coord_trans_k类中添加坐标逆变换程序。附录C的C.4节是坐标逆变换计算源程序，包括如下4个子程序。

1）tool_uvw()：计算工具方向矢量（u，v，w）和（u_x，v_x，w_x）。

2）space_ to_axis()：由工具位置$P_t(x, y, z)$和方向矢量（u，v，w）求解关节转角α_0，α_1，α_2，α_3，α_4。

3）uvwx_to_a5()：由关节转角α_0，α_1，α_2，α_3，α_4和工具方向矢量（u_x，v_x，w_x）计算关节转角α_5。

4）space_ tool_to_axis()：由工具位置$P_t(x, y, z)$和工具坐标系旋转姿态角Φ、Ψ、θ求解关节转角α_0，α_1，α_2，α_3，α_4，α_5。

3.4.1 示例程序 tool_uvw()

根据式（3-15）和式（3-16），由工具旋转姿态角Φ、Ψ、θ计算工具方向矢量（u，v，w）和（u_x，v_x，w_x）。程序入口为float[] tool_uvw(float[] pos)，程序输入变量为pos[3]、pos[4]、pos[5]，即Φ、Ψ、θ。程序片段如下。

1. 变量定义

```
float[] uvw=new float[6];              //工具方向矢量输出参数u,v,w,ux,vx,wx
float[] vector=new float[MAT4];        //中间变量
float[] tmp_vector=new float[MAT4];    //中间变量
```

2. 给坐标变换矩阵赋值

根据式（3-14）建立坐标变换矩阵$\boldsymbol{T}_{10}$、$\boldsymbol{T}_{11}$、$\boldsymbol{T}_{12}$。

```
float a10=(float)Math.toRadians(pos[3]);        //Φ
float a11=(float)Math.toRadians(pos[4]);        //Ψ
float a12=(float)Math.toRadians(pos[5]);        //θ

float s10=(float)Math.sin(a10);
float s11=(float)Math.sin(a11);
float s12=(float)Math.sin(a12);

float c10=(float)Math.cos(a10);
float c11=(float)Math.cos(a11);
float c12=(float)Math.cos(a12);

//--- T10---
mat_set_row(trans10,0,1,0,0,0);
mat_set_row(trans10,1,0,c10,-s10,0);
```

```
mat_set_row(trans10,2,0,s10,c10,0);
mat_set_row(trans10,3,0,0,0,1);

//--- T11 ---
mat_set_row(trans11,0,c11,-s11,0,0);
mat_set_row(trans11,1,s11,c11,0,0);
mat_set_row(trans11,2,0,0,1,0);
mat_set_row(trans11,3,0,0,0,1);

//--- T12 ---
mat_set_row(trans12,0,c12,0,s12,0);
mat_set_row(trans12,1,0,1,0,0);
mat_set_row(trans12,2,-s12,0,c12,0);
mat_set_row(trans12,3,0,0,0,1);
```

3. 计算工具方向矢量

1）根据式（3-14）计算矩阵 $\boldsymbol{T}_{10}\boldsymbol{T}_{11}\boldsymbol{T}_{12}$。

```
trans1011=mat_mult(trans10,trans11);
trans101112=mat_mult(trans1011,trans12);
```

2）根据式（3-15）计算工具方向矢量（u，v，w）。

```
vector[0]=0;
vector[1]=0;
vector[2]=-1;
vector[3]=0;

tmp_vector=mat_mult_vector(trans101112,vector);
uvw[0]=tmp_vector[0];            //u
uvw[1]=tmp_vector[1];            //v
uvw[2]=tmp_vector[2];            //w
```

3）根据式（3-16）计算工具的方向矢量（u_x，v_x，w_x）。

```
vector[0]=1;
vector[1]=0;
vector[2]=0;
vector[3]=0;

tmp_vector=mat_mult_vector(trans101112,vector);
uvw[3]=tmp_vector[0];            //ux
uvw[4]=tmp_vector[1];            //vx
uvw[5]=tmp_vector[2];            //wx
```

3.4.2 示例程序 space_to_axis()

由工具位置 $P_t(x, y, z)$ 和方向矢量 (u, v, w) 计算关节转角 α_0，α_1，α_2，α_3，α_4。程序入口为 float[]space_to_axis(float[]pos)，输入变量为 pos[0]、pos[1]、pos[2]，即 x、y、z，以及 pos[3]、pos[4]、pos[5]，即 u、v、w。程序片段如下。

1. 变量定义

```
float[] axis=new float[TRANS_AXIS];
float[] axis_deg=new float[TRANS_AXIS];
float[] vector=new float[MAT4];
float[] tr_uvw=new float[MAT4];
int i;
```

2. 获取机器人参数和输入变量

```
float L2=ROB_PAR. L2;
float L3=ROB_PAR. L3;
float L5=ROB_PAR. L5;

float x=pos[0],y=pos[1],z=pos[2];
float u=pos[3],v=pos[4],w=pos[5];
```

3. 计算关节位置 $P_4(x_4, y_4, z_4)$

根据式 (3-30) 计算。

```
float p4x=pos[0]-u * L5;
float p4y=pos[1]-v * L5;
float p4z=pos[2]-w * L5;
```

4. 计算 α_0

根据式 (3-31) 计算 α_0。

```
float alf0=(float)Math. atan2(p4y,p4x);
axis[0]=alf0;
```

5. 计算 α_1

根据式 (3-32)~式 (3-37) 计算 α_1。

```
float p1x=(float)(ROB_PAR. L1x * Math. cos(alf0));
float p1y=(float)(ROB_PAR. L1x * Math. sin(alf0));
float p1z=ROB_PAR. L1z;
float Lz=p4z-p1z;

float
Lp=(float)Math. sqrt((p4x-p1x) * (p4x-p1x)+(p4y-p1y) * (p4y-p1y)+Lz * Lz);
float A=(float)Math. acos((L2 * L2+Lp * Lp-L3 * L3)/(2 * L2 * Lp+0. 00001));
float d=(float)Math. asin(Lz/Lp);
```

```
float alf1=(float)(Math.PI/2-(A+d));
axis[1]=alf1;
```

6. 计算 α_2

根据式（3-38）和式（3-39）计算 α_2。

```
float alf2p=(float)Math.acos((L2*L2+L3*L3-Lp*Lp)/(2*L2*L3+0.00001));
float alf2=(float)(-(alf2p-Math.PI/2));
axis[2]=alf2;
```

7. 计算 α_3 和 α_4

根据式（3-40）~式（3-44）计算 α_3 和 α_4。

1）计算正变换矩阵 $\boldsymbol{T}_0\boldsymbol{T}_1\boldsymbol{T}_2$。

```
for (i=0;i<TRANS_AXIS;i++)
    axis_deg[i]=(float)Math.toDegrees(axis[i]);
axis_to_space(axis_deg);
```

2）计算 $\boldsymbol{T}_0\boldsymbol{T}_1\boldsymbol{T}_2$ 的逆矩阵。

```
inverse012=mat_inverse(trans012);
```

3）根据式（3-41）和式（3-42）计算工具方向矢量（u，v，w）与 $\boldsymbol{T}_0\boldsymbol{T}_1\boldsymbol{T}_2$ 的逆矩阵乘积。

```
vector[0]=u;
vector[1]=v;
vector[2]=w;
vector[3]=0;
tr_uvw=mat_mult_vector(inverse012,vector);

float tr_u=tr_uvw[0];
float tr_v=tr_uvw[1];
float tr_w=tr_uvw[2];
```

4）根据式（3-43）和式（3-44）计算 α_3 和 α_4。

```
float alf3=(float)Math.atan2(tr_v,-tr_w);
float alf4=(float)Math.asin(-tr_u);
axis[3]=alf3;
axis[4]=alf4;
```

5）弧度-度转换。

```
for (i=0; i<TRANS_AXIS; i++)
    axis[i]=(float)Math.toDegrees(axis[i]);
```

3.4.3 示例程序 uvwx_to_a5()

由已知关节转角 α_0，α_1，α_2，α_3，α_4 和工具方向矢量（u_x，v_x，w_x），计算关节转角 α_5。程序入口为 float uvwx_to_a5(float[] axis_pos,float[] uvw_x)，输入变量为 axis_pos[0]， axis_pos[1], axis_pos[2], axis_pos[3], axis_pos[4], 即 α_0, α_1, α_2, α_3, α_4, 以及 uvw_x[0]、uvw_x[1]、uvw_x[2], 即 = u_x、v_x、w_x。程序片段如下。

1. 变量定义

```
float[] tr_uvw = new float[4];                    //中间变量
```

2. 计算 t_{ru}、t_{rv}、t_{rw}

根据式（3-45）~(3-47）依次进行如下计算。

1）计算正变换矩阵 $\boldsymbol{T}_0\boldsymbol{T}_1\boldsymbol{T}_2\boldsymbol{T}_3\boldsymbol{T}_4$ 及其逆矩阵。

```
axis_to_space(axis_pos);
inverse01234 = mat_inverse(trans01234);
```

2）计算 $\boldsymbol{T}_0\boldsymbol{T}_1\boldsymbol{T}_2\boldsymbol{T}_3\boldsymbol{T}_4$的逆矩阵与（$u_x$, v_x, w_x）的乘积。

```
tr_uvw = mat_mult_vector(inverse01234, uvw_x);
```

3. 计算 α_5

根据式（3-48）计算 α_5。

```
float a5 = (float) Math.atan2(tr_uvw[1], tr_uvw[0]);
a5 = (float)(Math.toDegrees(a5));
```

3.4.4 示例程序 space_tool_to_axis()

由工具位置 $P_t(x, y, z)$ 和工具坐标系旋转姿态角 Φ、Ψ、θ，求解关节位置角度 α_0，α_1，α_2，α_3，α_4，α_5。程序入口为 float[]space_tool_to_axis(float[]space_pos)，输入变量为 space_pos[0]、space_pos[1]、space_pos[2]，即 x、y、z，以及 space_pos[3]、space_pos[4]、space_pos[5]，即 Φ、Ψ、θ。程序片段如下。

1. 变量定义

```
float[] pt = new float[CONST.MAX_AXIS];
float[] axis_pos = new float[CONST.MAX_AXIS];
float[] uvw_x = new float[CONST.MAX_AXIS];
float[] uvw = new float[CONST.MAX_AXIS];
float[] rot = new float[CONST.MAX_AXIS];
int i;
```

2. 读入姿态角

读入工具坐标系旋转姿态角 Φ、Ψ、θ。

```
rot[3] = space_pos[3];                    //rot(x)Φ
rot[4] = space_pos[4];                    //rot(z)Ψ
rot[5] = space_pos[5];                    //rot(y)θ
```

3. 计算工具方向矢量参数

根据式（3-15）和式（3-16）计算 u、v、w、u_x、v_x、w_x。

```
uvw = tool_uvw(rot);

float u = uvw[0];
```

```
float v=uvw[1];
float w=uvw[2];
```

4. 读入工具位置和方向矢量

读入工具位置 $P_t(x, y, z)$ 和方向矢量（u, v, w）。

```
for (i=0;i<CONST.MAX_AXIS; i++)pt[i]=space_pos[i];
pt[3]=u;                                           //u
pt[4]=v;                                           //v
pt[5]=w;                                           //w
```

5. 由坐标逆变换方法计算 α_0，α_1，α_2，α_3，α_4

```
axis_pos=space_to_axis(pt);
```

6. 计算 α_5

```
uvw_x[0]=uvw[3];                                   //ux
uvw_x[1]=uvw[4];                                   //vx
uvw_x[2]=uvw[5];                                   //wx

float alf5=uvwx_to_a5(axis_pos,uvw_x);
axis_pos[5]=alf5;
```

3.4.5 测试计算程序示例

本小节介绍测试计算示例程序，对坐标逆变换程序 space_tool_to_axis() 进行实际运行计算测试。在第3.2.6小节介绍的坐标正变换测试示例程序的基础上，添加坐标逆变换测试功能。在附录A所列

```
public class MainActivity extends Activity {
protected void onCreate(BundlesavedInstanceState)
```

中添加测试程序，具体可分为如下程序片段。

1）清除屏幕。

```
view.setText("");
```

2）给定工具位置（x, y, z）和姿态角 Φ、Ψ、θ。

```
pos_space[0]=750;                   //x
pos_space[1]=0;                     //y
pos_space[2]=550;                   //z
pos_space[3]=0;                     //Φ
pos_space[4]=0;                     //Ψ
pos_space[5]=0;                     //θ
```

3）显示工具位置 $P_t(x, y, z)$ 和姿态角 Φ、Ψ、θ。

```
str="\n \n x/y/z/Φ/Ψ/θ:";
for (i=0; i<6; i++)str=str+pos_space[i]+"/";
```

4）计算关节转角 α_0，α_1，α_2，α_3，α_4，α_5。

```
axis=coord_trans.space_tool_to_axis(pos_space);
```

5）显示关节转角 α_0，α_1，α_2，α_3，α_4，α_5。

```
str=str+" \n a0... a5: ";
for (i=0; i<6; i++) str=str+axis[i]+"/";
```

6）通过坐标正变换验算工具位置 $P_t(x, y, z)$ 和姿态角 Φ、Ψ、θ。

```
pos_space=coord_trans. axis_to_space_op(axis);
```

7）显示工具位置 $P_t(x, y, z)$ 和姿态角 Φ、Ψ、θ。

```
str=str+" \n 验算 x/y/z/Φ/Ψ/θ: ";
for (i=0; i<6; i++) str=str+pos_space[i]+"/";
```

8）显示。

```
view. append(str);
```

关节位置和姿态角取值的 4 组坐标逆变换测试数据如图 3-10 所示，在机器人虚拟仿真系统上获得的机器人工具位置和姿态如图 3-11 所示。

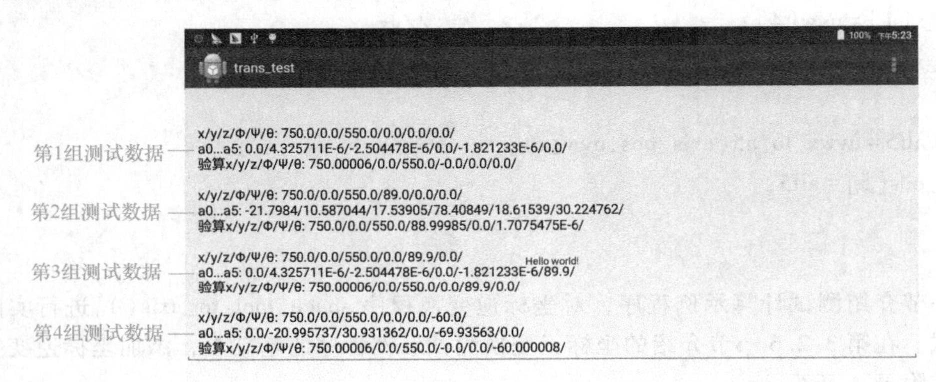

图 3-10　坐标逆变换测试数据

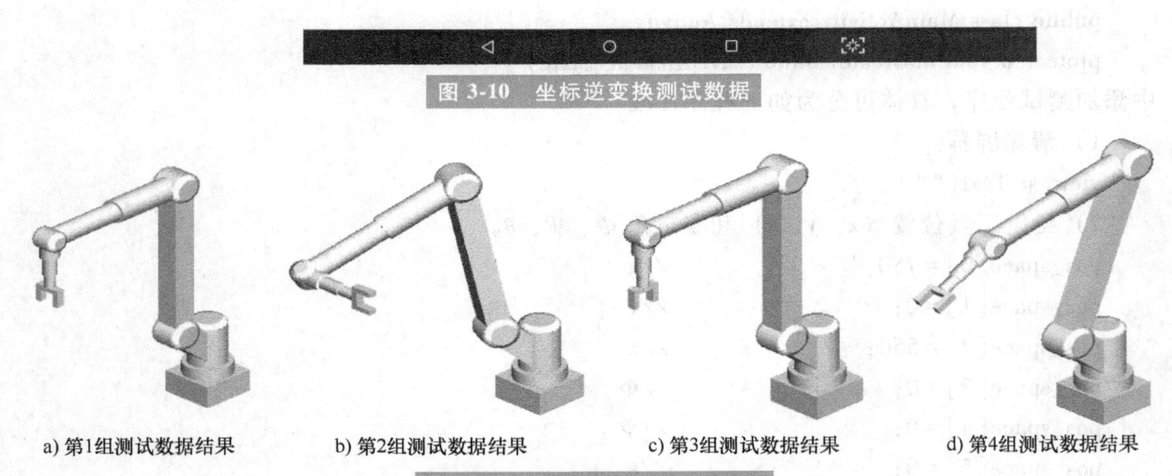

图 3-11　机器人工具位置和姿态

由图 3-10 和图 3-11 所示结果可以看出，对于第 1 组测试数据，有

$$x=750, \quad y=0, \quad z=550, \quad \Phi=0, \quad \Psi=0, \quad \theta=0$$

$$\alpha_0=0, \quad \alpha_1=0, \quad \alpha_2=0, \quad \alpha_3=0, \quad \alpha_4=0, \quad \alpha_5=0$$

对于第 2 组测试数据，有

$$x=750,\ y=0,\ z=550,\ \Phi=89,\ \Psi=0,\ \theta=0$$

$$\alpha_0=-21.80,\ \alpha_1=10.59,\ \alpha_2=17.54,\ \alpha_3=78.41,\ \alpha_4=18.62,\ \alpha_5=30.22$$

对于第 3 组测试数据，有

$$x=750,\ y=0,\ z=550,\ \Phi=0,\ \Psi=89,\ \theta=0$$

$$\alpha_0=0,\ \alpha_1=0,\ \alpha_2=0,\ \alpha_3=0,\ \alpha_4=0,\ \alpha_5=89.9$$

对于第 4 组测试数据，有

$$x=750,\ y=0,\ z=550,\ \Phi=0,\ \Psi=0,\ \theta=-60$$

$$\alpha_0=0,\ \alpha_1=-21.00,\ \alpha_2=30.93,\ \alpha_3=0,\ \alpha_4=-69.94,\ \alpha_5=0$$

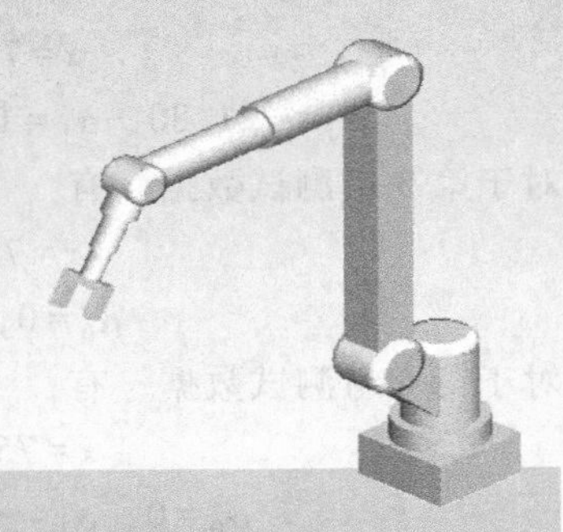

第4章

基于几何法的坐标逆变换计算方法和程序示例2

本章介绍图 4-1 所示工业机器人的坐标逆变换计算方法和编程示例。本示例机器人与图 3-1 所示程序示例 1 机器人，结构的主要区别是关节 J_3 和 J_5 的旋转轴线不相交于一点，即图 3-1 中的关节位置 P_4。这时首先需要利用机器人结构的几何关系分离变量，求解出图 4-2 中关节位置 P_3，然后逐步求解关节转角 α_0，α_1，α_2，α_3，α_4，α_5。

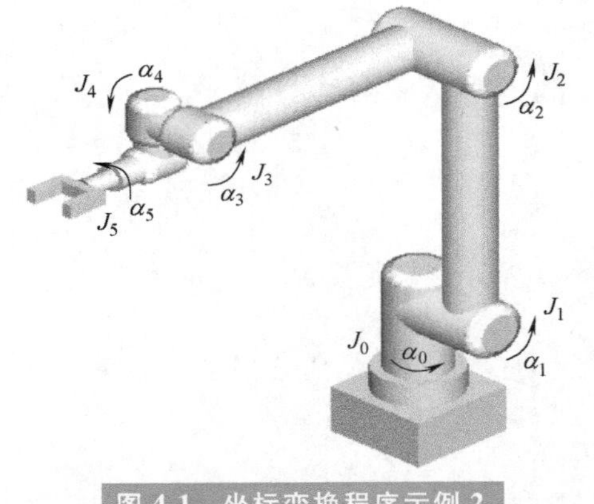

图 4-1　坐标变换程序示例 2

4.1　坐标正变换矩阵

图 4-2 所示为程序示例 2 的机器人坐标系定义。首先参照第 3.1 节介绍的坐标正变换方法，建立坐标正变换矩阵 $\boldsymbol{T}_0$，$\boldsymbol{T}_1$，$\boldsymbol{T}_2$，$\boldsymbol{T}_3$，$\boldsymbol{T}_4$，$\boldsymbol{T}_5$。

根据图 4-3 建立的关节坐标系旋转 α_0，α_1，α_2，α_3，α_4，α_5 的变换关系，可以获得坐标正变换矩阵 $\boldsymbol{T}_0$，$\boldsymbol{T}_1$，$\boldsymbol{T}_2$，$\boldsymbol{T}_3$，$\boldsymbol{T}_4$，$\boldsymbol{T}_5$，分别为

$$\boldsymbol{T}_0=\begin{bmatrix}\cos\alpha_0 & -\sin\alpha_0 & 0 & 0\\ \sin\alpha_0 & \cos\alpha_0 & 0 & 0\\ 0 & 0 & 1 & L_1\\ 0 & 0 & 0 & 1\end{bmatrix}\tag{4-1}$$

$$\boldsymbol{T}_1=\begin{bmatrix}\cos\alpha_1 & 0 & \sin\alpha_1 & L_2\sin\alpha_1\\ 0 & 1 & 0 & 0\\ -\sin\alpha_1 & 0 & \cos\alpha_1 & L_2\cos\alpha_1\\ 0 & 0 & 0 & 1\end{bmatrix}\tag{4-2}$$

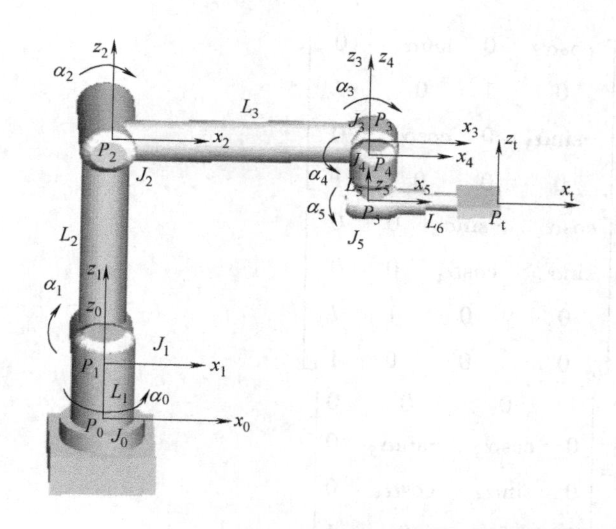

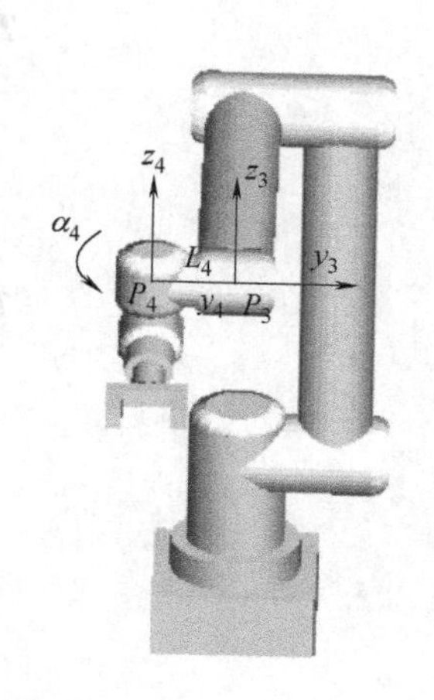

图 4-2　程序示例 2 坐标系定义

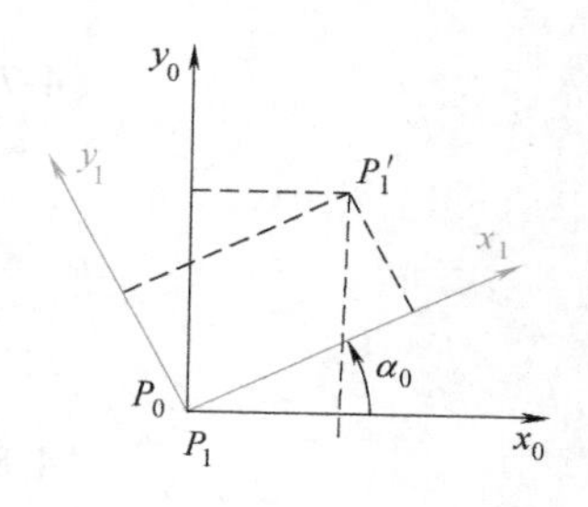

a) 关节转角为α_0，变换矩阵为T_0

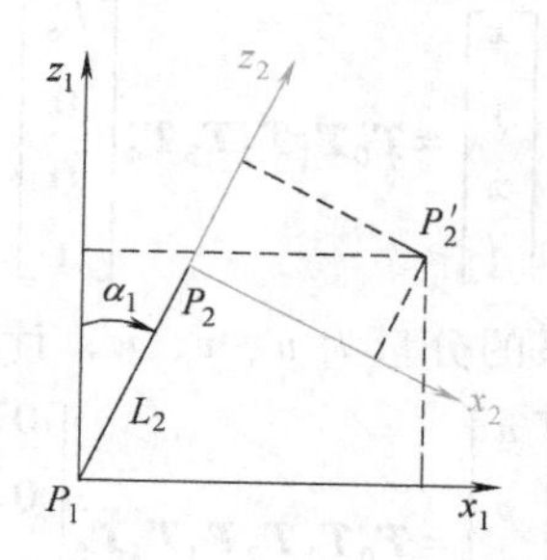

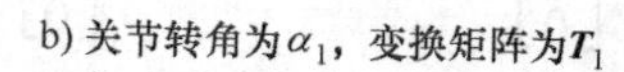
b) 关节转角为α_1，变换矩阵为T_1

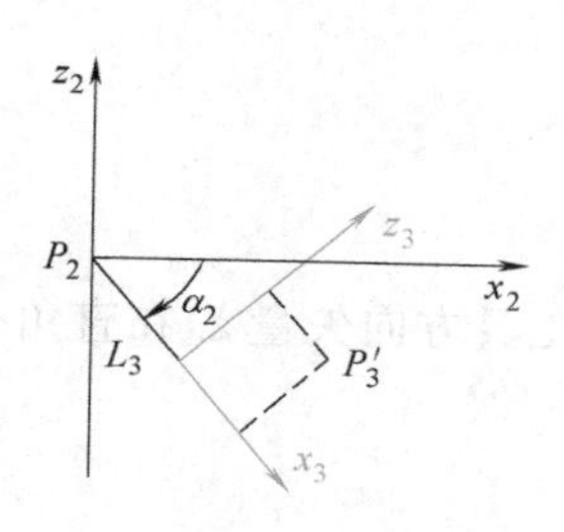

c) 关节转角为α_2，变换矩阵为T_2

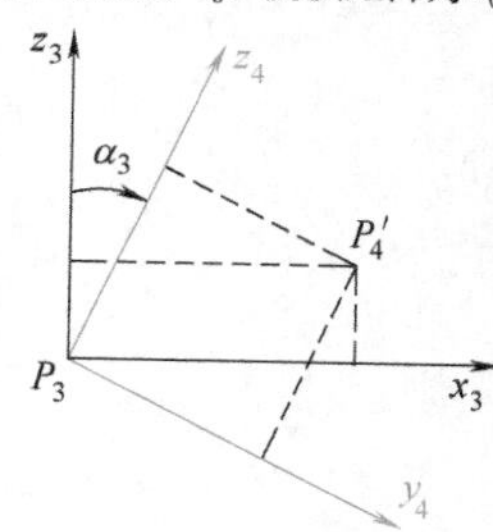

d) 关节转角为α_3，变换矩阵为T_3

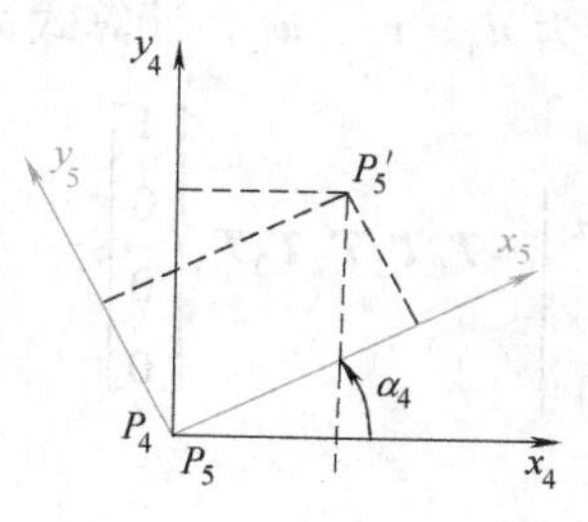

e) 关节转角为α_4，变换矩阵为T_4

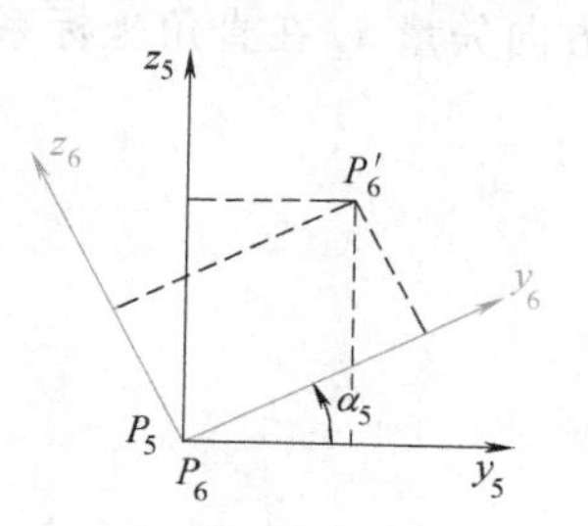

f) 关节转角为α_5，变换矩阵为T_5

图 4-3　关节转角 α_0，α_1，α_2，α_3，α_4，α_5 的坐标变换关系

$$
\boldsymbol{T}_2=\begin{bmatrix}\cos\alpha_2 & 0 & \sin\alpha_2 & L_3\cos\alpha_2\\ 0 & 1 & 0 & 0\\ -\sin\alpha_2 & 0 & \cos\alpha_2 & -L_3\sin\alpha_2\\ 0 & 0 & 0 & 1\end{bmatrix}\tag{4-3}
$$

$$T_3=\begin{bmatrix}\cos\alpha_3 & 0 & \sin\alpha_3 & 0\\ 0 & 1 & 0 & -L_4\\ -\sin\alpha_3 & 0 & \cos\alpha_3 & 0\\ 0 & 0 & 0 & 1\end{bmatrix} \tag{4-4}$$

$$T_4=\begin{bmatrix}\cos\alpha_4 & -\sin\alpha_4 & 0 & 0\\ \sin\alpha_4 & \cos\alpha_4 & 0 & 0\\ 0 & 0 & 1 & -L_5\\ 0 & 0 & 0 & 1\end{bmatrix} \tag{4-5}$$

$$T_5=\begin{bmatrix}1 & 0 & 0 & 0\\ 0 & \cos\alpha_5 & -\sin\alpha_5 & 0\\ 0 & \sin\alpha_5 & \cos\alpha_5 & 0\\ 0 & 0 & 0 & 1\end{bmatrix} \tag{4-6}$$

根据图 4-2 和图 4-3，工具在机器直角坐标系的位置为 $P_t(x, y, z)$，计算式为

$$\begin{bmatrix}x\\ y\\ z\\ 1\end{bmatrix}=T_0T_1T_2T_3T_4\begin{bmatrix}L_6\\ 0\\ 0\\ 1\end{bmatrix} \tag{4-7}$$

工具方向矢量 z_t 在直角坐标系的分量为 u、v、w，计算式为

$$\begin{bmatrix}u\\ v\\ w\\ 0\end{bmatrix}=T_0T_1T_2T_3T_4T_5\begin{bmatrix}0\\ 0\\ 1\\ 0\end{bmatrix} \tag{4-8}$$

方向矢量 x_t 在直角坐标系的分量为 u_x、v_x、w_x，计算式为

$$\begin{bmatrix}u_x\\ v_x\\ w_x\\ 0\end{bmatrix}=T_0T_1T_2T_3T_4\begin{bmatrix}1\\ 0\\ 0\\ 0\end{bmatrix} \tag{4-9}$$

4.2 坐标正变换程序示例 2

4.2.1 坐标正变换程序

第 3.2.1 节创建了安卓应用程序 trans_test，在此程序框架下添加坐标变换程序示例 2。附录 B 是程序参数源程序。

1. ROB_PAR

为了简化程序，示例程序 2 与示例程序 1 使用同一个参数类，通过程序片段注释选择所需要的参数。

```
public class ROB_PAR {
//--- 示例程序 1 ---
//… 略 …

//--- 示例程序 2 ---
static float L1 = 300;
static float L2 = 600;
static float L3 = 500;
static float L4 = 100;
static float L5 = 100;
static float L6 = 240;

//--- 编译兼容 ---
//… 略 …
```

2. 创建_coord_trans_u6 类

在安卓应用程序 trans_test 创建一个_coord_trans_u6 类，在此类下编写示例程序 2 的坐标变换计算相关的子程序（方法），它与程序示例 1 使用相同的公共变量定义和矩阵计算子程序，见附录 C 的 C.1 节和 C.2 节。附录 D 是程序示例 2 的_coord_trans_u6 类源程序。坐标正变换程序由如下 2 个部分组成。

1） axis_to_space( )：示例程序 axis_to_space( ) 的输入为机器人关节转角 α_0，α_1，α_2，α_3，α_4，输出为工具位置 $P_t(x, y, z)$ 和工具方向矢量（u_x，v_x，w_x），如图 3-4 所示。根据式（4-1）~式（4-7）编写坐标变换计算程序。

2） axis_to_space_op( )：示例程序 axis_to_space_op( ) 的输入为机器人关节转角 α_0，α_1，α_2，α_3，α_4，α_5，输出为工具位置 $P_t(x, y, z)$ 和工具坐标系旋转姿态角 Φ、Ψ、θ，如图 2-3 所示。根据式（3-11）~式（3-29）编写 Φ、Ψ、θ 计算程序。

axis_to_space( )和 axis_to_space_op( ) 程序结构与第 3 章程序示例 1 的同名程序结构相同，可以参考 3.2.4 小节和 3.2.5 小节，或者阅读附录 D 的 D.1 节坐标正变换程序。

4.2.2 测试计算程序示例

1. 添加测试程序变量

在附录 A 所列 MainActivity 上添加测试程序 2 的变量。

```
public class MainActivity extends Activity {
  …

protected void onCreate(Bundle savedInstanceState) {

//--- 测试程序变量 ---
_coord_trans_k coord_trans = new _coord_trans_k( );      //导入示例程序 1 坐标变换类
_coord_trans_u6 coord_trans2 = new _coord_trans_u6( ); //导入示例程序 2 坐标变换类
```

```
//…略…
    }
  }
```

2. 测试计算

给定机器人关节转角 α_0，α_1，α_2，α_3，α_4，α_5 4 组测试数据，通过坐标正变换计算机器人工具位置和旋转姿态，然后在虚拟仿真系统上观察计算结果，过程如下。

1）清除屏幕。

```
view.setText("");
```

2）给定关节转角 α_0，α_1，α_2，α_3，α_4，α_5 第 1 组测试数据。

```
axis[0]=0;      //a0
axis[1]=0;      //a1
axis[2]=0;      //a2
axis[3]=0;      //a3
axis[4]=0;      //a4
axis[5]=0;      //a5
```

3）进行坐标正变换，计算工具位置和姿态角参数 x、y、z、Φ、Ψ、θ。

```
pos_space=coord_trans2.axis_to_space_op(axis);
```

4）显示关节转角 α_0，α_1，α_2，α_3，α_4，α_5。

```
str="\n \n a0...a5: ";
for (i=0; i<6; i++) str=str+axis[i]+"/";
```

5）显示工具位置和姿态角参数 x、y、z、Φ、Ψ、θ。

```
str=str+"\n x/y/z/Φ/Ψ/θ: ";
for (i=0; i<6; i++) str=str+pos_space[i]+"/";
```

6）给定关节转角 α_0，α_1，α_2，α_3，α_4，α_5 第 2~4 组测试数据，进行坐标正变换计算。

```
//给定测试值和测试过程程序省略
```

3. 显示

```
view.append(str);
```

4. 测试计算结果

4 组坐标正变换测试数据如图 4-4 所示，在机器人虚拟仿真系统上获得的机器人工具位置和姿态如图 4-5 所示。

由图 4-4 和图 4-5 所示结果可以看出，对于第 1 组测试数据，有

$$\alpha_0=0,\ \alpha_1=0,\ \alpha_2=0,\ \alpha_3=0,\ \alpha_4=0,\ \alpha_5=0$$
$$x=740,\ y=-100,\ z=800,\ \Phi=0,\ \Psi=0,\ \theta=0$$

对于第 2 组测试数据，有

$$\alpha_0=0,\ \alpha_1=0,\ \alpha_2=0,\ \alpha_3=0,\ \alpha_4=89.9,\ \alpha_5=0$$
$$x=500.42,\ y=140.00,\ z=800,\ \Phi=0,\ \Psi=89.9,\ \theta=0$$

对于第 3 组测试数据，有

$$\alpha_0=0,\ \alpha_1=0,\ \alpha_2=0,\ \alpha_3=89.99,\ \alpha_4=0,\ \alpha_5=0$$
$$x=400.04,\ y=-100,\ z=659.98,\ \Phi=0,\ \Psi=0.01,\ \theta=89.99$$

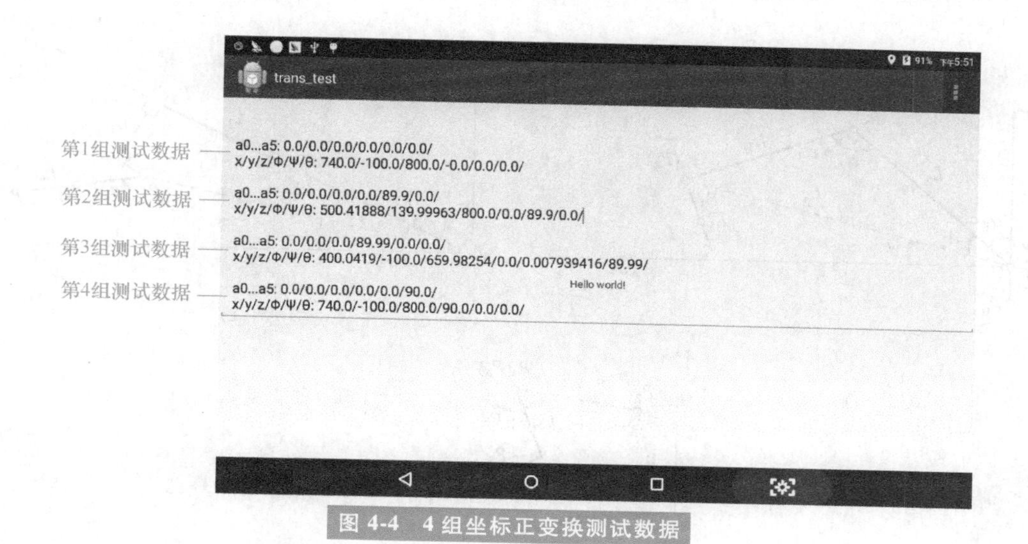

图 4-4　4 组坐标正变换测试数据

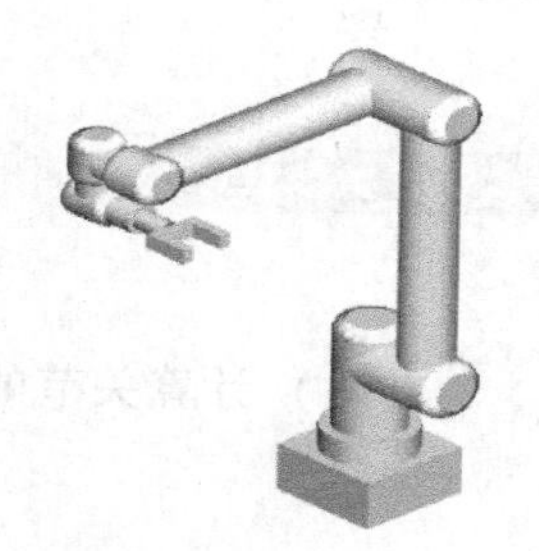

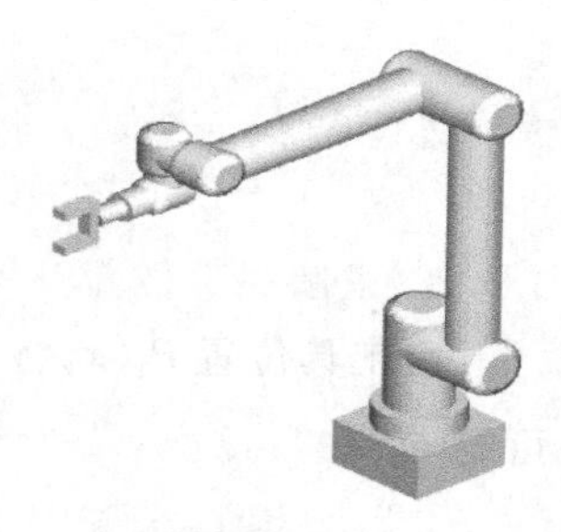

a) 第1组测试数据结果　b) 第2组测试数据结果　c) 第3组测试数据结果　d) 第4组测试数据结果

图 4-5　机器人工具位置和姿态及关节转角

对于第 4 组测试数据，有

$$\alpha_0=0,\ \alpha_1=0,\ \alpha_2=0,\ \alpha_3=0,\ \alpha_4=0,\ \alpha_5=90.0$$

$$x=740,\ y=-100,\ z=800,\ \Phi=90,\ \Psi=0,\ \theta=0$$

4.3　坐标逆变换计算方法

在示例程序 1 中，关节转角 α_0，α_1，α_2 是由关节位置 P_4 求出的，如图 3-9 所示。在本程序示例的机器人上，对应于程序示例 1 关节位置 P_4 的是 P_3，如图 4-2 所示。由于关节转角 α_3 和 α_5 的旋转轴线不相交，不能直接求解关节位置 P_3，需要采用其他方法求解，计算过程如下。

1. 确定机器人结构及参数

根据图 4-2 建立机器人的结构和参数示意图，如图 4-6 所示。

2. 求解工具方向矢量

使用式（3-11）和式（3-12），由工具坐标系旋转姿态角 Φ、Ψ、θ 获得工具方向矢量（u，v，w）和（u_x，v_x，w_x）。

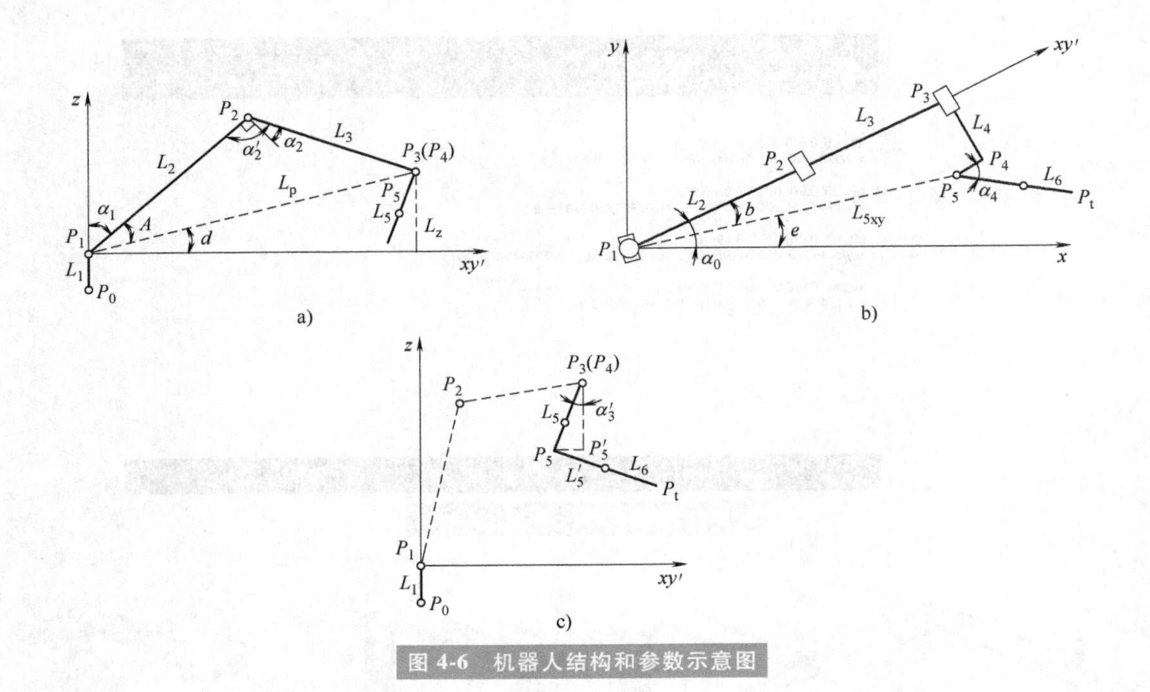

图 4-6 机器人结构和参数示意图

3. 求解关节位置

由工具位置 $P_t(x, y, z)$ 和方向矢量（u_x, v_x, w_x）计算关节的位置 P_5（x_5, y_5, z_5），可得

$$\begin{cases} x_5 = x - u_x L_6 \\ y_5 = y - v_x L_6 \\ z_5 = z - w_x L_6 \end{cases} \tag{4-10}$$

4. 求解 α_0

根据图 4-6b 可获得

$$L_{5xy} = \sqrt{x_5^2 + y_5^2} \tag{4-11}$$

$$e = \arctan \frac{y_5}{x_5} \tag{4-12}$$

$$b = \arcsin \frac{L_4}{L_{5xy}} \tag{4-13}$$

$$\alpha_0 = b + e \tag{4-14}$$

5. 求解 α_1 和 α_2

由以下步骤完成 α_1 和 α_2 的求解。

1）求解 α_3'。如图 4-6c 所示，α_3'是 L_5 与坐标轴 z 之间的夹角，可以由工具方向向量（u_x, v_x, w_x）计算获得，作为求解 α_1 和 α_2 的中间变量。根据式（4-2）、式（4-3）和式（4-9），设 $\alpha_1 = 0$，$\alpha_2 = 0$，获得坐标变换关系为

$$\begin{bmatrix} u_x \\ v_x \\ w_x \\ 0 \end{bmatrix} = \begin{bmatrix} \cos\alpha_0 & -\sin\alpha_0 & 0 & 0 \\ \sin\alpha_0 & \cos\alpha_0 & 0 & 0 \\ 0 & 0 & 1 & L_1 \\ 0 & 0 & 0 & 1 \end{bmatrix} \begin{bmatrix} \cos\alpha_3' & 0 & \sin\alpha_3' & 0 \\ 0 & 1 & 0 & -L_4 \\ -\sin\alpha_3' & 0 & \cos\alpha_3' & 0 \\ 0 & 0 & 0 & 1 \end{bmatrix} \begin{bmatrix} \cos\alpha_4 & -\sin\alpha_4 & 0 & 0 \\ \sin\alpha_4 & \cos\alpha_4 & 0 & 0 \\ 0 & 0 & 1 & -L_5 \\ 0 & 0 & 0 & 1 \end{bmatrix} \begin{bmatrix} 1 \\ 0 \\ 0 \\ 0 \end{bmatrix} \tag{4-15}$$

$$\begin{bmatrix} \cos\alpha_0 & -\sin\alpha_0 & 0 & 0 \\ \sin\alpha_0 & \cos\alpha_0 & 0 & 0 \\ 0 & 0 & 1 & L_1 \\ 0 & 0 & 0 & 1 \end{bmatrix}^{-1} \begin{bmatrix} u_x \\ v_x \\ w_x \\ 0 \end{bmatrix} = \begin{bmatrix} \cos\alpha_3' & 0 & \sin\alpha_3' & 0 \\ 0 & 1 & 0 & -L_4 \\ -\sin\alpha_3' & 0 & \cos\alpha_3' & 0 \\ 0 & 0 & 0 & 1 \end{bmatrix} \begin{bmatrix} \cos\alpha_4 & -\sin\alpha_4 & 0 & 0 \\ \sin\alpha_4 & \cos\alpha_4 & 0 & 0 \\ 0 & 0 & 1 & -L_5 \\ 0 & 0 & 0 & 1 \end{bmatrix} \begin{bmatrix} 1 \\ 0 \\ 0 \\ 0 \end{bmatrix} \tag{4-16}$$

$$\begin{bmatrix} \cos\alpha_0 & -\sin\alpha_0 & 0 & 0 \\ \sin\alpha_0 & \cos\alpha_0 & 0 & 0 \\ 0 & 0 & 1 & L_1 \\ 0 & 0 & 0 & 1 \end{bmatrix}^{-1} \begin{bmatrix} u_x \\ v_x \\ w_x \\ 0 \end{bmatrix} = \begin{bmatrix} \cos\alpha_3'\cos\alpha_4 \\ \sin\alpha_4 \\ -\sin\alpha_3'\cos\alpha_4 \\ 0 \end{bmatrix} \tag{4-17}$$

$$\begin{bmatrix} t_{ru} \\ t_{rv} \\ t_{rw} \\ 0 \end{bmatrix} = \begin{bmatrix} \cos\alpha_3'\cos\alpha_4 \\ \sin\alpha_4 \\ -\sin\alpha_3'\cos\alpha_4 \\ 0 \end{bmatrix} \tag{4-18}$$

$$t_{ru} = \cos\alpha_3'\cos\alpha_4 \tag{4-19}$$

$$t_{rw} = -\sin\alpha_3'\cos\alpha_4 \tag{4-20}$$

$$\alpha_3' = \arctan\frac{-t_{rw}}{t_{ru}} \tag{4-21}$$

2）求解 P_5'。根据如图 4-6c 所示的几何关系计算 x_5' 和 y_5'，有

$$L_5' = L_5\sin\alpha_3' \tag{4-22}$$

$$x_5' = x_5 + L_5'\cos\alpha_0 \tag{4-23}$$

$$y_5' = y_5 + L_5'\sin\alpha_0 \tag{4-24}$$

3）求解 P_3。有

$$x_3 = x_5' - L_4\sin\alpha_0 \tag{4-25}$$

$$y_3 = y_5' + L_4\cos\alpha_0 \tag{4-26}$$

$$z_3 = z_5 + L_5\cos\alpha_3' \tag{4-27}$$

4）求解 α_1。根据图 4-6a 所示的几何参数求解 α_1，有

$$L_z = z_3$$

$$L_p = \sqrt{x_3^2 + y_3^2 + L_z^2} \tag{4-28}$$

$$A = \arccos\frac{L_2^2 + L_p^2 - L_3^2}{2L_2L_p} \tag{4-29}$$

$$d = \arcsin\frac{L_z}{L_p} \tag{4-30}$$

$$\alpha_1=\frac{\pi}{2}-(A+d) \tag{4-31}$$

5）求解 α。根据图 4-6a 所示的几何参数求解 α_2，有

$$\alpha_2'=\arccos\frac{L_2^2+L_3^2-L_p^2}{2L_2L_3} \tag{4-32}$$

$$\alpha_2=-\left(\alpha_2'-\frac{\pi}{2}\right) \tag{4-33}$$

6）求解 α_3 和 α_4。根据式（4-9）可以求解 α_3 和 α_4，有

$$\begin{bmatrix}u_x\\v_x\\w_x\\0\end{bmatrix}=\boldsymbol{T}_0\boldsymbol{T}_1\boldsymbol{T}_2\begin{bmatrix}\cos\alpha_3&0&\sin\alpha_3&0\\0&1&0&-L_4\\-\sin\alpha_3&0&\cos\alpha_3&0\\0&0&0&1\end{bmatrix}\begin{bmatrix}\cos\alpha_4&-\sin\alpha_4&0&0\\\sin\alpha_4&\cos\alpha_4&0&0\\0&0&1&-L_5\\0&0&0&1\end{bmatrix}\begin{bmatrix}1\\0\\0\\0\end{bmatrix} \tag{4-34}$$

$$(\boldsymbol{T}_0\boldsymbol{T}_1\boldsymbol{T}_2)^{-1}\begin{bmatrix}u_x\\v_x\\w_x\\0\end{bmatrix}=\begin{bmatrix}\cos\alpha_3\cos\alpha_4\\\sin\alpha_4\\-\sin\alpha_3\cos\alpha_4\\0\end{bmatrix} \tag{4-35}$$

设

$$(\boldsymbol{T}_0\boldsymbol{T}_1\boldsymbol{T}_2)^{-1}\begin{bmatrix}u_x\\v_x\\w_x\\0\end{bmatrix}=\begin{bmatrix}t_{ru}\\t_{rv}\\t_{rw}\\0\end{bmatrix}$$

则有

$$\begin{bmatrix}t_{ru}\\t_{rv}\\t_{rw}\\0\end{bmatrix}=\begin{bmatrix}\cos\alpha_3\cos\alpha_4\\\sin\alpha_4\\-\sin\alpha_3\cos\alpha_4\\0\end{bmatrix} \tag{4-36}$$

可得

$$\alpha_3=\arctan\frac{-t_{rw}}{t_{ru}} \tag{4-37}$$

$$\alpha_4=\arcsin t_{rv} \tag{4-38}$$

7）求解 α_5。根据式（4-8），可以求解 α_5，有

$$\begin{bmatrix}u\\v\\w\\0\end{bmatrix}=\boldsymbol{T}_0\boldsymbol{T}_1\boldsymbol{T}_2\boldsymbol{T}_3\boldsymbol{T}_4\begin{bmatrix}1&0&0&0\\0&\cos\alpha_5&-\sin\alpha_5&0\\0&\sin\alpha_5&\cos\alpha_5&0\\0&0&0&1\end{bmatrix}\begin{bmatrix}0\\0\\1\\0\end{bmatrix} \tag{4-39}$$

$$(\boldsymbol{T}_0\boldsymbol{T}_1\boldsymbol{T}_2\boldsymbol{T}_3\boldsymbol{T}_4)^{-1}\begin{bmatrix}u\\v\\w\\0\end{bmatrix}=\begin{bmatrix}0\\-\sin\alpha_5\\\cos\alpha_5\\0\end{bmatrix} \tag{4-40}$$

设

$$(\boldsymbol{T}_0\boldsymbol{T}_1\boldsymbol{T}_2\boldsymbol{T}_3\boldsymbol{T}_4)^{-1}\begin{bmatrix}u\\v\\w\\0\end{bmatrix}=\begin{bmatrix}t_{ru}\\t_{rv}\\t_{rw}\\0\end{bmatrix}$$

则有

$$\begin{bmatrix}t_{ru}\\t_{rv}\\t_{rw}\\0\end{bmatrix}=\begin{bmatrix}0\\-\sin\alpha_5\\\cos\alpha_5\\0\end{bmatrix} \tag{4-41}$$

$$\alpha_5=\arctan\frac{-t_{rv}}{t_{rw}} \tag{4-42}$$

4.4 坐标逆变换程序示例2

在_coord_tran_u6类中编写坐标逆变换程序。附录D的D.2节是坐标逆变换计算源程序，包括如下6个子程序。

1）tool_uvw()：计算工具方向矢量（u，v，w）和（u_x，v_x，w_x）。

2）space_to_p3p()：由工具位置$P_t(x,\ y,\ z)$和方向矢量（u_x，v_x，w_x）计算关节位置P_3（x_3，y_3，z_3）。

3）get_a012()：根据关节的位置$P_3(x_3,\ y_3,\ z_3)$计算关节转角α_0，α_1，α_2。

4）get_a34p()：由工具方向矢量（u_x，v_x，w_x）和关节转角α_0，α_1，α_2计算关节转角α_3和α_4。

5）space_to_axis()：由工具位置$P_t(x,\ y,\ z)$和方向矢量（u_x，v_x，w_x）求解关节转角α_0，α_1，α_2，α_3，α_4。

6）uvwx_to_a5()：由关节转角α_0，α_1，α_2，α_3，α_4和工具方向矢量（u，v，w）计算关节转角α_5。

7）space_tool_to_axis()：由工具位置$P_t(x,\ y,\ z)$和工具坐标系旋转姿态角Φ、Ψ、θ求解关节转角α_0，α_1，α_2，α_3，α_4，α_5。

4.4.1 示例程序 tool_uvw()

根据式（3-15）和式（3-16），由工具坐标系旋转姿态角Φ、Ψ、θ计算工具方向矢量（u，v，w）和（u_x，v_x，w_x），程序入口为float[]tool_uvw(float[]pos)，程序输入变量为pos[3]、pos[4]、pos[5]，即Φ、Ψ、θ。程序组成如下。

1. 变量定义

```
float[ ]uvw=new float[6];                    //工具方向矢量输出 u,v,w,ux,vx,wx
float[ ]vector=new float[MAT4];              //中间变量
float[ ]tmp_vector=new float[MAT4];          //中间变量
```

2. 计算工具转角正余弦值

```
float a10=(float)Math.toRadians(pos[3]);     //Φ
float a11=(float)Math.toRadians(pos[4]);     //Ψ
float a12=(float)Math.toRadians(pos[5]);     //θ

float s10=(float)Math.sin(a10);
float s11=(float)Math.sin(a11);
float s12=(float)Math.sin(a12);

float c10=(float)Math.cos(a10);
float c11=(float)Math.cos(a11);
float c12=(float)Math.cos(a12);
```

3. 给坐标变换矩阵赋值

根据式（3-13）建立坐标变换矩阵 T_{10}、T_{11}、T_{12}。

```
//--- T10 --
mat_set_row(trans10,0,1,0,0,0);
mat_set_row(trans10,1,0,c10,-s10,0);
mat_set_row(trans10,2,0,s10,c10,0);
mat_set_row(trans10,3,0,0,0,1);

//--- T11 ---
mat_set_row(trans11,0,c11,-s11,0,0);
mat_set_row(trans11,1,s11,c11,0,0);
mat_set_row(trans11,2,0,0,1,0);
mat_set_row(trans11,3,0,0,0,1);

//--- T12---
mat_set_row(trans12,0,c12,0,s12,0);
mat_set_row(trans12,1,0,1,0,0);
mat_set_row(trans12,2,-s12,0,c12,0);
mat_set_row(trans12,3,0,0,0,1);
```

4. 计算坐标变换矩阵 $T_{10}T_{11}T_{12}$

```
trans1011=mat_mult(trans10,trans11);
trans101112=mat_mult(trans1011,trans12);
```

5. 计算工具方向矢量

根据式（3-15）计算工具方向矢量

1）计算工具方向矢量（u，v，w）。

```
vector[0]=0;
vector[1]=0;
vector[2]=1;
vector[3]=0;

tmp_vector=mat_mult_vector(trans101112,vector);
uvw[3]=tmp_vector[0];                                //uz
uvw[4]=tmp_vector[1];                                //vz
uvw[5]=tmp_vector[2];                                //wz
```

2）根据式（3-16）计算工具方向矢量（u_x，v_x，w_x）。

```
vector[0]=1;
vector[1]=0;
vector[2]=0;
vector[3]=0;

tmp_vector=mat_mult_vector(trans101112,vector);
uvw[0]=tmp_vector[0];                                //ux
uvw[1]=tmp_vector[1];                                //vx
uvw[2]=tmp_vector[2];                                //wx
```

6. 返回计算结果

```
return uvw;
```

4.4.2 示例程序 space_to_p3p()

根据公式（4-10）~式（4-27），由工具位置 $P_t(x, y, z)$ 和方向矢量（u_x，v_x，w_x）计算关节的位置 P_3。程序入口为 float[]space_to_p3p(float[]pos)，输入变量为 pos[0]、pos[1]、pos[2]，即 x、y、z，以及 pos[3]、pos[4]、pos[5]，即 u_x、v_x、w_x。程序组成部分如下：

1. 变量定义

```
float[]pos3=new float[TRANS_AXIS];                   //x3,y3,z3
float L6=ROB_PAR.L6;                                 //机器人参数 L6
float L4=ROB_PAR.L4;                                 //机器人参数 L4
float L5=ROB_PAR.L5;                                 //机器人参数 L5
float x3,y3,z3;                                      //关节位置 P3
float[]vector=new float[MAT4];                       //中间变量
float[]tr_uvw=new float[MAT4];                       //中间变量
float[][]inverse0=new float[MAT4][MAT4];             //逆矩阵中间变量
```

2. 输入工具位置和方向矢量

```
float x=pos_sp[0];
float y=pos_sp[1];
float z=pos_sp[2];
float u=pos_sp[3];
float v=pos_sp[4];
float w=pos_sp[5];
```

3. 利用式（4-10）计算关节位置 P_5

```
float x5=x-L6 * u;
float y5=y-L6 * v;
float z5=z-L6 * w;
```

4. 计算关节转角 α_0

利用式（4-11）~式（4-14）计算关节转角 α_0。

```
float xy5=(float)Math.sqrt(x5 * x5+y5 * y5);
float E=(float)Math.atan2(y5,x5);
float B=(float)Math.asin(L4/xy5);
float a0=B+E;
```

5. 计算关节转角 α_3'

利用式（4-15）~式（4-21）计算关节转角 α_3'。

```
float s0=(float)Math.sin(a0);
float c0=(float)Math.cos(a0);

//T0
mat_set_row(trans0,0,c0,-s0,0,0);
mat_set_row(trans0,1,s0,c0,0,0);
mat_set_row(trans0,2,0,0,1,0);
mat_set_row(trans0,3,0,0,0,1);

//T0 的逆矩阵
inverse0=mat_inverse(trans0);

//关节转角 a3'
vector[0]=u;
vector[1]=v;
vector[2]=w;
vector[3]=0;
tr_uvw=mat_mult_vector(inverse0,vector);
float a3p=(float)Math.atan2(-tr_uvw[2],tr_uvw[0]);
```

6. 计算关节位置 P_5'

利用式（4-22）~式（4-24）计算关节位置 P_5'。

```
float L5p=(float)(L5 * Math.sin(a3p));
float x5p=(float)(x5+L5p * Math.cos(a0));
float y5p=(float)(y5+L5p * Math.sin(a0));
```

7. 计算关节位置 P_3

利用式（4-25）~式（4-27）计算关节位置 P_3。

```
x3=(float)(x5p-L4 * Math.sin(a0));
y3=(float)(y5p+L4 * Math.cos(a0));
z3=(float)(z5+L5 * Math.cos(a3p));
```

8. 输出关节位置 P_3

```
pos3[0]=x3;
pos3[1]=y3;
pos3[2]=z3;
return pos3;
```

4.4.3 示例程序 get_a012()

根据关节的位置 $P_3(x_3, y_3, z_3)$ 计算关节转角 α_0，α_1，α_2。程序入口为 float[]get_a012(float x3,float y3,float z3)，程序组成部分如下。

1. 变量定义

```
float[]a012=new float[TRANS_AXIS];        //关节转角输出变量
float a0,a1,a2;                           //关节转角中间变量
float PI=(float)Math.PI;                  //常数π
float PI_2=PI/2;                          //常数π/2
float L1=ROB_PAR.L1;                      //机器人参数 L1
float L2=ROB_PAR.L2;                      //机器人参数 L2
float L3=ROB_PAR.L3;                      //机器人参数 L3
```

2. 计算 α_0

根据图 4-6 计算 α_0。

```
a0=(float)Math.atan2(y3,x3);
a012[0]=a0;
```

3. 计算 α_1

根据式（4-28）~式（4-31）计算 α_1。

```
float Lz=z3-L1;
float Lp=(float)Math.sqrt(x3 * x3+y3 * y3+Lz * Lz);

float A=(float)Math.acos((L2 * L2+Lp * Lp-L3 * L3)/(2 * L2 * Lp));
float d=(float)Math.asin(Lz/Lp);
```

```
a1=PI_2-(A+d);
a012[1]=a1;
```

4. 计算 α_2

根据式（4-32）和式（4-33）计算 α_2。

```
a2=(float)Math.acos((L2*L2+L3*L3-Lp*Lp)/(2*L2*L3));
a2=-(a2-PI_2);
a012[2]=a2;
```

4.4.4 示例程序 get_a34p()

由工具方向矢量（u_x，v_x，w_x）和关节转角 α_0，α_1，α_2 计算关节转角 α_3 和 α_4。程序入口为 float[]get_a34p(float[]ax_act，float u，float v，float w)，输入变量 ax_act[0]、ax_act[1]、ax_act[2]，即 α_0、α_1、α_2。程序组成部分如下。

1. 变量定义

```
float[]a34=new float[TRANS_AXIS];          //输出变量,a3,a4
float[]ax=new float[TRANS_AXIS];           //中间变量
float[]vector=new float[MAT4];             //中间变量
float[]tr_uvw=new float[MAT4];             //中间变量
float a3,a4;                               //a3,a4
```

2. 计算坐标变换矩阵 $T_0T_1T_2$

根据公式（4-34）计算坐标变换矩阵 $\boldsymbol{T}_0\boldsymbol{T}_1\boldsymbol{T}_2$。

```
axis_to_space(ax_act);
```

3. 计算坐标变换矩阵 $T_0T_1T_2$

根据式（4-35）计算坐标变换矩阵 $\boldsymbol{T}_0\boldsymbol{T}_1\boldsymbol{T}_2$ 的逆矩阵。

```
inverse012=mat_inverse(trans012);
```

4. 计算工具方向矢量（u_x，v_x，w_x）与 $T_0T_1T_2$ 的逆矩阵的乘积

根据式（4-35）计算工具方向矢量（u_x，v_x，w_x）与 $\boldsymbol{T}_0\boldsymbol{T}_1\boldsymbol{T}_2$ 的逆矩阵的乘积。

```
vector[0]=u;
vector[1]=v;
vector[2]=w;
vector[3]=0;
tr_uvw=mat_mult_vector(inverse012,vector);
```

5. 计算 α_3 和 α_4

根据式（4-37）和式（4-38）计算 α_3 和 α_4。

```
a3=(float)Math.atan2(-tr_uvw[2],tr_uvw[0]);
a4=(float)Math.asin(tr_uvw[1]);
```

6. 输出 α_3 和 α_4

```
a34[3]=(float)Math.toDegrees(a3);
a34[4]=(float)Math.toDegrees(a4);
```

```
return a34;
```

4.4.5 示例程序 space_to_axis()

进行坐标逆变换计算，由工具位置 $P_t(x, y, z)$ 和方向矢量（u_x，v_x，w_x）计算关节转角 α_0，α_1，α_2，α_3，α_4。程序入口为 float[]space_to_axis(float[]pos)，输入变量为 pos[0]、pos[1]、pos[2]，即 x、y、z，以及 pos[3]、pos[4]、pos[5]，即 u_x、v_x、w_x。程序组成部分如下。

1. 变量定义

```
float[]ax_act=new float[TRANS_AXIS];            //关节转角,中间变量
float[]pos_p3=new float[TRANS_AXIS];            //关节位置 P3
float[]axis=new float[TRANS_AXIS];              //关节转角
float[]a34=new float[TRANS_AXIS];               //关节转角,中间变量
float[]a012=new float[TRANS_AXIS];              //关节转角,中间变量
int i;
```

2. 计算关节位置 P_3

```
pos_p3=space_to_p3p(pos);
```

3. 计算关节转角 α_0，α_1，α_2

```
a012=get_a012(pos_p3[0],pos_p3[1],pos_p3[2]);
for (i=0;i<3;i++) ax_act[i]=(float)Math.toDegrees(a012[i]);
```

4. 计算关节转角 α_3 和 α_4

```
a34=get_a34p(ax_act,u,v,w);
ax_act[3]=a34[3];                               //a3
ax_act[4]=a34[4];                               //a4
```

5. 输出计算结果

```
for (i=0; i<TRANS_AXIS; i++) axis[i]=ax_act[i];
return axis;
```

4.4.6 示例程序 uvw_to_a5()

根据式（4-39）~式（4-42），由之前计算出的机器人关节转角 α_0，α_1，α_2，α_3，α_4，以及工具方向矢量（u，v，w）计算关节转角 α_5。程序入口为 float uvw_to_a5(float[]axis_pos, float[]uvw_z)，输入变量为 axis_pos[0]、axis_pos[1]、axis_pos[2]、axis_pos[3]、axis_pos[4]，即 α_0，α_1，α_2，α_3，α_4，以及 uvw_z[0]、uvw_z[1]、uvw_z[2]，即 u、v、w。程序组成部分如下。

1. 计算坐标正变换矩阵

根据式（4-39）计算坐标正变换矩阵 $\boldsymbol{T}_0\boldsymbol{T}_1\boldsymbol{T}_2\boldsymbol{T}_3\boldsymbol{T}_4$。

```
axis_to_space(axis_pos);
```

2. 计算坐标正变换矩阵的逆矩阵

根据式（4-40）计算坐标正变换矩阵 $\boldsymbol{T}_0\boldsymbol{T}_1\boldsymbol{T}_2\boldsymbol{T}_3\boldsymbol{T}_4$ 的逆矩阵。

```
inverse01234 = mat_inverse(trans01234);
```

3. 计算坐标正变换矩阵的逆矩阵与工具方向矢量乘积

根据式（4-40），计算坐标正变换矩阵 $\boldsymbol{T}_0\boldsymbol{T}_1\boldsymbol{T}_2\boldsymbol{T}_3\boldsymbol{T}_4$ 的逆矩阵与工具方向矢量（u，v，w）的乘积。

```
tr_uvw = mat_mult_vector(inverse01234, uvw_z);
```

4. 计算 α_5

根据公式（4-42）计算 α_5。

```
float a5 = (float)Math.atan2(-tr_uvw[1], tr_uvw[2]);
a5 = (float)(Math.toDegrees(a5));
```

4.4.7 示例程序 space_tool_to_axis(float[] pos)

由工具位置 $P_t(x, y, z)$ 和旋转姿态角 Φ、Ψ、θ 计算机器人的关节转角 α_0，α_1，α_2，α_3，α_4，α_5。程序入口为 float[] space_tool_to_axis(float[] space_pos)，输入变量为 space_pos[0]、space_pos[1]、space_pos[2]，即 x、y、z，以及 space_pos[3]、space_pos[4]、space_pos[5]，即 Φ、Ψ、θ。程序组成部分如下。

1. 变量定义

```
float[] pt = new float[CONST.MAX_AXIS];          //工具位置中间变量
float[] axis_pos = new float[CONST.MAX_AXIS];    //输出关节转角
float[] uvw_z = new float[CONST.MAX_AXIS];       //工具坐标系 z 轴方向姿态
float[] uvw = new float[CONST.MAX_AXIS];         //工具方向矢量中间变量
float[] rot = new float[CONST.MAX_AXIS];         //工具坐标系旋转中间变量
int i;
```

2. 计算工具方向矢量

根据式（3-15）和式（3-16）计算工具方向矢量（u，v，w）和（u_x，v_x，w_x）。

```
rot[3] = space_pos[3];                           //rot(x)Φ
rot[4] = space_pos[4];                           //rot(z)Ψ
rot[5] = space_pos[5];                           //rot(y)θ
uvw = tool_uvw(rot);

float ux = uvw[0];
float vx = uvw[1];
float wx = uvw[2];
```

3. 读入工具位置和方向矢量

读入工具位置 $P_t(x, y, z)$ 和方向矢量（u_x，v_x，w_x）。

```
for (i=0;i<CONST.MAX_AXIS; i++)pt[i] = space_pos[i];
pt[3] = ux;                                      //ux
pt[4] = vx;                                      //vx
pt[5] = wx;                                      //wx
```

4. 坐标逆变换计算关节转角

进行坐标逆变换，计算关节转角 α_0，α_1，α_2，α_3，α_4。

```
axis_pos=space_to_axis (pt);
```

5. 计算 α_5

```
uvw_z[0]=uvw[3];                    //uz
uvw_z[1]=uvw[4];                    //vz
uvw_z[2]=uvw[5];                    //wz

float a5=uvw_to_a5(axis_pos,uvw_z);
```

6. 返回关节转角 α_5

```
axis_pos[5]=a5;
```

4.4.8 测试计算程序示例

在附录 A 所列第 4.2.2 小节坐标正变换测试计算程序基础上添加坐标逆变换测试程序。给定工具位置和旋转姿态角 x、y、z、Φ、Ψ、θ 的 4 组测试数据，通过坐标逆变换计算关节转角 α_0，α_1，α_2，α_3，α_4，α_5，然后用坐标正变换验算坐标逆变换的计算结果，过程如下。

1. 测试计算

1）清除屏幕。

```
view.setText("");
```

2）给定工具位置和姿态角参数 x、y、z、Φ、Ψ、θ 的第 1 组测试数据。

```
pos_space[0]=740;                  //x
pos_space[1]=-100;                 //y
pos_space[2]=800;                  //z
pos_space[3]=0;                    //Φ
pos_space[4]=0;                    //Ψ
pos_space[5]=0;                    //θ
```

3）显示工具位置和姿态角参数 x、y、z、Φ、Ψ、θ。

```
str="\n \n x/y/z/Φ/Ψ/θ: ";
for (i=0; i<6; i++) str=str+pos_space[i]+"/";
```

4）用坐标逆变换程序计算关节转角 α_0，α_1，α_2，α_3，α_4，α_5。

```
axis=coord_trans2.space_tool_to_axis(pos_space);
```

5）显示关节转角 α_0，α_1，α_2，α_3，α_4，α_5。

```
str=str+"\n a0...a5: ";
for (i=0; i<6; i++) str=str+axis[i]+"/";
```

6）验算工具位置和姿态角参数 x、y、z、Φ、Ψ、θ。

```
pos_space=coord_trans2.axis_to_space_op(axis);
```

7）显示工具位置和姿态角参数 x、y、z、Φ、Ψ、θ。

```
str=str+"\n 验算 x/y/z/Φ/Ψ/θ: ";
for (i=0; i<6; i++) str=str+pos_space[i]+"/";
```

8）进行第 2~4 组测试数据测试。

```
//--- 给定工具位置和姿态角参数 x,y,z,Φ,Ψ,θ 第 2 组测试数据 ---
//以下给定测试值和测试过程程序省略
```

9）显示。

```
view.append(str);
```

2. 测试计算结果

工具位置和姿态角的 4 组坐标逆变换测试数据如图 4-7 所示，在机器人虚拟仿真系统上获得的机器人工具位置和姿态及关节转角如图 4-8 所示。

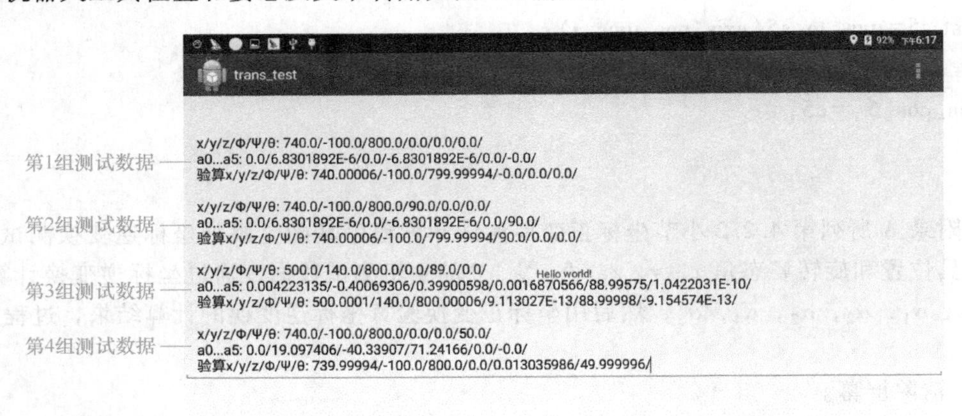

图 4-7　4 组坐标逆变换测试数据

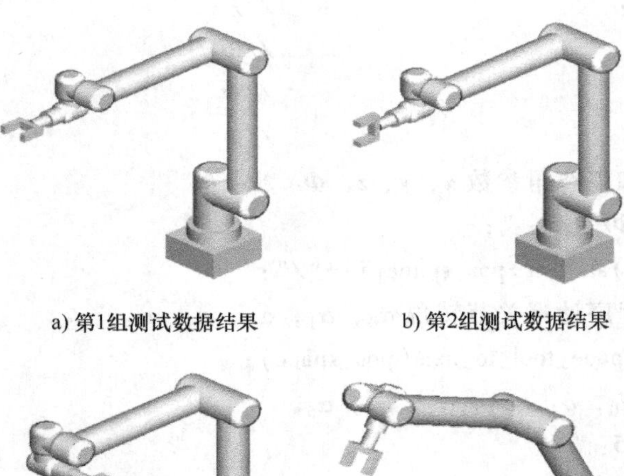

a) 第1组测试数据结果　b) 第2组测试数据结果

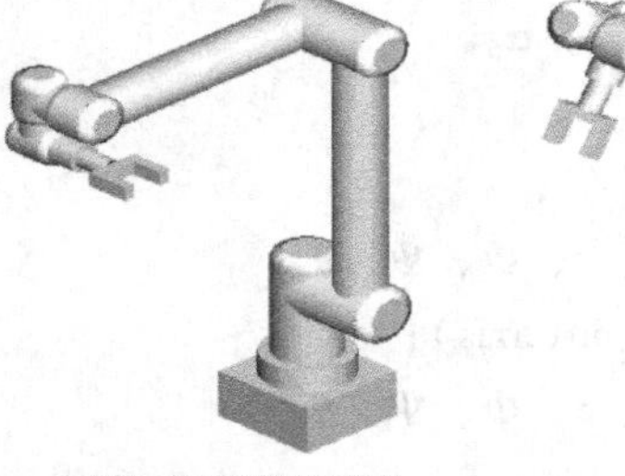

c) 第3组测试数据结果　d) 第4组测试数据结果

图 4-8　机器人工具位置和姿态及关节转角

由图 4-7 和图 4-8 所示结果可以看出，对于第 1 组测试数据，有

$$x=740,\ y=-100,\ z=800,\ \Phi=0,\ \Psi=0,\ \theta=0$$

$$\alpha_0=0,\ \alpha_1=0,\ \alpha_2=0,\ \alpha_3=0,\ \alpha_4=0,\ \alpha_5=0$$

对于第 2 组测试数据，有

$$x=740,\ y=-100,\ z=800,\ \Phi=90,\ \Psi=0,\ \theta=0$$

$$\alpha_0=0,\ \alpha_1=0,\ \alpha_2=0,\ \alpha_3=0,\ \alpha_4=0,\ \alpha_5=90$$

对于第 3 组测试数据，有

$$x=500,\ y=140,\ z=800,\ \Phi=0,\ \Psi=89,\ \theta=0$$

$$\alpha_0=0,\ \alpha_1=-0.40,\ \alpha_2=0.40,\ \alpha_3=0.00,\ \alpha_4=89.00,\ \alpha_5=0$$

对于第 4 组测试数据，有

$$x=740,\ y=-100,\ z=800,\ \Phi=0,\ \Psi=0,\ \theta=50$$

$$\alpha_0=0,\ \alpha_1=19.10,\ \alpha_2=-40.34,\ \alpha_3=71.24,\ \alpha_4=0,\ \alpha_5=0$$

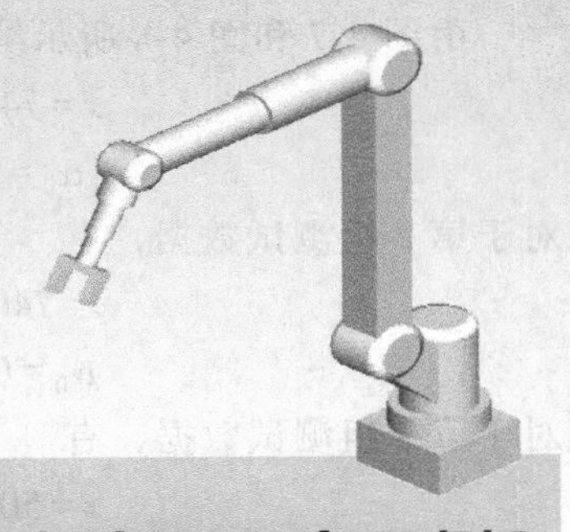

第5章 基于几何法的坐标逆变换计算方法和程序示例3

本章介绍图 5-1 所示工业机器人的坐标逆变换计算方法和编程示例。本示例机器人与示例 2 机器人（图 4-1）结构的主要区别是关节 J_4 和 J_5 的旋转轴初始布置方向不同。与示例程序 2 所采用的方法类似，首先需要利用机器人结构的几何关系求解图 5-2 所示关节转角 α_0 和 P_3 关节位置，然后求解关节转角 α_0，α_1，α_2，α_3，α_4，α_5。本示例在求解关节位置 P_3 的过程中，主要采用坐标变换矩阵进行计算。这种方法也适用于第 4 章机器人结构的坐标逆变换。读者在学习并掌握本章内容后，也可以尝试用本章所提供的方法，求解第 4 章机器人的关节位置 P_3。

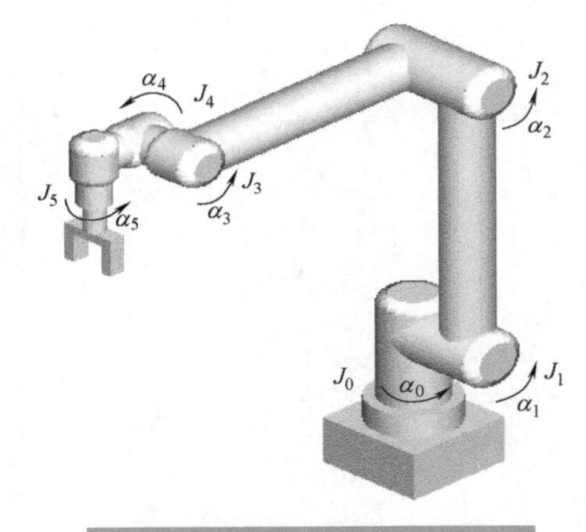

图 5-1　程序示例 3 的机器人结构

5.1　坐标正变换矩阵

图 5-2 所示为程序示例 3 的机器人坐标系定义。首先参照图 5-3 和第 3.1 节介绍的坐标正变换方法，建立坐标正变换矩阵 $\boldsymbol{T}_0$，$\boldsymbol{T}_1$，$\boldsymbol{T}_2$，$\boldsymbol{T}_3$，$\boldsymbol{T}_4$，$\boldsymbol{T}_5$。

根据图 5-3 给出的坐标系旋转 α_0，α_1，α_2，α_3，α_4，α_5 的变换关系，可以建立坐标正变换矩阵 $\boldsymbol{T}_0$，$\boldsymbol{T}_1$，$\boldsymbol{T}_2$，$\boldsymbol{T}_3$，$\boldsymbol{T}_4$，$\boldsymbol{T}_5$，分别为

$$\boldsymbol{T}_0=\begin{bmatrix}\cos\alpha_0 & -\sin\alpha_0 & 0 & 0\\ \sin\alpha_0 & \cos\alpha_0 & 0 & 0\\ 0 & 0 & 1 & L_1\\ 0 & 0 & 0 & 1\end{bmatrix}\tag{5-1}$$

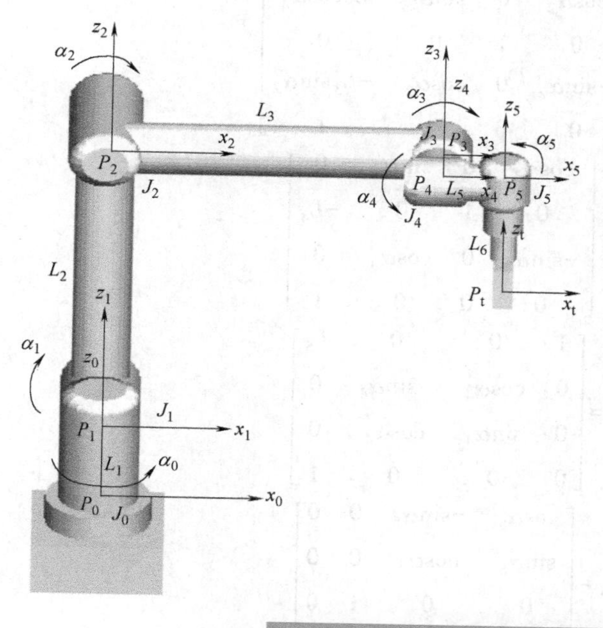

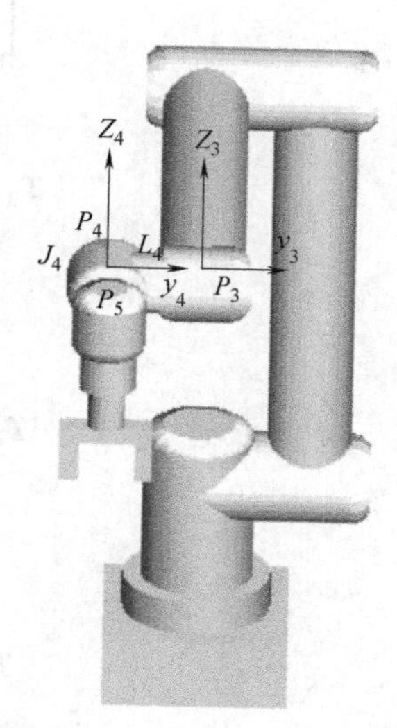

图 5-2　程序示例 3 的坐标系定义

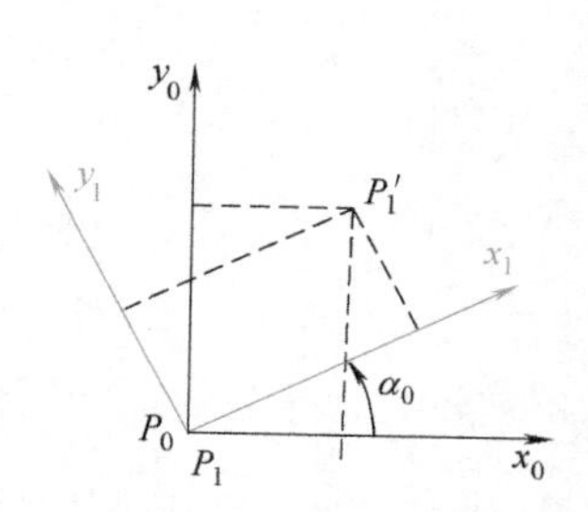

a) 关节转角为α_0，变换矩阵为$\boldsymbol{T}_0$

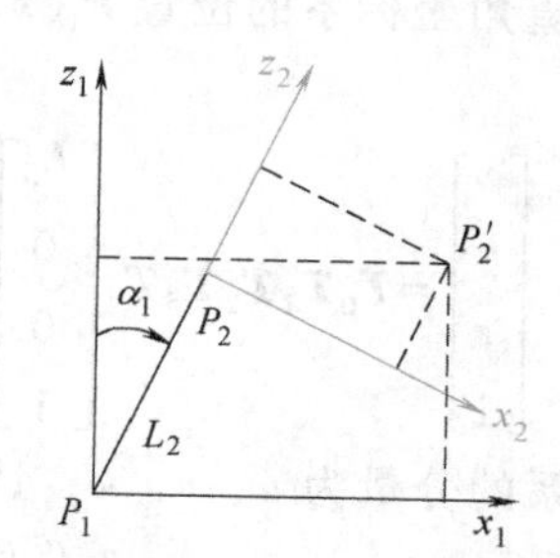

b) 关节转角为α_1，变换矩阵为$\boldsymbol{T}_1$

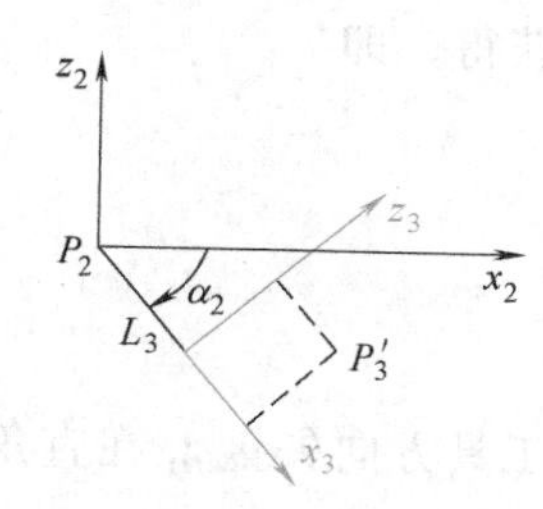

c) 关节转角为α_2，变换矩阵为$\boldsymbol{T}_2$

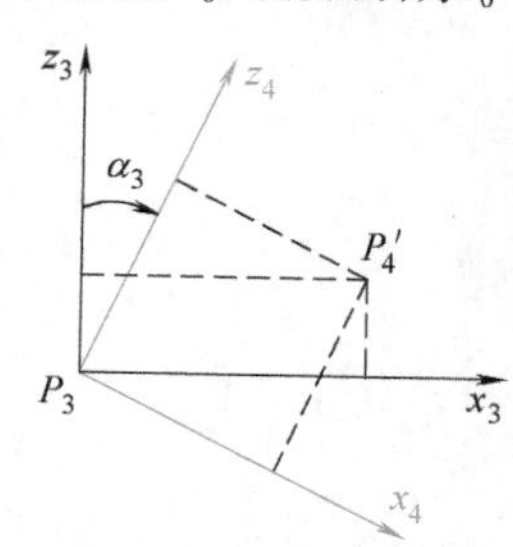

d) 关节转角为α_3，变换矩阵为$\boldsymbol{T}_3$

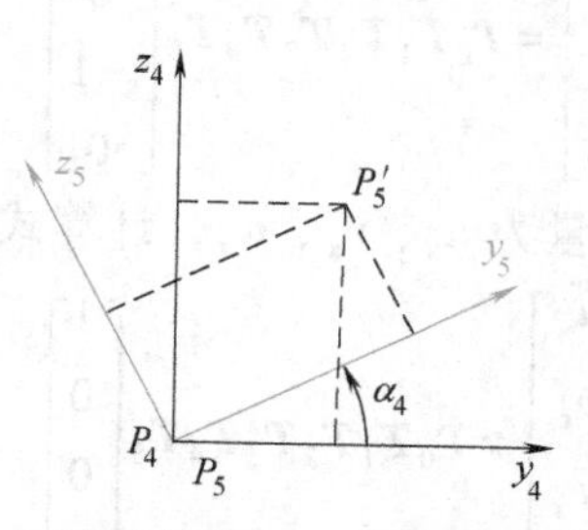

e) 关节转角为α_4，变换矩阵为$\boldsymbol{T}_4$

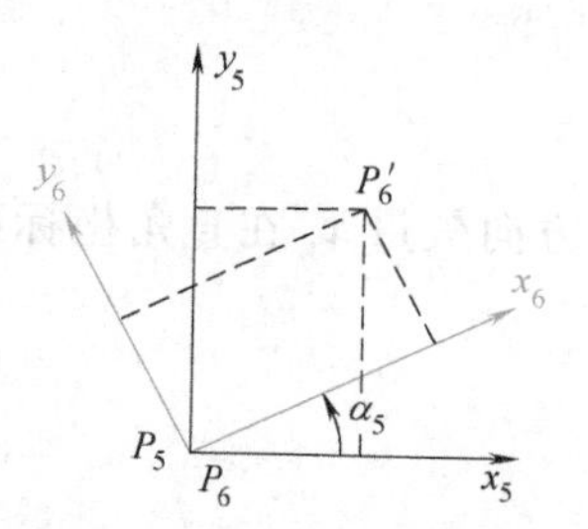

f) 关节转角为α_5，变换矩阵为$\boldsymbol{T}_5$

图 5-3　关节转角 α_0，α_1，α_2，α_3，α_4，α_5 的坐标系变换关系

$$\boldsymbol{T}_1=\begin{bmatrix}\cos\alpha_1 & 0 & \sin\alpha_1 & L_2\sin\alpha_1\\ 0 & 1 & 0 & 0\\ -\sin\alpha_1 & 0 & \cos\alpha_1 & L_2\cos\alpha_1\\ 0 & 0 & 0 & 1\end{bmatrix}\tag{5-2}$$

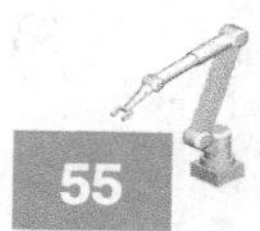

$$T_2=\begin{bmatrix}\cos\alpha_2 & 0 & \sin\alpha_2 & L_3\cos\alpha_2\\ 0 & 1 & 0 & 0\\ -\sin\alpha_2 & 0 & \cos\alpha_2 & -L_3\sin\alpha_2\\ 0 & 0 & 0 & 1\end{bmatrix} \tag{5-3}$$

$$T_3=\begin{bmatrix}\cos\alpha_3 & 0 & \sin\alpha_3 & 0\\ 0 & 1 & 0 & -L_4\\ -\sin\alpha_3 & 0 & \cos\alpha_3 & 0\\ 0 & 0 & 0 & 1\end{bmatrix} \tag{5-4}$$

$$T_4=\begin{bmatrix}1 & 0 & 0 & L_5\\ 0 & \cos\alpha_4 & -\sin\alpha_4 & 0\\ 0 & \sin\alpha_4 & \cos\alpha_4 & 0\\ 0 & 0 & 0 & 1\end{bmatrix} \tag{5-5}$$

$$T_5=\begin{bmatrix}\cos\alpha_5 & -\sin\alpha_5 & 0 & 0\\ \sin\alpha_5 & \cos\alpha_5 & 0 & 0\\ 0 & 0 & 1 & 0\\ 0 & 0 & 0 & 1\end{bmatrix} \tag{5-6}$$

根据图 5-2 和图 5-3，工具在直角坐标系的位置 $P_t(x, y, z)$ 可以由式（5-7）坐标变换计算获得，即

$$\begin{bmatrix}x\\ y\\ z\\ 1\end{bmatrix}=T_0T_1T_2T_3T_4\begin{bmatrix}L_6\\ 0\\ 0\\ 1\end{bmatrix} \tag{5-7}$$

工具方向矢量 z_t 在直角坐标系的分量为 u、v、w，计算式为

$$\begin{bmatrix}u\\ v\\ w\\ 0\end{bmatrix}=T_0T_1T_2T_3T_4T_5\begin{bmatrix}0\\ 0\\ -1\\ 0\end{bmatrix} \tag{5-8}$$

方向矢量 x_t 在直角坐标系的分量为 u_x、v_x、w_x，计算式为

$$\begin{bmatrix}u_x\\ v_x\\ w_x\\ 0\end{bmatrix}=T_0T_1T_2T_3T_4T_5\begin{bmatrix}1\\ 0\\ 0\\ 0\end{bmatrix} \tag{5-9}$$

5.2 坐标正变换程序示例 3

5.2.1 坐标正变换程序

第 3.2.1 节创建了安卓应用程序 trans_test，在此程序框架下添加坐标变换程序示例 3。

程序示例 3 与程序示例 2 使用同一个参数类 ROB_PAR 和数值。

在安卓应用程序 trans_test 中创建一个_coord_trans_u6r 类，在此类下编写程序示例 3 的坐标变换计算相关的子程序（方法），它与程序示例 1 和程序示例 2 使用相同的公共变量定义和矩阵计算子程序，见附录 C 的 C.1 节和 C.2 节。附录 E 是程序示例 3 的_coord_trans_u6r 类源程序。坐标正变换程序由如下 2 个部分组成。

1）axis_to_space()：示例程序 axis_to_space() 的输入为机器人关节转角 α_0，α_1，α_2，α_3，α_4，输出为工具位置 $P_t(x,\ y,\ z)$ 和工具方向矢量（u，v，w），如图 3-4 所示。根据式（5-1）~式（5-8）编写坐标正变换矩阵 $\boldsymbol{T}_0$，$\boldsymbol{T}_1$，$\boldsymbol{T}_2$，$\boldsymbol{T}_3$，$\boldsymbol{T}_4$，$\boldsymbol{T}_5$ 计算程序。

2）axis_to_space_op()：示例程序 axis_to_space_op() 的输入为机器人关节转角 α_0，α_1，α_2，α_3，α_4，α_5，输出为工具位置 $P_t(x,\ y,\ z)$ 和工具坐标系旋转姿态角 $\boldsymbol{\Phi}$、$\boldsymbol{\Psi}$、θ，如图 2-3 所示。根据式（3-11）~式（3-29）编写 $\boldsymbol{\Phi}$、$\boldsymbol{\Psi}$、θ 计算程序。

可以参考第 3.2.4 小节和 3.2.5 小节或者阅读附录 E 的 E.1 节坐标正变换程序 axis_to_space() 和 axis_to_space_op()。

5.2.2 测试计算程序示例

1. 添加测试程序变量

在附录 A 所列 MainActivity 上添加测试程序变量。

```
public class MainActivity extends Activity {
…
protected void onCreate(Bundle savedInstanceState) {

//--- 测试程序变量 ---
_coord_trans_k coord_trans = new _coord_trans_k();          //导入程序示例 1 坐标变换类
_coord_trans_u6 coord_trans2 = new _coord_trans_u6();       //导入程序示例 2 坐标变换类
_coord_trans_u6n coord_trans3 = new _coord_trans_u6r();     //导入程序示例 3 坐标变换类

//…略…
    }
  }
```

2. 测试计算

给定 4 组机器人关节转角 α_0，α_1，α_2，α_3，α_4，α_5 的 4 组测试数据，通过坐标正变换计算机器人工具位置和旋转姿态角，然后在虚拟仿真系统上观察计算结果，过程如下。

1）清除屏幕。

```
view.setText("");
```

2）给定关节转角 α_0，α_1，α_2，α_3，α_4，α_5 的第 1 组测试数据。

```
axis[0] = 0;                    //a0
axis[1] = 0;                    //a1
axis[2] = 0;                    //a2
axis[3] = 0;                    //a3
```

```
axis[4]=0;                          //a4
axis[5]=0;                          //a5
```

3）进行坐标正变换，计算工具位置和姿态角参数 x、y、z、Φ、Ψ、θ。

```
pos_space=coord_trans3. axis_to_space_op(axis);
```

4）显示关节转角 α_0，α_1，α_2，α_3，α_4，α_5。

```
str="\n \n a0...a5:";
for(i=0;i<6;i++) str=str+axis[i]+"/";
```

5）显示工具位置和姿态角参数 x、y、z、Φ、Ψ、θ。

```
str=str+"\n x/y/z/Φ/Ψ/θ:";
for(i=0;i<6;i++) str=str+pos_space[i]+"/";
```

6）给定关节转角 α_0，α_1，α_2，α_3，α_4，α_5 第 2~4 组测试数据，进行坐标正变换计算。

//给定测试值和测试过程程序省略

3. 显示

```
view. append(str);
```

4. 测试计算结果

4 组坐标正变换测试数据如图 5-4 所示，在机器人虚拟仿真系统上获得的机器人工具位置和姿态及关节转角如图 5-5 所示。

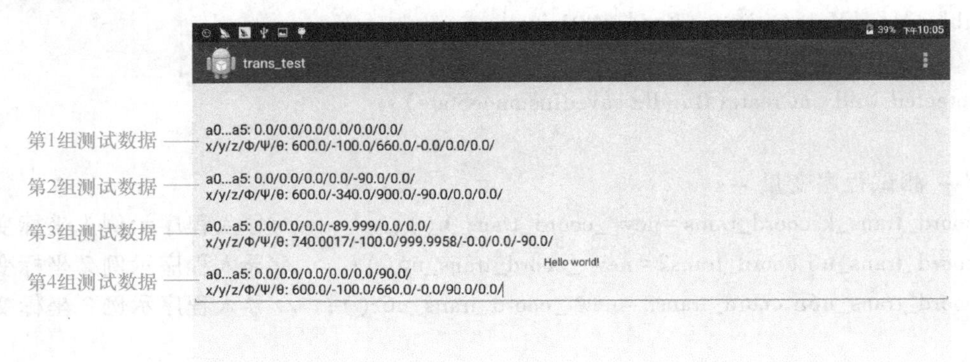

图 5-4 4 组坐标正变换测试数据

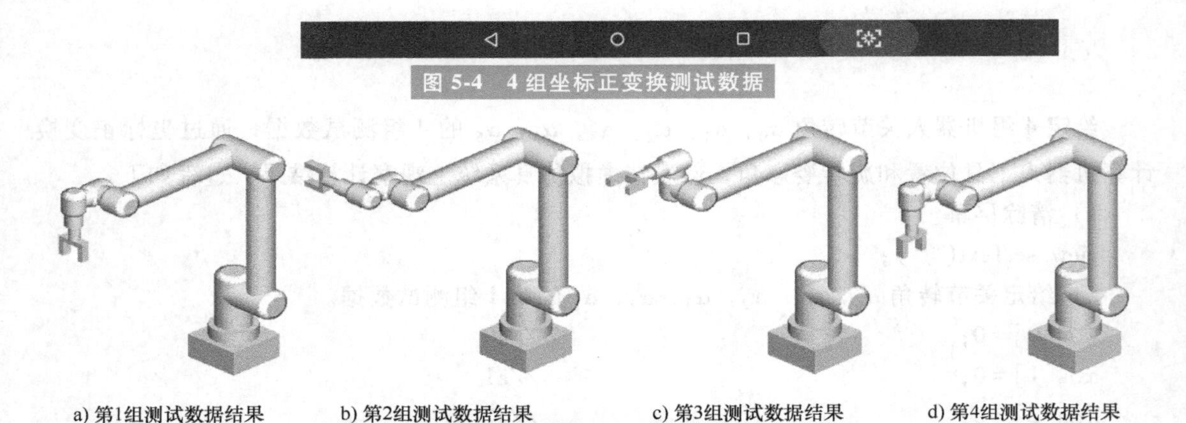

图 5-5 机器人工具位置和姿态及关节转角

由图 5-4 和图 5-5 所示结果可以看出，对于第 1 组测试数据，有

$$\alpha_0=0,\ \alpha_1=0,\ \alpha_2=0,\ \alpha_3=0,\ \alpha_4=0,\ \alpha_5=0,$$
$$x=600,\ y=-100,\ z=660,\ \Phi=0,\ \Psi=0,\ \theta=0$$

对于第 2 组测试数据，有

$$\alpha_0=0,\ \alpha_1=0,\ \alpha_2=0,\ \alpha_3=0,\ \alpha_4=-90,\ \alpha_5=0,$$
$$x=600,\ y=-340,\ z=900,\ \Phi=-90,\ \Psi=0,\ \theta=0$$

对于第 3 组测试数据，有

$$\alpha_0=0,\ \alpha_1=0,\ \alpha_2=0,\ \alpha_3=-90,\ \alpha_4=0,\ \alpha_5=0,$$
$$x=740,\ y=-100,\ z=1000,\ \Phi=0,\ \Psi=0,\ \theta=-90$$

对于第 4 组测试数据，有

$$\alpha_0=0,\ \alpha_1=0,\ \alpha_2=0,\ \alpha_3=0,\ \alpha_4=0,\ \alpha_5=90,$$
$$x=600,\ y=-100,\ z=660,\ \Phi=0,\ \Psi=90,\ \theta=0$$

5.3 坐标逆变换计算方法

5.3.1 计算关节位置 P_3

1）使用式（3-11）和式（3-12），由工具坐标系旋转姿态角 Φ、Ψ、θ 获得工具方向矢量（u, v, w）和（u_x, v_x, w_x）。

2）根据图 5-6c，由工具位置 $P_t(x, y, z)$ 和方向矢量（u, v, w）计算关节的位置 P_5（x_5, y_5, z_5），即

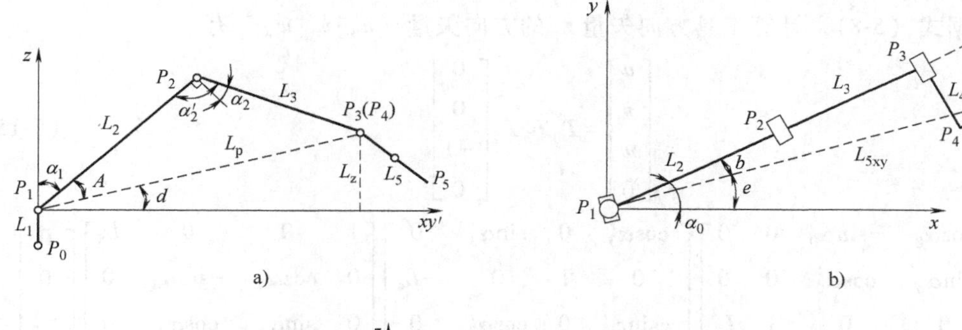

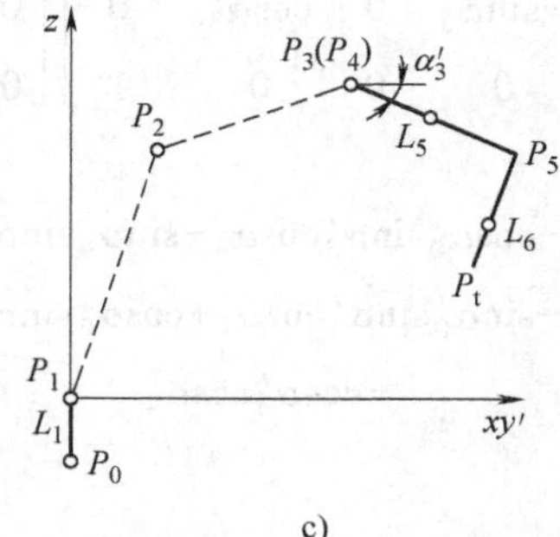

图 5-6 机器人结构和参数示意图

$$\begin{cases}x_5=x-uL_6\\y_5=y-vL_6\\z_5=z-wL_6\end{cases} \tag{5-10}$$

3）根据式（5-1）~式（5-7），设 $\alpha_1=0$，$\alpha_2=0$，获得 P_3 和 P_5 之间的坐标变换关系为

$$\begin{bmatrix}x_5\\y_5\\z_5\\1\end{bmatrix}=\begin{bmatrix}x_3\\y_3\\z_3\\1\end{bmatrix}+\boldsymbol{T}_0\boldsymbol{T}_3'\boldsymbol{T}_4\begin{bmatrix}0\\0\\0\\1\end{bmatrix} \tag{5-11}$$

$$\begin{bmatrix}x_3\\y_3\\z_3\\1\end{bmatrix}=\begin{bmatrix}x_5\\y_5\\z_5\\1\end{bmatrix}-\boldsymbol{T}_0\boldsymbol{T}_3'\boldsymbol{T}_4\begin{bmatrix}0\\0\\0\\1\end{bmatrix} \tag{5-12}$$

$$\begin{bmatrix}x_3\\y_3\\z_3\\1\end{bmatrix}=\begin{bmatrix}x_5\\y_5\\z_5\\1\end{bmatrix}-\begin{bmatrix}\cos\alpha_0 & -\sin\alpha_0 & 0 & 0\\ \sin\alpha_0 & \cos\alpha_0 & 0 & 0\\ 0 & 0 & 1 & L_1\\ 0 & 0 & 0 & 1\end{bmatrix}\begin{bmatrix}\cos\alpha_3' & 0 & \sin\alpha_3' & 0\\ 0 & 1 & 0 & -L_4\\ -\sin\alpha_3' & 0 & \cos\alpha_3' & 0\\ 0 & 0 & 0 & 1\end{bmatrix}\begin{bmatrix}L_5\\0\\0\\1\end{bmatrix} \tag{5-13}$$

$$\begin{bmatrix}x_3\\y_3\\z_3\\1\end{bmatrix}=\begin{bmatrix}x_5\\y_5\\z_5\\1\end{bmatrix}-\begin{bmatrix}L_5\cos\alpha_0\cos\alpha_3'+L_4\sin\alpha_0\\ L_5\sin\alpha_0\cos\alpha_3'-L_4\cos\alpha_0\\ -L_5\sin\alpha_3'\\ 1\end{bmatrix} \tag{5-14}$$

4）根据式（5-8），计算工具方向矢量 z_t 的方向矢量（u，v，w），有

$$\begin{bmatrix}u\\v\\w\\0\end{bmatrix}=\boldsymbol{T}_0\boldsymbol{T}_3'\boldsymbol{T}_4\begin{bmatrix}0\\0\\-1\\0\end{bmatrix} \tag{5-15}$$

$$\begin{bmatrix}u\\v\\w\\0\end{bmatrix}=\begin{bmatrix}\cos\alpha_0 & -\sin\alpha_0 & 0 & 0\\ \sin\alpha_0 & \cos\alpha_0 & 0 & 0\\ 0 & 0 & 1 & L_1\\ 0 & 0 & 0 & 1\end{bmatrix}\begin{bmatrix}\cos\alpha_3' & 0 & \sin\alpha_3' & 0\\ 0 & 1 & 0 & -L_4\\ -\sin\alpha_3' & 0 & \cos\alpha_3' & 0\\ 0 & 0 & 0 & 1\end{bmatrix}\begin{bmatrix}1 & 0 & 0 & L_5\\ 0 & \cos\alpha_4 & -\sin\alpha_4 & 0\\ 0 & \sin\alpha_4 & \cos\alpha_4 & 0\\ 0 & 0 & 0 & 1\end{bmatrix}\begin{bmatrix}0\\0\\-1\\0\end{bmatrix} \tag{5-16}$$

$$\begin{bmatrix}u\\v\\w\\0\end{bmatrix}=\begin{bmatrix}-\cos\alpha_0\sin\alpha_3'\cos\alpha_4-\sin\alpha_0\sin\alpha_4\\ -\sin\alpha_0\sin\alpha_3'\cos\alpha_4+\cos\alpha_0\sin\alpha_4\\ -\cos\alpha_3'\cos\alpha_4\\ 0\end{bmatrix} \tag{5-17}$$

由公式（5-17）获得方程式

$$u=-\cos\alpha_0\sin\alpha_3'\cos\alpha_4-\sin\alpha_0\sin\alpha_4 \tag{5-18}$$

$$v=-\sin\alpha_0\sin\alpha_3'\cos\alpha_4+\cos\alpha_0\sin\alpha_4 \tag{5-19}$$

$$w=-\cos\alpha_3'\cos\alpha_4 \tag{5-20}$$

改写式（5-20）可得

$$\cos\alpha_4=\frac{-w}{\cos\alpha_3'} \tag{5-21}$$

合并式（5-18）、式（5-19）和式（5-21）获得方程式

$$u\cos\alpha_0+v\sin\alpha_0=-\sin\alpha_3'\cos\alpha_4 \tag{5-22}$$

$$u\cos\alpha_0+v\sin\alpha_0=-\sin\alpha_3'\frac{-w}{\cos\alpha_3'} \tag{5-23}$$

由式（5-23）求解出 α_3'，即

$$\alpha_3'=-\arctan\frac{u\cos\alpha_0+v\sin\alpha_0}{-w} \tag{5-24}$$

5）根据图 5-6b 计算 α_0 的值

$$L_{5xy}=\sqrt{x_5^2+y_5^2} \tag{5-25}$$

$$e=\arctan\frac{y_5}{x_5} \tag{5-26}$$

$$b=\arcsin\frac{L_4}{L_{5xy}} \tag{5-27}$$

$$\alpha_0=b+e \tag{5-28}$$

6）根据式（5-14）计算关节位置 P_3，即

$$\begin{cases}x_3=x_5-L_5\cos\alpha_0\cos\alpha_3'-L_4\sin\alpha_0\\y_3=y_5-L_5\sin\alpha_0\cos\alpha_3'+L_4\cos\alpha_0\\z_3=z_5+L_5\sin\alpha_3'\end{cases} \tag{5-29}$$

5.3.2 计算关节转角 α_1 和 α_2

根据图 5-6a 计算 α_1 和 α_2，首先求解 α_1，有

$$L_z=z_3 \tag{5-30}$$

$$L_p=\sqrt{x_3^2+y_3^2+L_z^2} \tag{5-31}$$

$$A=\arccos\frac{L_2^2+L_p^2-L_3^2}{2L_2L_p} \tag{5-32}$$

$$d=\arcsin\frac{L_z}{L_p} \tag{5-33}$$

$$\alpha_1=\frac{\pi}{2}-(A+d) \tag{5-34}$$

接着求解 α_2，有

$$\alpha_2'=\arccos\frac{L_2^2+L_3^2-L_p^2}{2L_2L_3} \tag{5-35}$$

$$\alpha_2=-\left(\alpha_2'-\frac{\pi}{2}\right) \tag{5-36}$$

5.3.3 计算关节转角 α_3 和 α_4

根据式（5-8）可以求解 α_3 和 α_4，有

$$\begin{bmatrix}u\\v\\w\\0\end{bmatrix}=\boldsymbol{T}_0\boldsymbol{T}_1\boldsymbol{T}_2\begin{bmatrix}\cos\alpha_3&0&\sin\alpha_3&0\\0&1&0&-L_4\\-\sin\alpha_3&0&\cos\alpha_3&0\\0&0&0&1\end{bmatrix}\begin{bmatrix}1&0&0&L_5\\0&\cos\alpha_4&-\sin\alpha_4&0\\0&\sin\alpha_4&\cos\alpha_4&0\\0&0&0&1\end{bmatrix}\begin{bmatrix}0\\0\\-1\\0\end{bmatrix} \tag{5-37}$$

$$(\boldsymbol{T}_0\boldsymbol{T}_1\boldsymbol{T}_2)^{-1}\begin{bmatrix}u\\v\\w\\0\end{bmatrix}=\begin{bmatrix}-\sin\alpha_3\cos\alpha_4\\\sin\alpha_4\\-\cos\alpha_3\cos\alpha_4\\0\end{bmatrix} \tag{5-38}$$

设

$$(\boldsymbol{T}_0\boldsymbol{T}_1\boldsymbol{T}_2)^{-1}\begin{bmatrix}u\\v\\w\\0\end{bmatrix}=\begin{bmatrix}t_{\text{ru}}\\t_{\text{rv}}\\t_{\text{rw}}\\0\end{bmatrix}$$

则有

$$\begin{bmatrix}t_{\text{ru}}\\t_{\text{rv}}\\t_{\text{rw}}\\0\end{bmatrix}=\begin{bmatrix}-\sin\alpha_3\cos\alpha_4\\\sin\alpha_4\\-\cos\alpha_3\cos\alpha_4\\0\end{bmatrix} \tag{5-39}$$

可得

$$\alpha_3=\arctan\frac{-t_{\text{ru}}}{-t_{\text{rw}}} \tag{5-40}$$

$$\alpha_4=\arcsin t_{\text{rv}} \tag{5-41}$$

5.3.4 计算关节转角 α_5

根据式（5-9）建立工具方向矢量（u_x，v_x，w_x）与关节转角 α_5 的关系，求解出 α_5，有

$$\begin{bmatrix}u_x\\v_x\\w_x\\0\end{bmatrix}=\boldsymbol{T}_0\boldsymbol{T}_1\boldsymbol{T}_2\boldsymbol{T}_3\boldsymbol{T}_4\begin{bmatrix}\cos\alpha_5&-\sin\alpha_5&0&0\\\sin\alpha_5&\cos\alpha_5&0&0\\0&0&1&0\\0&0&0&1\end{bmatrix}\begin{bmatrix}1\\0\\0\\0\end{bmatrix} \tag{5-42}$$

$$(\boldsymbol{T}_0\boldsymbol{T}_1\boldsymbol{T}_2\boldsymbol{T}_3\boldsymbol{T}_4)^{-1}\begin{bmatrix}u_x\\v_x\\w_x\\0\end{bmatrix}=\begin{bmatrix}\cos\alpha_5\\\sin\alpha_5\\0\\0\end{bmatrix} \tag{5-43}$$

设

$$(\boldsymbol{T}_0\boldsymbol{T}_1\boldsymbol{T}_2\boldsymbol{T}_3\boldsymbol{T}_4)^{-1}\begin{bmatrix}u_x\\v_x\\w_x\\0\end{bmatrix}=\begin{bmatrix}t_{ru}\\t_{rv}\\t_{rw}\\0\end{bmatrix}$$

则有

$$\begin{bmatrix}t_{ru}\\t_{rv}\\t_{rw}\\0\end{bmatrix}=\begin{bmatrix}\cos\alpha_5\\\sin\alpha_5\\0\\0\end{bmatrix} \tag{5-44}$$

$$\alpha_5=\arctan\frac{t_{rv}}{t_{ru}} \tag{5-45}$$

5.4 坐标逆变换程序示例3

在_coord_tran_u6r 类中编写坐标逆变换程序。附录 E 的 E.2 节是坐标逆变换计算源程序，包括如下 6 个子程序。

1）tool_uvw( )，由工具坐标系旋转姿态角 Φ、Ψ、θ 计算工具方向矢量（u，v，w）和（u_x，v_x，w_x）。

2）space_to_p3p( )：由工具位置 $P_t(x, y, z)$ 和方向矢量（u，v，w）计算关节位置 $P_3(x_3, y_3, z_3)$。

3）get_a012( )：根据关节位置 $P_3(x_3, y_3, z_3)$ 计算关节转角 α_0，α_1，α_2。

4）get_a34( )：由工具方向矢量（u，v，w）和关节转角 α_0，α_1，α_2 计算关节转角 α_3 和 α_4。

5）space_to_axis( )：由工具位置 $P_t(x, y, z)$ 和方向矢量（u，v，w）求解关节转角 α_0，α_1，α_2，α_3，α_4。

6）uvwx_to_a5( )：由关节转角 α_0，α_1，α_2，α_3，α_4 和工具方向矢量（u_x，v_x，w_x）计算关节转角 α_5。

7）space_tool_to_axis( )：由工具位置 $P_t(x, y, z)$ 和工具坐标系旋转姿态角 Φ、Ψ、θ 求解关节转角 α_0，α_1，α_2，α_3，α_4，α_5。

5.4.1 示例程序 tool_uvw( )

根据式（3-15）和式（3-16），由工具坐标系旋转姿态角 Φ、Ψ、θ 计算工具方向矢量（u，v，w）和（u_x，v_x，w_x）。与第 3.4.1 小节的程序相同，参见附录 C 的 C.4 节。

5.4.2 示例程序 space_to_p3( )

根据式（5-10）~式（5-29），由工具位置 $P_t(x, y, z)$ 和方向矢量（u, v, w）计算关节位置 P_3。程序入口为 float[ ]space_to_p3(float[ ]pos)，输入变量 pos[0]、pos[1]、pos[2]，即 x、y、z，以及 pos[3]、pos[4]、pos[5]，即 u、v、w。程序组成部分如下。

1. 程序变量

```
float[ ]pos3=new float[TRANS_AXIS];          //x3,y3,z3
float L6=ROB_PAR. L6;                         //机器人参数 L6
float L4=ROB_PAR. L4;                         //机器人参数 L4
float L5=ROB_PAR. L5;                         //机器人参数 L5
float x3,y3,z3;                               //关节位置 P3
```

2. 读入工具位置和方向矢量

```
float x=pos_sp[0];
float y=pos_sp[1];
float z=pos_sp[2];
float u=pos_sp[3];
float v=pos_sp[4];
float w=pos_sp[5];
```

3. 计算关节位置 $P_5(x_5, y_5, z_5)$

根据式（5-10）计算关节位置 $P_5(x_5, y_5, z_5)$。

```
float x5=x-L6 * u;
float y5=y-L6 * v;
float z5=z-L6 * w;
```

4. 计算关节转角 α_0

根据式（5-25）~式（5-28）计算关节转角 α_0。

```
float xy5=(float)Math. sqrt(x5 * x5+y5 * y5);
float E=(float)Math. atan2(y5,x5);
float B=(float)Math. asin(L4/xy5);
float a0=B+E;
```

5. 计算关节转角 α_3'

根据式（5-24）计算关节转角 α_3'。

```
float s0=(float)Math. sin(a0);
float c0=(float)Math. cos(a0);
float a3=-(float)Math. atan2((u * c0+v * s0),-w);
```

6. 计算关节位置 $P_3(x_3, y_3, z_3)$

根据式（5-29）计算关节位置 $P_3(x_3, y_3, z_3)$。

```
float s3=(float)Math. sin(a3);
float c3=(float)Math. cos(a3);
```

```
x3=x5-L5*c0*c3-L4*s0;
y3=y5-L5*s0*c3+L4*c0;
z3=z5+L5*s3;
```

7. 输出返回值

输出程序返回值，即关节位置 $P_3(x_3, y_3, z_3)$。

```
pos3[0]=x3;
pos3[1]=y3;
pos3[2]=z3;
```

5.4.3 示例程序 get_a012()

根据式（5-30）~式（5-36），由关节位置 $P_3(x_3, y_3, z_3)$ 计算关节转角 α_0，α_1，α_2。计算方法和程序与第4.4.3小节以及附录D的D.2中的get_a012()程序相同。

5.4.4 示例程序 get_a34()

由工具方向矢量（u，v，w）和关节转角 α_0，α_1，α_2 计算关节转角 α_3 和 α_4。程序入口为 float[]get_a34（float[]ax_act,float u,float v,float w），输入变量为 ax_act[0]、ax_act[1]、ax_act[2]，即 α_0，α_1，α_2。程序组成部分如下。

1. 变量定义

```
float[] a34=new float[TRANS_AXIS];          //输出变量 a3 和 a4
float[] ax=new float[TRANS_AXIS];           //中间变量
float[] vector=new float[MAT4];             //中间变量
float[] tr_uvw=new float[MAT4];             //中间变量
float a3,a4;                                //中间变量 a3 和 a4
```

2. 计算坐标变换矩阵

计算坐标变换矩阵 $\boldsymbol{T}_0\boldsymbol{T}_1\boldsymbol{T}_2$。

```
axis_to_space(ax_act);
```

3. 计算坐标变换矩阵的逆矩阵

根据式（5-38）计算坐标变换矩阵 $\boldsymbol{T}_0\boldsymbol{T}_1\boldsymbol{T}_2$ 的逆矩阵。

```
inverse012=mat_inverse(trans012);
```

4. 计算工具方向矢量与坐标变换矩阵的逆矩阵的乘积

根据式（5-39）计算工具方向矢量（u，v，w）与坐标变换矩阵 $\boldsymbol{T}_0\boldsymbol{T}_1\boldsymbol{T}_2$ 的逆矩阵乘积。

```
vector[0]=u;
vector[1]=v;
vector[2]=w;
vector[3]=0;
tr_uvw=mat_mult_vector(inverse012,vector);
```

5. 计算 α_3 和 α_4

根据式（5-40）和式（5-41）计算 α_3 和 α_4。

```
a3=(float)Math.atan2(-tr_uvw[0],-tr_uvw[2]);
a4=(float)Math.asin(tr_uvw[1]);
```

6. 输出 α_3 和 α_4

输出计算结果 α_3 和 α_4。

```
a34[3]=(float)Math.toDegrees(a3);
a34[4]=(float)Math.toDegrees(a4);
```

5.4.5 示例程序 space_to_axis()

进行坐标逆变换计算，由工具位置 $P_t(x, y, z)$ 和方向矢量 (u, v, w) 计算关节转角 α_0，α_1，α_2，α_3，α_4。程序入口为 float[] space_to_axis(float[] pos)，输入变量为 pos[0]、pos[1]、pos[2]，即 x、y、z，以及 pos[3]、pos[4]、pos[5]，即 u，v，w。程序组成部分如下。

1. 变量定义

```
float[] ax_act=new float[TRANS_AXIS];        //关节转角,中间变量
float[] pos_p3=new float[TRANS_AXIS];        //关节 P3 的位置
float[] axis=new float[TRANS_AXIS];          //关节转角
float[] a34=new float[TRANS_AXIS];           //关节转角,中间变量
float[] a012=new float[TRANS_AXIS];          //关节转角,中间变量
int i;
```

2. 计算关节位置 $P_3(x_3, y_3, z_3)$

```
pos_p3=space_to_p3(pos);
```

3. 计算关节转角 α_0，α_1，α_2

```
a012=get_a012(pos_p3[0],pos_p3[1],pos_p3[2]);
for(i=0;i<3;i++) ax_act[i]=(float)Math.toDegrees(a012[i]);
```

4. 计算关节转角 α_3 和 α_4

```
a34=get_a34(ax_act,u,v,w);
ax_act[3]=a34[3];          //a3
ax_act[4]=a34[4];          //a4
```

5. 输出计算结果

```
for(i=0;i<TRANS_AXIS;i++) axis[i]=ax_act[i];
```

5.4.6 示例程序 uvwx_to_a5()

根据式（5-42）~式（5-45），由之前计算出的机器人关节转角 α_0，α_1，α_2，α_3，α_4 和工具方向矢量 (u_x, v_x, w_x) 计算关节转角 α_5。程序入口为 float uvwx_to_a5(float[] axis_pos, float[] uvw_x)，输入变量为 axis_pos[0]，axis_pos[1]，axis_pos[2]，axis_pos[3]，axis_pos[4]，即 α_0，α_1，α_2，α_3，α_4，以及 uvw_x[0]、uvw_x[1]、uvw_x[2]，即 u_x、v_x、w_x。程序组成部分如下。

1. 变量定义

```
float[] tr_uvw=new float[4];      //中间变量
```

2. 计算坐标正变换矩阵

计算坐标正变换矩阵 $\boldsymbol{T}_0\boldsymbol{T}_1\boldsymbol{T}_2\boldsymbol{T}_3\boldsymbol{T}_4$。

```
axis_to_space(axis_pos);
```

3. 计算坐标正变换矩阵的逆矩阵

计算坐标正变换矩阵 $\boldsymbol{T}_0\boldsymbol{T}_1\boldsymbol{T}_2\boldsymbol{T}_3\boldsymbol{T}_4$ 的逆矩阵。

```
inverse01234=mat_inverse(trans01234);
```

4. 计算坐标正变换矩阵的逆矩阵与工具方向矢量的乘积

根据式（5-43）计算坐标正变换矩阵 $\boldsymbol{T}_0\boldsymbol{T}_1\boldsymbol{T}_2\boldsymbol{T}_3\boldsymbol{T}_4$ 的逆矩阵与工具方向矢量（u_x，v_x，w_x）的乘积。

```
tr_uvw=mat_mult_vector(inverse01234,uvw_x);
```

5. 计算 α_5

根据式（5-45）计算 α_5。

```
float a5=(float)Math.atan2(tr_uvw[1],tr_uvw[0]);
a5=(float)(Math.toDegrees(a5));
```

5.4.7 示例程序 space_tool_to_axis()

由工具位置 $P_t(x, y, z)$ 和工具坐标系旋转姿态角 Φ、Ψ、θ 求解机器人的关节转角 α_0，α_1，α_2，α_3，α_4，α_5。程序入口为 float[]space_tool_to_axis(float[]space_pos)，输入变量为 pos[0]、pos[1]、pos[2]，即 x、y、z，以及 pos[3]、pos[4]、pos[5]，即 Φ、Ψ、θ。程序组成部分如下。

1. 变量定义

```
float[]pt=new float[CONST.MAX_AXIS];          //工具位置中间变量
float[]axis_pos=new float[CONST.MAX_AXIS];    //输出关节转角
float[]uvw_x=new float[CONST.MAX_AXIS];       //工具坐标系 x 轴方向矢量
float[]uvw=new float[CONST.MAX_AXIS];         //工具方向矢量的中间变量
float[]rot=new float[CONST.MAX_AXIS];         //工具坐标系旋转中间变量
```

2. 计算计算工具方向矢量的中间变量

计算工具方向矢量（u，v，w）和（u_x，v_x，w_x）。

```
rot[3]=space_pos[3];        //rot(Φ)
rot[4]=space_pos[4];        //rot(Ψ)
rot[5]=space_pos[5];        //rot(θ)
uvw=tool_uvw(rot);
```

3. 设置工具位置和工具方向矢量

设置工具位置 $P_t(x, y, z)$ 和工具方向矢量（u，v，w）。

```
float uz=uvw[0];
float vz=uvw[1];
float wz=uvw[2];
for(i=0;i<CONST.MAX_AXIS;i++)pt[i]=space_pos[i];
```

```
pt[3]=uz;            //u
pt[4]=vz;            //v
pt[5]=wz;            //w
```

4. 坐标逆变换计算关节转角

进行坐标逆变换，计算关节转角 α_0，α_1，α_2，α_3，α_4。

```
axis_pos=space_to_axis(pt);
```

5. 计算 α_5

计算关节转角 α_5。

```
uvw_x[0]=uvw[3];           //ux
uvw_x[1]=uvw[4];           //vx
uvw_x[2]=uvw[5];           //wx
float a5=uvwx_to_a5(axis_pos,uvw_x);
axis_pos[5]=a5;
```

5.4.8 测试计算程序示例

在附录 A 所列第 5.2.2 小节坐标正变换测试计算程序基础上添加坐标逆变换测试程序。给定工具位置和坐标系旋转姿态角参数 x、y、z、Φ、Ψ、θ 的 4 组测试数据，通过坐标逆变换计算方法计算关节转角 α_0，α_1，α_2，α_3，α_4，α_5，然后用坐标正变换计算方法验算坐标逆变换计算的计算结果。过程如下。

1. 测试计算

1）清除屏幕。

```
view.setText("");
```

2）给定工具位置和姿态角参数 x、y、z、Φ、Ψ、θ 的第 1 组测试数据。

```
pos_space[0]=600;          //x
pos_space[1]=-100;         //y
pos_space[2]=660;          //z
pos_space[3]=0;            //Φ
pos_space[4]=0;            //Ψ
pos_space[5]=0;            //θ
```

3）显示工具位置和姿态角参数 x、y、z、Φ、Ψ、θ。

```
str="\n \n x/y/z/Φ/Ψ/θ:";
for(i=0;i<6;i++)str=str+pos_space[i]+"/";
```

4）用坐标逆变换程序计算关节转角 α_0，α_1，α_2，α_3，α_4，α_5。

```
axis=coord_trans3.space_tool_to_axis(pos_space);
```

5）显示关节转角 α_0，α_1，α_2，α_3，α_4，α_5。

```
str=str+"\n a0...a5:";
for(i=0;i<6;i++)str=str+axis[i]+"/";
```

6）验算工具位置和姿态角参数 x、y、z、Φ、Ψ、θ。

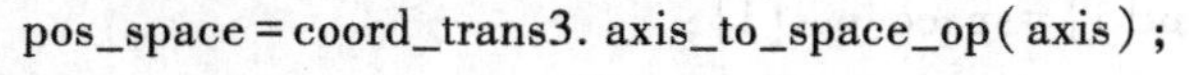

```
pos_space=coord_trans3.axis_to_space_op(axis);
```

7）显示工具位置和姿态角参数 x、y、z、Φ、Ψ、θ。

```
str=str+"\n 验算 x/y/z/Φ/Ψ/θ:";
for(i=0;i<6;i++) str=str+pos_space[i]+"/";
```

8）进行第 2~4 组测试数据测试。

```
//--- 给定工具位置和姿态角参数 x, y, z, Φ, Ψ, θ 第 2 组测试数据---
//以下给定测试值和测试过程程序省略
```

9）显示。

```
view.append(str);
```

2. 测试计算结果

工具位置和姿态角的 4 组坐标逆变换测试数据如图 5-7 所示，在机器人虚拟仿真系统上获得的机器人工具位置和姿态及关节转角如图 5-8 所示。

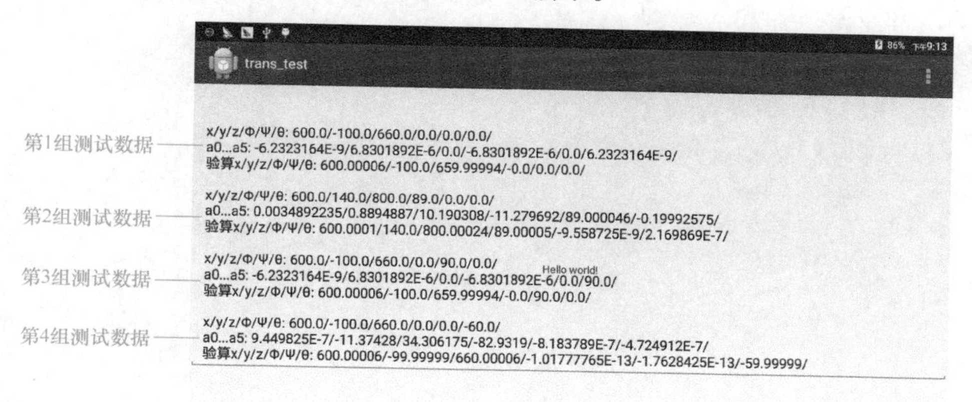

图 5-7　4 组坐标逆变换测试数据

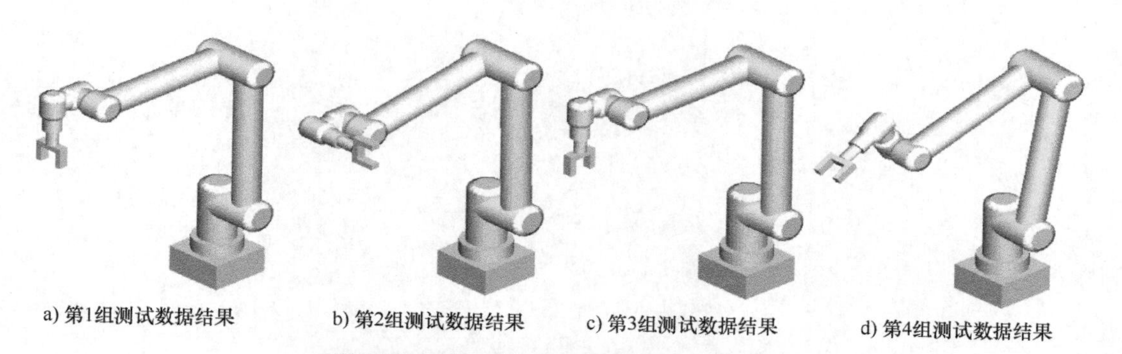

a) 第1组测试数据结果　b) 第2组测试数据结果　c) 第3组测试数据结果　d) 第4组测试数据结果

图 5-8　机器人工具位置和姿态及关节转角

由图 5-7 和图 5-8 所示结果可以看出，对于第 1 组测试数据，有

$$x=600,\ y=-100,\ z=660,\ \Phi=0,\ \Psi=0,\ \theta=0$$

$$\alpha_0=0,\ \alpha_1=0,\ \alpha_2=0,\ \alpha_3=0,\ \alpha_4=0,\ \alpha_5=0$$

对于第 2 组测试数据，有

$$x=600,\ y=140,\ z=800,\ \Phi=89,\ \Psi=0,\ \theta=0$$

$$\alpha_0=0,\ \alpha_1=0.89,\ \alpha_2=10.19,\ \alpha_3=-11.28,\ \alpha_4=89,\ \alpha_5=-0.20$$

对于第 3 组测试数据，有

$$x=600,\ y=140,\ z=660,\ \Phi=0,\ \Psi=90,\ \theta=0$$

$$\alpha_0=0,\ \alpha_1=0,\ \alpha_2=0,\ \alpha_3=0,\ \alpha_4=0,\ \alpha_5=90$$

对于第 4 组测试数据，有

$$x=600,\ y=-100,\ z=660,\ \Phi=0,\ \Psi=0,\ \theta=-60$$

$$\alpha_0=0,\ \alpha_1=-11.37,\ \alpha_2=34.31,\ \alpha_3=-82.93,\ \alpha_4=0,\ \alpha_5=0$$

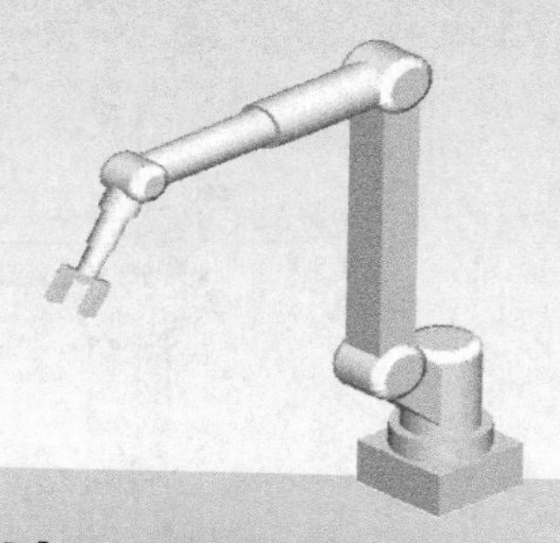

第6章 数字迭代坐标逆变换计算方法和程序示例4

图 6-1 所示为一个 7 自由度工业机器人，其中关节 J_2 提供一个冗余自由度。具有冗余自由度的工业机器人不仅可以控制工具的位置和姿态（位姿），还可以控制它达到这个位姿时机器人臂（连接关节的摆杆）的构型（位型）。7 自由度机器人运动更灵活，可以避开障碍，选择最有利的机器人姿态作业。如果将关节转角 α_2 固定为 0，它就成为同类结构的 6 自由度机器人。本示例提供的算法和示例程序也适用于同类结构的 6 自由度机器人。它也是目前最常用的协作机器人结构。对于图 6-1 所示的工业机器人结构，由于其结构和关节运动组合使得采用几何法或代数法求坐标逆变换解析解非常困难，因此需要使用牛顿-拉普森迭代法数值解法求解 5 元非线性方程组，进而求解关节转角 α_0，α_1，α_3，α_4，α_5。

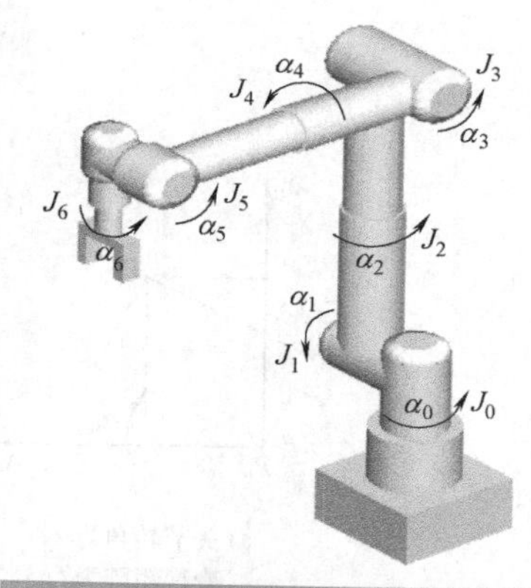

图 6-1 7 自由度工业机器人结构

本章介绍采用牛顿-拉普森迭代法求解 5 元非线性方程组完成坐标逆变换计算的方法，以及它的编程示例（程序示例 4）。其计算方法和程序示例源自作者开发的安卓虚拟工业机器人程序，通过实际运行验证。

6.1 坐标正变换矩阵

图 6-2 所示为程序示例 4 的机器人坐标系定义。首先参照图 6-3 和第 3.1 节介绍的坐标正变换方法，建立坐标正变换矩阵 $\boldsymbol{T}_0$，$\boldsymbol{T}_1$，$\boldsymbol{T}_2$，$\boldsymbol{T}_3$，$\boldsymbol{T}_4$，$\boldsymbol{T}_5$，$\boldsymbol{T}_6$。

根据图 6-3 给出的关节坐标系旋转 α_0，α_1，α_2，α_3，α_4，α_5，α_6 变换关系，可以建立坐标正变换矩阵 $\boldsymbol{T}_0$，$\boldsymbol{T}_1$，$\boldsymbol{T}_2$，$\boldsymbol{T}_3$，$\boldsymbol{T}_4$，$\boldsymbol{T}_5$，$\boldsymbol{T}_6$，分别为

$$\boldsymbol{T}_0=\begin{bmatrix}\cos\alpha_0 & -\sin\alpha_0 & 0 & 0\\ \sin\alpha_0 & \cos\alpha_0 & 0 & 0\\ 0 & 0 & 1 & 0\\ 0 & 0 & 0 & 1\end{bmatrix} \tag{6-1}$$

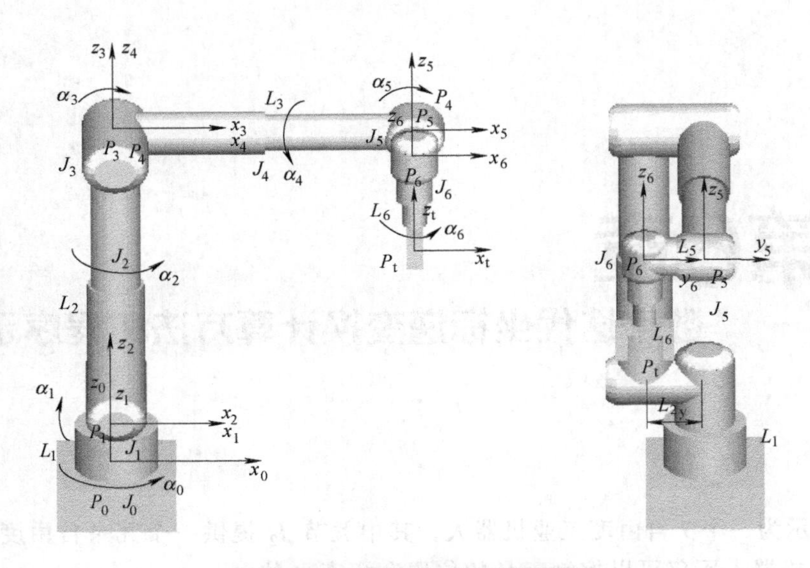

图 6-2　程序示例 4 的坐标系定义

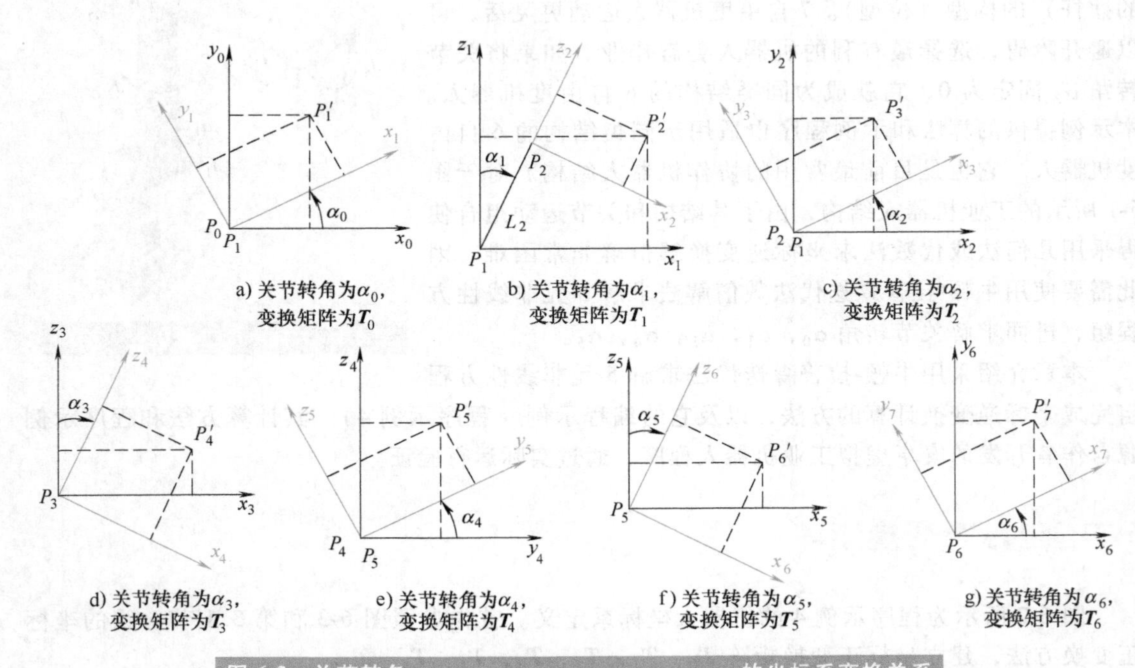

图 6-3　关节转角 α_0，α_1，α_2，α_3，α_4，α_5，α_6 的坐标系变换关系

$$
\boldsymbol{T}_1=\begin{bmatrix}\cos\alpha_1 & 0 & \sin\alpha_1 & L_2\sin\alpha_1\\ 0 & 1 & 0 & -L_{2y}\\ -\sin\alpha_1 & 0 & \cos\alpha_1 & L_2\cos\alpha_1\\ 0 & 0 & 0 & 1\end{bmatrix}\tag{6-2}
$$

$$T_2=\begin{bmatrix}\cos\alpha_2 & -\sin\alpha_2 & 0 & -L_{2y}\sin\alpha_2\\ \sin\alpha_2 & \cos\alpha_2 & 0 & L_{2y}\cos\alpha_2\\ 0 & 0 & 1 & 0\\ 0 & 0 & 0 & 1\end{bmatrix} \tag{6-3}$$

$$T_3=\begin{bmatrix}\cos\alpha_3 & 0 & \sin\alpha_3 & L_3\cos\alpha_3\\ 0 & 1 & 0 & 0\\ -\sin\alpha_3 & 0 & \cos\alpha_3 & -L_3\sin\alpha_3\\ 0 & 0 & 0 & 1\end{bmatrix} \tag{6-4}$$

$$T_4=\begin{bmatrix}1 & 0 & 0 & 0\\ 0 & \cos\alpha_4 & -\sin\alpha_4 & -L_5\cos\alpha_4\\ 0 & \sin\alpha_4 & \cos\alpha_4 & -L_5\sin\alpha_4\\ 0 & 0 & 0 & 1\end{bmatrix} \tag{6-5}$$

$$T_5=\begin{bmatrix}\cos\alpha_5 & 0 & \sin\alpha_5 & 0\\ 0 & 1 & 0 & 0\\ -\sin\alpha_5 & 0 & \cos\alpha_5 & 0\\ 0 & 0 & 0 & 1\end{bmatrix} \tag{6-6}$$

$$T_6=\begin{bmatrix}\cos\alpha_6 & -\sin\alpha_6 & 0 & 0\\ \sin\alpha_6 & \cos\alpha_6 & 0 & 0\\ 0 & 0 & 1 & 0\\ 0 & 0 & 0 & 1\end{bmatrix} \tag{6-7}$$

根据图 6-2 和图 6-3，工具在机器直角坐标系的位置 $P_t(x,\ y,\ z)$ 可以通过坐标变换计算获得，即

$$\begin{bmatrix}x\\ y\\ z\\ 1\end{bmatrix}=T_0T_1T_2T_3T_4T_5\begin{bmatrix}0\\ 0\\ -L_6\\ 1\end{bmatrix} \tag{6-8}$$

工具方向矢量 z_t 在直角坐标系的分量为 u、v、w，计算式为

$$\begin{bmatrix}u\\ v\\ w\\ 0\end{bmatrix}=T_0T_1T_2T_3T_4T_5\begin{bmatrix}0\\ 0\\ -1\\ 0\end{bmatrix} \tag{6-9}$$

工具方向矢量 x_t 在直角坐标系的分量为 u_x、v_x、w_x，计算式为

$$\begin{bmatrix}u_x\\ v_x\\ w_x\\ 0\end{bmatrix}=T_0T_1T_2T_3T_4T_5T_6\begin{bmatrix}1\\ 0\\ 0\\ 0\end{bmatrix} \tag{6-10}$$

6.2 坐标正变换程序示例 4

6.2.1 坐标正变换程序

第 3.2.1 小节创建了安卓应用程序 trans_test，在此程序框架下添加坐标变换程序示例 4。程序示例 4 使用与程序示例 2 同一个参数类 ROB_PAR 和数值。

在安卓应用程序 trans_test 中创建一个_coord_trans_fn 类，在此类下编写程序示例 4 的坐标变换计算相关子程序（方法），它与程序示例 1 和程序示例 2 使用相同的公共变量定义和矩阵计算子程序，见附录 C 的 C.1 节和 C.2 节。附录 F 是程序示例 4 的_coord_trans_fn 类源程序。坐标正变换程序由如下 2 部分组成。

1）axis_to_space()：示例程序 axis_to_space() 的输入为机器人关节转角 α_0，α_1，α_2，α_3，α_4，α_5，α_6，输出为工具位置 $P_t(x, y, z)$ 和工具方向矢量 (u, v, w)，如图 6-2 所示。根据式（6-1）~式（6-9）编写坐标变换矩阵 $\boldsymbol{T}_0$，$\boldsymbol{T}_1$，$\boldsymbol{T}_2$，$\boldsymbol{T}_3$，$\boldsymbol{T}_4$，$\boldsymbol{T}_5$，$\boldsymbol{T}_6$ 的计算程序。

2）axis_to_space_op()：示例程序 axis_to_space_op() 的输入为机器人关节转角 α_0，α_1，α_2，α_3，α_4，α_5，α_6，输出为工具位置 $P_t(x, y, z)$ 和工具坐标系旋转姿态 Φ、Ψ、θ，如图 2-3 所示。根据式（3-15）~式（3-29）编写 Φ、Ψ、θ 的计算程序。

可以参考第 3.2.4 和 3.2.5 小节，或者阅读附录 F 的 F.1 节坐标正变换程序 axis_to_space() 和 axis_to_space_op()。

6.2.2 测试计算程序示例

1. 添加测试程序变量

在附录 A 所列 MainActivity 上添加测试程序变量。

```
public class MainActivity extends Activity {
…
protected void onCreate(Bundle savedInstanceState){

//---测试程序变量---
_coord_trans_k coord_trans=new_coord_trans_k();          //导入示例程序 1 坐标变换类
_coord_trans_u6 coord_trans2=new_coord_trans_u6();       //导入示例程序 2 坐标变换类
_coord_trans_u6r coord_trans3=new_coord_trans_u6r();     //导入示例程序 3 坐标变换类
_coord_trans_fn coord_trans4=new_coord_trans_fn();       //导入示例程序 4 坐标变换类
```

2. 测试计算

给定机器人关节转角 α_0，α_1，α_2，α_3，α_4，α_5，α_6 的 4 组测试数据，通过坐标正变换计算机器人工具位置和旋转姿态角，然后在虚拟仿真系统上观察计算结果，过程如下。

1）清除屏幕。

```
view.setText("");
```

2）给定关节转角 α_0，α_1，α_2，α_3，α_4，α_5，α_6 的第 1 组测试数据。

```
axis[0]=0;          //a0
axis[1]=0;          //a1
axis[2]=0;          //a2
axis[3]=0;          //a3
axis[4]=0;          //a4
axis[5]=0;          //a5
axis[6]=0;          //a6
```

3）进行坐标正变换，计算工具位置和姿态角参数 x、y、z、Φ、Ψ、θ。

```
pos_space=coord_trans3.axis_to_space_op(axis);
```

4）显示关节转角 α_0，α_1，α_2，α_3，α_4，α_5，α_6。

```
str="\n \n a0...a6: ";
for(i=0;i<7;i++) str=str+axis[i]+"/";
```

5）显示工具位置和姿态角参数 x、y、z、Φ、Ψ、θ。

```
str=str+"\n x/y/z/Φ/Ψ/θ: ";
for(i=0;i<6;i++) str=str+pos_space[i]+"/";
```

6）给定关节转角 α_0，α_1，α_2，α_3，α_4，α_5，α_6 的第 2~4 组测试数据，进行坐标正变换计算。

```
//给定测试值和测试过程程序省略
```

3. 显示

```
view.append(str);
```

4. 测试计算结果

4 组坐标正变换测试数据如图 6-4 所示，在机器人虚拟仿真系统上获得的机器人工具位置和姿态及关节转角如图 6-5 所示。

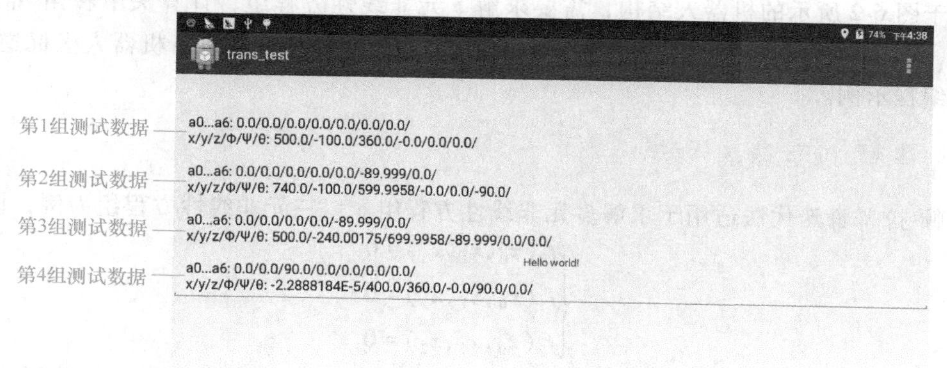

图 6-4　4 组坐标正变换测试数据

由图 6-4 和图 6-5 所示结果可以看出，对于第 1 组测试数据，有

$$\alpha_0=0,\ \alpha_1=0,\ \alpha_2=0,\ \alpha_3=0,\ \alpha_4=0,\ \alpha_5=0,\ \alpha_6=0$$

$$x=500,\ y=-100,\ z=360,\ \Phi=0,\ \Psi=0,\ \theta=0$$

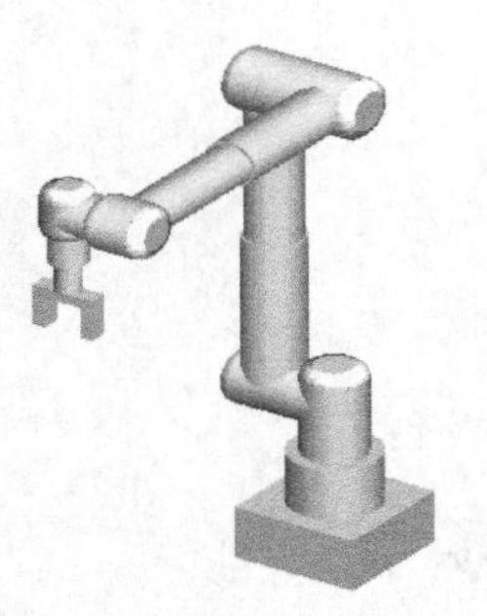
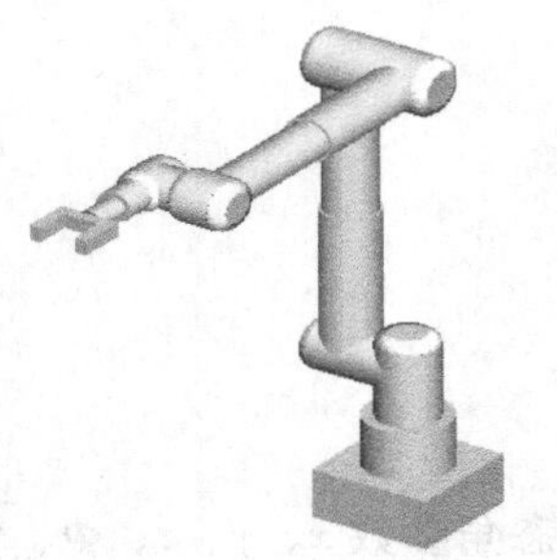
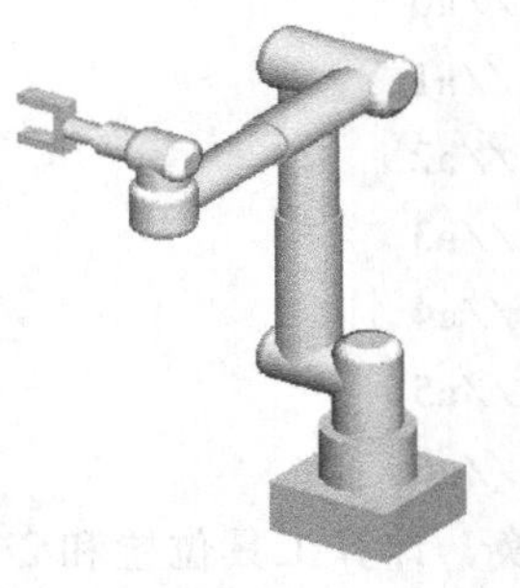
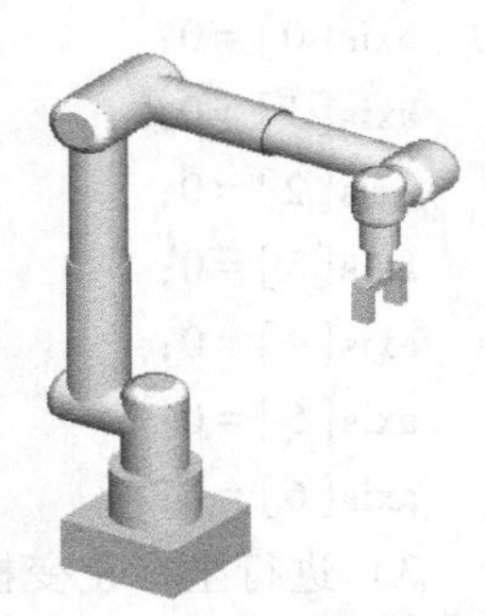
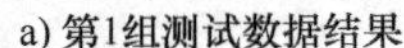

a) 第1组测试数据结果　b) 第2组测试数据结果　c) 第3组测试数据结果　d) 第4组测试数据结果

图 6-5　机器人工具位置和姿态及关节转角

对于第 2 组测试数据，有

$$\alpha_0=0,\ \alpha_1=0,\ \alpha_2=0,\ \alpha_3=0,\ \alpha_4=0,\ \alpha_5=-90,\ \alpha_6=0$$

$$x=740,\ y=-100,\ z=600.00,\ \Phi=0,\ \Psi=0,\ \theta=-90$$

对于第 3 组测试数据，有

$$\alpha_0=0,\ \alpha_1=0,\ \alpha_2=0,\ \alpha_3=0,\ \alpha_4=-90,\ \alpha_5=0,\ \alpha_6=0$$

$$x=500,\ y=-240,\ z=700.00,\ \Phi=-90,\ \Psi=0,\ \theta=0$$

对于第 4 组测试数据，有

$$\alpha_0=0,\ \alpha_1=0,\ \alpha_2=90,\ \alpha_3=0,\ \alpha_4=0,\ \alpha_5=0,\ \alpha_6=0$$

$$x=0,\ y=400,\ z=360,\ \Phi=0,\ \Psi=90,\ \theta=0$$

6.3　坐标逆变换计算方法

对于图 6-2 所示的机器人结构，需要求解 5 元非线性方程组，计算关节转角 α_0，α_1 和 α_3，α_4，α_5 共 5 个未知数。以下内容介绍用牛顿-拉普森迭代方法进行机器人坐标逆变换的方法和编程示例。

6.3.1　牛顿-拉普森迭代法

牛顿-拉普森迭代法适用于求解多元非线性方程组。以三元非线性方程组为例，设有

$$\begin{cases} f_0(x_0,x_1,x_2)=0 \\ f_1(x_0,x_1,x_2)=0 \\ f_2(x_0,x_1,x_2)=0 \end{cases} \tag{6-11}$$

式中，x_0，x_1，x_2 是待求解的未知数，非线性方程组（6-11）可化为雅可比矩阵形式得

$$\boldsymbol{J}=\begin{bmatrix} \dfrac{\partial f_0}{\partial x_0} & \dfrac{\partial f_0}{\partial x_1} & \dfrac{\partial f_0}{\partial x_2} \\ \dfrac{\partial f_1}{\partial x_0} & \dfrac{\partial f_1}{\partial x_1} & \dfrac{\partial f_1}{\partial x_2} \\ \dfrac{\partial f_2}{\partial x_0} & \dfrac{\partial f_2}{\partial x_1} & \dfrac{\partial f_2}{\partial x_2} \end{bmatrix} \tag{6-12}$$

牛顿-拉普森迭代公式为

$$\begin{bmatrix} x_{0(k+1)} \\ x_{1(k+1)} \\ x_{2(k+1)} \end{bmatrix} = \begin{bmatrix} x_{0(k)} \\ x_{1(k)} \\ x_{2(k)} \end{bmatrix} - \boldsymbol{J}^{-1} \begin{bmatrix} f_0(x_{0(k)}, x_{1(k)}, x_{2(k)}) \\ f_1(x_{0(k)}, x_{1(k)}, x_{2(k)}) \\ f_2(x_{0(k)}, x_{1(k)}, x_{2(k)}) \end{bmatrix} \tag{6-13}$$

更新迭代变量，将计算结果赋给当前值，有

$$\begin{cases} x_{0(k)} = x_{0(k+1)} \\ x_{1(k)} = x_{1(k+1)} \\ x_{2(k)} = x_{2(k+1)} \end{cases} \tag{6-14}$$

式中，等号“=”表示计算机迭代运算中的赋值，而非数学意义上的相等。

重复式（6-12）~式（6-14）的迭代计算循环，直到 x_0，x_1，x_2 满足精度要求。

6.3.2 建立非线性方程组

1）计算工具方向矢量。根据图 3-4，利用式（3-15），由工具坐标系旋转姿态角 $\boldsymbol{\Phi}$、$\boldsymbol{\Psi}$、θ 获得工具方向矢量（u，v，w）。

2）由工具位置 $P_t(x, y, z)$ 和式（6-8）建立非线性方程组，可得

$$\begin{bmatrix} f_0 \\ f_1 \\ f_2 \\ 1 \end{bmatrix} = \boldsymbol{T}_0 \boldsymbol{T}_1 \boldsymbol{T}_2 \boldsymbol{T}_3 \boldsymbol{T}_4 \boldsymbol{T}_5 \begin{bmatrix} 0 \\ 0 \\ -L_6 \\ 1 \end{bmatrix} - \begin{bmatrix} x \\ y \\ z \\ 1 \end{bmatrix} \tag{6-15}$$

对于 7 自由度工业机器人，按式（6-3）计算得到的 $\boldsymbol{T}_2$ 中的$\cos\alpha_2$ 和$\sin\alpha_2$ 是控制命令的给定值，对应关节转角 α_2，不需要求解。对于 6 自由度工业机器人，α_2 是固定值，$\alpha_2 = 0$。

3）由工具方向量矢量（u，v，w）和式（6-9）建立非线性方程组，可得

$$\begin{bmatrix} f_{3u} \\ f_{3v} \\ f_4 \\ 0 \end{bmatrix} = \boldsymbol{T}_0 \boldsymbol{T}_1 \boldsymbol{T}_2 \boldsymbol{T}_3 \boldsymbol{T}_4 \boldsymbol{T}_5 \begin{bmatrix} 0 \\ 0 \\ -1 \\ 0 \end{bmatrix} - \begin{bmatrix} u \\ v \\ w \\ 0 \end{bmatrix} \tag{6-16}$$

4）由式（6-16）和式（6-1）~式（6-6）可得

$$u = -\cos\alpha_0 \{ \cos\alpha_1 [\cos\alpha_2 (\cos\alpha_3 \sin\alpha_5 + \sin\alpha_3 \cos\alpha_4 \cos\alpha_5) + \sin\alpha_2 \sin\alpha_4 \cos\alpha_5] - \sin\alpha_1 (\sin\alpha_3 \sin\alpha_5 - \cos\alpha_3 \cos\alpha_4 \cos\alpha_5) \} + \sin\alpha_0 [\sin\alpha_2 (\cos\alpha_3 \sin\alpha_5 + \sin\alpha_3 \cos\alpha_4 \cos\alpha_5) - \cos\alpha_2 \sin\alpha_4 \cos\alpha_5] \tag{6-17}$$

$$v = -\sin\alpha_0 \{ \cos\alpha_1 [\cos\alpha_2 (\cos\alpha_3 \sin\alpha_5 + \sin\alpha_3 \cos\alpha_4 \cos\alpha_5) + \sin\alpha_2 \sin\alpha_4 \cos\alpha_5] - \sin\alpha_1 (\sin\alpha_3 \sin\alpha_5 - \cos\alpha_3 \cos\alpha_4 \cos\alpha_5) \} - \cos\alpha_0 [\sin\alpha_2 (\cos\alpha_3 \sin\alpha_5 + \sin\alpha_3 \cos\alpha_4 \cos\alpha_5) - \cos\alpha_2 \sin\alpha_4 \cos\alpha_5] \tag{6-18}$$

5）合并式（6-17）和式（6-18）可以获得 2 个方程式，即

$$u\cos\alpha_0 + v\sin\alpha_0 = -\cos\alpha_1 [\cos\alpha_2 (\cos\alpha_3 \sin\alpha_5 + \sin\alpha_3 \cos\alpha_4 \cos\alpha_5) + \sin\alpha_2 \sin\alpha_4 \cos\alpha_5] + \sin\alpha_1 (\sin\alpha_3 \sin\alpha_5 - \cos\alpha_3 \cos\alpha_4 \cos\alpha_5) \tag{6-19}$$

$$u\sin\alpha_0 - v\cos\alpha_0 = \sin\alpha_2 (\cos\alpha_3 \sin\alpha_5 + \sin\alpha_3 \cos\alpha_4 \cos\alpha_5) - \cos\alpha_2 \sin\alpha_4 \cos\alpha_5 \tag{6-20}$$

6）根据式（6-19）和式（6-20）建立函数f_{31}和f_{32}，有

$$f_{31}=\cos\alpha_1[\cos\alpha_2(\cos\alpha_3\sin\alpha_5+\sin\alpha_3\cos\alpha_4\cos\alpha_5)+\sin\alpha_2\sin\alpha_4\cos\alpha_5]-\sin\alpha_1(\sin\alpha_3\sin\alpha_5-\cos\alpha_3\cos\alpha_4\cos\alpha_5)+u\cos\alpha_0+v\sin\alpha_0 \tag{6-21}$$

$$f_{32}=\sin\alpha_2(\cos\alpha_3\sin\alpha_5+\sin\alpha_3\cos\alpha_4\cos\alpha_5)-\cos\alpha_2\sin\alpha_4\cos\alpha_5-u\sin\alpha_0+v\cos\alpha_0 \tag{6-22}$$

7）用$\cos\alpha_i=\sqrt{1-\sin\alpha_i^2}$（$i=1$，3，4，5）替代式（6-21）和式（6-22）中的$\cos\alpha_i$，获得

$$f_{31}=\sqrt{1-\sin\alpha_1^2}\left[\cos\alpha_2\left(\sin\alpha_5\sqrt{1-\sin\alpha_3^2}+\sin\alpha_3\sqrt{1-\sin\alpha_4^2}\sqrt{1-\sin\alpha_5^2}\right)+\sin\alpha_2\sin\alpha_4\sqrt{1-\sin\alpha_5^2}\right]-\sin\alpha_1\left(\sin\alpha_3\sin\alpha_5-\sqrt{1-\sin\alpha_3^2}\sqrt{1-\sin\alpha_4^2}\sqrt{1-\sin\alpha_5^2}\right)+u\sqrt{1-\sin\alpha_0^2}+v\sin\alpha_0 \tag{6-23}$$

$$f_{32}=\sin\alpha_2\left(\sin\alpha_5\sqrt{1-\sin\alpha_3^2}+\sin\alpha_3\sqrt{1-\sin\alpha_4^2}\sqrt{1-\sin\alpha_5^2}\right)-\cos\alpha_2\sin\alpha_4\sqrt{1-\sin\alpha_5^2}-u\sin\alpha_0+v\sqrt{1-\sin\alpha_0^2} \tag{6-24}$$

8）在式（6-21）中$u\cos\alpha_0+v\sin\alpha_0\approx0$时，或者在式（6-22）中$-u\sin\alpha_0+v\cos\alpha_0\approx0$时，函数$f_{31}$或$f_{32}$会失去工具方向矢量中分量$u$和$v$的条件约束。$\sin\alpha_0$的解由式（6-11）所列$f_0$，$f_1$，$f_2$方程解出，此时可能会解出不符合工具方向矢量中分量$u$和$v$条件的解。因此，需要分别使用$f_3=f_{31}$和$f_3=f_{32}$与$f_0$，$f_1$，$f_2$，$f_4$构成非线性方程组，求解$\sin\alpha_0$，$\sin\alpha_1$，$\sin\alpha_3$，$\sin\alpha_4$，$\sin\alpha_5$，有

$$\begin{cases}f_0(\sin\alpha_0,\sin\alpha_1,\sin\alpha_3,\sin\alpha_4,\sin\alpha_5)=0\\ f_1(\sin\alpha_0,\sin\alpha_1,\sin\alpha_3,\sin\alpha_4,\sin\alpha_5)=0\\ f_{31}(\sin\alpha_0,\sin\alpha_1,\sin\alpha_3,\sin\alpha_4,\sin\alpha_5)=0\\ f_4(\sin\alpha_0,\sin\alpha_1,\sin\alpha_3,\sin\alpha_4,\sin\alpha_5)=0\\ f_5(\sin\alpha_0,\sin\alpha_1,\sin\alpha_3,\sin\alpha_4,\sin\alpha_5)=0\end{cases} \tag{6-25}$$

$$\begin{cases}f_0(\sin\alpha_0,\sin\alpha_1,\sin\alpha_3,\sin\alpha_4,\sin\alpha_5)=0\\ f_1(\sin\alpha_0,\sin\alpha_1,\sin\alpha_3,\sin\alpha_4,\sin\alpha_5)=0\\ f_{32}(\sin\alpha_0,\sin\alpha_1,\sin\alpha_3,\sin\alpha_4,\sin\alpha_5)=0\\ f_4(\sin\alpha_0,\sin\alpha_1,\sin\alpha_3,\sin\alpha_4,\sin\alpha_5)=0\\ f_5(\sin\alpha_0,\sin\alpha_1,\sin\alpha_3,\sin\alpha_4,\sin\alpha_5)=0\end{cases} \tag{6-26}$$

如此2次求解的结果中有一个是满足工具方向矢量中分量u和v的正确解，可以通过坐标正变换计算判断和选择其中一个正确的解，见第6.3.6小节。

6.3.3 计算雅可比矩阵和逆矩阵

1）用$\cos\alpha_i=\sqrt{1-\sin\alpha_i^2}$（$i=1$，3，4，5）替代式（6-1）~式（6-6）的$\boldsymbol{T}_0$，$\boldsymbol{T}_1$，$\boldsymbol{T}_2$，$\boldsymbol{T}_3$，$\boldsymbol{T}_4$，$\boldsymbol{T}_5$中的$\cos\alpha_i$，获得

$$\boldsymbol{T}_0=\begin{bmatrix}\sqrt{1-\sin\alpha_0^2} & -\sin\alpha_0 & 0 & 0\\ \sin\alpha_0 & \sqrt{1-\sin\alpha_0^2} & 0 & 0\\ 0 & 0 & 1 & 0\\ 0 & 0 & 0 & 1\end{bmatrix} \tag{6-27}$$

$$\boldsymbol{T}_1=\begin{bmatrix}\sqrt{1-\sin\alpha_1^2} & 0 & \sin\alpha_1 & L_2\sin\alpha_1\\ 0 & 1 & 0 & -L_{2y}\\ -\sin\alpha_1 & 0 & \sqrt{1-\sin\alpha_1^2} & L_2\sqrt{1-\sin\alpha_1^2}\\ 0 & 0 & 0 & 1\end{bmatrix}\tag{6-28}$$

$$\boldsymbol{T}_2=\begin{bmatrix}\cos\alpha_2 & -\sin\alpha_2 & 0 & -L_{2y}\sin\alpha_2\\ \sin\alpha_2 & \cos\alpha_2 & 0 & L_{2y}\cos\alpha_2\\ 0 & 0 & 1 & 0\\ 0 & 0 & 0 & 1\end{bmatrix}\tag{6-29}$$

$$\boldsymbol{T}_3=\begin{bmatrix}\sqrt{1-\sin\alpha_3^2} & 0 & \sin\alpha_3 & L_3\sqrt{1-\sin\alpha_3^2}\\ 0 & 1 & 0 & 0\\ -\sin\alpha_3 & 0 & \sqrt{1-\sin\alpha_3^2} & -L_3\sin\alpha_3\\ 0 & 0 & 0 & 1\end{bmatrix}\tag{6-30}$$

$$\boldsymbol{T}_4=\begin{bmatrix}1 & 0 & 0 & 0\\ 0 & \sqrt{1-\sin\alpha_4^2} & -\sin\alpha_4 & -L_5\sqrt{1-\sin\alpha_4^2}\\ 0 & \sin\alpha_4 & \sqrt{1-\sin\alpha_4^2} & -L_5\sin\alpha_4\\ 0 & 0 & 0 & 1\end{bmatrix}\tag{6-31}$$

$$\boldsymbol{T}_5=\begin{bmatrix}\sqrt{1-\sin\alpha_5^2} & 0 & \sin\alpha_5 & 0\\ 0 & 1 & 0 & 0\\ -\sin\alpha_5 & 0 & \sqrt{1-\sin\alpha_5^2} & 0\\ 0 & 0 & 0 & 1\end{bmatrix}\tag{6-32}$$

2）分别求 $\boldsymbol{T}_i$ 对$\sin\alpha_i$ 的偏导数（$i=0，1，3，4，5$），有

$$\frac{\partial\boldsymbol{T}_0}{\partial\sin\alpha_0}=\begin{bmatrix}\dfrac{-\sin\alpha_0}{\sqrt{1-\sin\alpha_0^2}} & -1 & 0 & 0\\ 1 & \dfrac{-\sin\alpha_0}{\sqrt{1-\sin\alpha_0^2}} & 0 & 0\\ 0 & 0 & 0 & 0\\ 0 & 0 & 0 & 0\end{bmatrix}\tag{6-33}$$

$$\frac{\partial\boldsymbol{T}_1}{\partial\sin\alpha_1}=\begin{bmatrix}\dfrac{-\sin\alpha_1}{\sqrt{1-\sin\alpha_1^2}} & 0 & 1 & L_2\\ 0 & 0 & 0 & 0\\ -1 & 0 & \dfrac{-\sin\alpha_1}{\sqrt{1-\sin\alpha_1^2}} & \dfrac{-L_2\sin\alpha_1}{\sqrt{1-\sin\alpha_1^2}}\\ 0 & 0 & 0 & 0\end{bmatrix}\tag{6-34}$$

$$\frac{\partial \boldsymbol{T}_3}{\partial \sin\alpha_3}=\begin{bmatrix}\dfrac{-\sin\alpha_3}{\sqrt{1-\sin\alpha_3^2}} & 0 & 1 & \dfrac{-L_3\sin\alpha_3}{\sqrt{1-\sin\alpha_3^2}}\\ 0 & 0 & 0 & 0\\ -1 & 0 & \dfrac{-\sin\alpha_3}{\sqrt{1-\sin\alpha_3^2}} & -L_3\\ 0 & 0 & 0 & 0\end{bmatrix} \tag{6-35}$$

$$\frac{\partial \boldsymbol{T}_4}{\partial \sin\alpha_4}=\begin{bmatrix}0 & 0 & 0 & 0\\ 0 & \dfrac{-\sin\alpha_4}{\sqrt{1-\sin\alpha_4^2}} & -1 & \dfrac{-L_5\sin\alpha_4}{\sqrt{1-\sin\alpha_4^2}}\\ 0 & 1 & \dfrac{-\sin\alpha_4}{\sqrt{1-\sin\alpha_4^2}} & -L_5\\ 0 & 0 & 0 & 0\end{bmatrix} \tag{6-36}$$

$$\frac{\partial \boldsymbol{T}_5}{\partial \sin\alpha_5}=\begin{bmatrix}\dfrac{-\sin\alpha_5}{\sqrt{1-\sin\alpha_5^2}} & 0 & 1 & 0\\ 0 & 0 & 0 & 0\\ -1 & 0 & \dfrac{-\sin\alpha_5}{\sqrt{1-\sin\alpha_5^2}} & 0\\ 0 & 0 & 0 & 0\end{bmatrix} \tag{6-37}$$

3）根据式（6-16）、式（6-25）~式（6-37）构造雅可比矩阵元素，有

$$\begin{bmatrix}\dfrac{\partial f_0}{\partial \sin\alpha_0}\\ \dfrac{\partial f_1}{\partial \sin\alpha_0}\\ \dfrac{\partial f_2}{\partial \sin\alpha_0}\\ 1\end{bmatrix}=\frac{\partial \boldsymbol{T}_0}{\partial \sin\alpha_0}\boldsymbol{T}_1\boldsymbol{T}_2\boldsymbol{T}_3\boldsymbol{T}_4\boldsymbol{T}_5\begin{bmatrix}0\\ 0\\ -L_6\\ 1\end{bmatrix} \tag{6-38}$$

$$\begin{bmatrix}\dfrac{\partial f_{3\mathrm{u}}}{\partial \sin\alpha_0}\\ \dfrac{\partial f_{3\mathrm{v}}}{\partial \sin\alpha_0}\\ \dfrac{\partial f_4}{\partial \sin\alpha_0}\\ 0\end{bmatrix}=\frac{\partial \boldsymbol{T}_0}{\partial \sin\alpha_0}\boldsymbol{T}_1\boldsymbol{T}_2\boldsymbol{T}_3\boldsymbol{T}_4\boldsymbol{T}_5\begin{bmatrix}0\\ 0\\ -1\\ 0\end{bmatrix} \tag{6-39}$$

$$\begin{bmatrix} \dfrac{\partial f_0}{\partial \sin\alpha_1} \\ \dfrac{\partial f_1}{\partial \sin\alpha_1} \\ \dfrac{\partial f_2}{\partial \sin\alpha_1} \\ 1 \end{bmatrix} = \boldsymbol{T}_0 \frac{\partial \boldsymbol{T}_1}{\partial \sin\alpha_1} \boldsymbol{T}_2 \boldsymbol{T}_3 \boldsymbol{T}_4 \boldsymbol{T}_5 \begin{bmatrix} 0 \\ 0 \\ -L_6 \\ 1 \end{bmatrix} \tag{6-40}$$

$$\begin{bmatrix} \dfrac{\partial f_{3u}}{\partial \sin\alpha_1} \\ \dfrac{\partial f_{3v}}{\partial \sin\alpha_1} \\ \dfrac{\partial f_4}{\partial \sin\alpha_1} \\ 0 \end{bmatrix} = \boldsymbol{T}_0 \frac{\partial \boldsymbol{T}_1}{\partial \sin\alpha_1} \boldsymbol{T}_2 \boldsymbol{T}_3 \boldsymbol{T}_4 \boldsymbol{T}_5 \begin{bmatrix} 0 \\ 0 \\ -1 \\ 0 \end{bmatrix} \tag{6-41}$$

$$\begin{bmatrix} \dfrac{\partial f_0}{\partial \sin\alpha_3} \\ \dfrac{\partial f_1}{\partial \sin\alpha_3} \\ \dfrac{\partial f_2}{\partial \sin\alpha_3} \\ 1 \end{bmatrix} = \boldsymbol{T}_0 \boldsymbol{T}_1 \boldsymbol{T}_2 \frac{\partial \boldsymbol{T}_3}{\partial \sin\alpha_3} \boldsymbol{T}_4 \boldsymbol{T}_5 \begin{bmatrix} 0 \\ 0 \\ -L_6 \\ 1 \end{bmatrix} \tag{6-42}$$

$$\begin{bmatrix} \dfrac{\partial f_{3u}}{\partial \sin\alpha_3} \\ \dfrac{\partial f_{3v}}{\partial \sin\alpha_3} \\ \dfrac{\partial f_4}{\partial \sin\alpha_3} \\ 0 \end{bmatrix} = \boldsymbol{T}_0 \boldsymbol{T}_1 \boldsymbol{T}_2 \frac{\partial \boldsymbol{T}_3}{\partial \sin\alpha_3} \boldsymbol{T}_4 \boldsymbol{T}_5 \begin{bmatrix} 0 \\ 0 \\ -1 \\ 0 \end{bmatrix} \tag{6-43}$$

$$\begin{bmatrix} \dfrac{\partial f_0}{\partial \sin\alpha_4} \\ \dfrac{\partial f_1}{\partial \sin\alpha_4} \\ \dfrac{\partial f_2}{\partial \sin\alpha_4} \\ 1 \end{bmatrix} = \boldsymbol{T}_0 \boldsymbol{T}_1 \boldsymbol{T}_2 \boldsymbol{T}_3 \frac{\partial \boldsymbol{T}_4}{\partial \sin\alpha_4} \boldsymbol{T}_5 \begin{bmatrix} 0 \\ 0 \\ -L_6 \\ 1 \end{bmatrix} \tag{6-44}$$

$$\begin{bmatrix} \dfrac{\partial f_{3u}}{\partial \sin\alpha_4} \\ \dfrac{\partial f_{3v}}{\partial \sin\alpha_4} \\ \dfrac{\partial f_4}{\partial \sin\alpha_4} \\ 0 \end{bmatrix} = \boldsymbol{T}_0\boldsymbol{T}_1\boldsymbol{T}_2\boldsymbol{T}_3 \frac{\partial \boldsymbol{T}_4}{\partial \sin\alpha_4}\boldsymbol{T}_5 \begin{bmatrix} 0 \\ 0 \\ -1 \\ 0 \end{bmatrix} \tag{6-45}$$

$$\begin{bmatrix} \dfrac{\partial f_0}{\partial \sin\alpha_5} \\ \dfrac{\partial f_1}{\partial \sin\alpha_5} \\ \dfrac{\partial f_2}{\partial \sin\alpha_5} \\ 1 \end{bmatrix} = \boldsymbol{T}_0\boldsymbol{T}_1\boldsymbol{T}_2\boldsymbol{T}_3\boldsymbol{T}_4 \frac{\partial \boldsymbol{T}_5}{\partial \sin\alpha_5} \begin{bmatrix} 0 \\ 0 \\ -L_6 \\ 1 \end{bmatrix} \tag{6-46}$$

$$\begin{bmatrix} \dfrac{\partial f_{3u}}{\partial \sin\alpha_5} \\ \dfrac{\partial f_{3v}}{\partial \sin\alpha_5} \\ \dfrac{\partial f_4}{\partial \sin\alpha_5} \\ 0 \end{bmatrix} = \boldsymbol{T}_0\boldsymbol{T}_1\boldsymbol{T}_2\boldsymbol{T}_3\boldsymbol{T}_4 \frac{\partial \boldsymbol{T}_5}{\partial \sin\alpha_5} \begin{bmatrix} 0 \\ 0 \\ -1 \\ 0 \end{bmatrix} \tag{6-47}$$

4）根据式（6-23）构造函数 f_{31} 的雅可比矩阵元素，有

$$\frac{\partial f_{31}}{\partial \sin\alpha_0} = \frac{-u\ \sin\alpha_0}{\sqrt{1-\ \sin\alpha_0^2}} + v \tag{6-48}$$

$$\frac{\partial f_{31}}{\partial \sin\alpha_1} = \frac{-\sin\alpha_1}{\sqrt{1-\sin\alpha_1^2}}\left[\cos\alpha_2(\sin\alpha_5\sqrt{1-\sin\alpha_3^2}+\sin\alpha_3\sqrt{1-\sin\alpha_4^2}\sqrt{1-\sin\alpha_5^2})+\sin\alpha_2\sin\alpha_4\sqrt{1-\sin\alpha_5^2}\right]$$
$$-(\sin\alpha_3\ \sin\alpha_5-\sqrt{1-\sin\alpha_3^2}\sqrt{1-\sin\alpha_4^2}\sqrt{1-\sin\alpha_5^2}) \tag{6-49}$$

$$\frac{\partial f_{31}}{\partial \sin\alpha_3} = -\sqrt{1-\sin\alpha_1^2}\cos\alpha_2\left(\frac{-\sin\alpha_3\sin\alpha_5}{\sqrt{1-\sin\alpha_3^2}}+\sqrt{1-\sin\alpha_4^2}\sqrt{1-\sin\alpha_5^2}\right)-$$
$$\sin\alpha_1\left(\sin\alpha_5+\frac{-\sin\alpha_3}{\sqrt{1-\sin\alpha_3^2}}\sqrt{1-\sin\alpha_4^2}\sqrt{1-\sin\alpha_5^2}\right) \tag{6-50}$$

$$\frac{\partial f_{31}}{\partial \sin\alpha_4}=\sqrt{1-\sin\alpha_1^2}\left(-\frac{\cos\alpha_2\sin\alpha_3\sin\alpha_4}{\sqrt{1-\sin\alpha_4^2}}\sqrt{1-\sin\alpha_5^2}+\sin\alpha_2\sqrt{1-\sin\alpha_5^2}\right)-\sin\alpha_1\sqrt{1-\sin\alpha_3^2}\frac{\sin\alpha_4}{\sqrt{1-\sin\alpha_4^2}}\sqrt{1-\sin\alpha_5^2} \tag{6-51}$$

$$\frac{\partial f_{31}}{\partial \sin\alpha_5}=\sqrt{1-\sin\alpha_1^2}\left[\cos\alpha_2\left(\sqrt{1-\sin\alpha_3^2}-\sin\alpha_3\sqrt{1-\sin\alpha_4^2}\frac{\sin\alpha_5}{\sqrt{1-\sin\alpha_5^2}}\right)-\frac{\sin\alpha_2\sin\alpha_4\sin\alpha_5}{\sqrt{1-\sin\alpha_5^2}}\right]-\sin\alpha_1(\sin\alpha_3+\sqrt{1-\sin^2\alpha_3})\sqrt{1-\sin^2\alpha_4}\frac{\sin\alpha_5}{\sqrt{1-\sin^2\alpha_5}} \tag{6-52}$$

5）根据式（6-24）构造函数 f_{32} 的雅可比矩阵元素，有

$$\frac{\partial f_{32}}{\partial \sin\alpha_0}=-u-\frac{v\sin\alpha_0}{\sqrt{1-\sin\alpha_0^2}} \tag{6-53}$$

$$\frac{\partial f_{32}}{\partial \sin\alpha_1}=0 \tag{6-54}$$

$$\frac{\partial f_{32}}{\partial \sin\alpha_3}=\sin\alpha_2\left(\frac{-\sin\alpha_3\sin\alpha_5}{\sqrt{1-\sin\alpha_3^2}}+\sqrt{1-\sin\alpha_4^2}\sqrt{1-\sin\alpha_5^2}\right) \tag{6-55}$$

$$\frac{\partial f_{32}}{\partial \sin\alpha_4}=\frac{-\sin\alpha_2\sin\alpha_3\sin\alpha_4}{\sqrt{1-\sin\alpha_4^2}}\sqrt{1-\sin\alpha_5^2}-\cos\alpha_2\sqrt{1-\sin\alpha_5^2} \tag{6-56}$$

$$\frac{\partial f_{32}}{\partial \sin\alpha_5}=\sin\alpha_2\left(\sqrt{1-\sin\alpha_3^2}-\sin\alpha_3\sqrt{1-\sin\alpha_4^2}\frac{\sin\alpha_5}{\sqrt{1-\sin\alpha_5^2}}\right)+\frac{\cos\alpha_2\sin\alpha_4\sin\alpha_5}{\sqrt{1-\sin\alpha_5^2}} \tag{6-57}$$

6）利用函数 f_{31} 构成非线性方程组的雅可比矩阵，有

$$\boldsymbol{J}_{31}=\begin{bmatrix}\frac{\partial f_0}{\partial\sin\alpha_0} & \frac{\partial f_0}{\partial\sin\alpha_1} & \frac{\partial f_0}{\partial\sin\alpha_3} & \frac{\partial f_0}{\partial\sin\alpha_4} & \frac{\partial f_0}{\partial\sin\alpha_5}\\ \frac{\partial f_1}{\partial\sin\alpha_0} & \frac{\partial f_1}{\partial\sin\alpha_1} & \frac{\partial f_1}{\partial\sin\alpha_3} & \frac{\partial f_1}{\partial\sin\alpha_4} & \frac{\partial f_1}{\partial\sin\alpha_5}\\ \frac{\partial f_{31}}{\partial\sin\alpha_0} & \frac{\partial f_{31}}{\partial\sin\alpha_1} & \frac{\partial f_{31}}{\partial\sin\alpha_3} & \frac{\partial f_{31}}{\partial\sin\alpha_4} & \frac{\partial f_{31}}{\partial\sin\alpha_5}\\ \frac{\partial f_4}{\partial\sin\alpha_0} & \frac{\partial f_4}{\partial\sin\alpha_1} & \frac{\partial f_4}{\partial\sin\alpha_3} & \frac{\partial f_4}{\partial\sin\alpha_4} & \frac{\partial f_4}{\partial\sin\alpha_5}\\ \frac{\partial f_5}{\partial\sin\alpha_0} & \frac{\partial f_5}{\partial\sin\alpha_1} & \frac{\partial f_5}{\partial\sin\alpha_3} & \frac{\partial f_5}{\partial\sin\alpha_4} & \frac{\partial f_5}{\partial\sin\alpha_5}\end{bmatrix} \tag{6-58}$$

7）利用函数 f_{32} 构成非线性方程组的雅可比矩阵，有

$$
J_{32}=\begin{bmatrix}
\frac{\partial f_0}{\partial \sin\alpha_0} & \frac{\partial f_0}{\partial \sin\alpha_1} & \frac{\partial f_0}{\partial \sin\alpha_3} & \frac{\partial f_0}{\partial \sin\alpha_4} & \frac{\partial f_0}{\partial \sin\alpha_5} \\
\frac{\partial f_1}{\partial \sin\alpha_0} & \frac{\partial f_1}{\partial \sin\alpha_1} & \frac{\partial f_1}{\partial \sin\alpha_3} & \frac{\partial f_1}{\partial \sin\alpha_4} & \frac{\partial f_1}{\partial \sin\alpha_5} \\
\frac{\partial f_{32}}{\partial \sin\alpha_0} & \frac{\partial f_{32}}{\partial \sin\alpha_1} & \frac{\partial f_{32}}{\partial \sin\alpha_3} & \frac{\partial f_{32}}{\partial \sin\alpha_4} & \frac{\partial f_{32}}{\partial \sin\alpha_5} \\
\frac{\partial f_4}{\partial \sin\alpha_0} & \frac{\partial f_4}{\partial \sin\alpha_1} & \frac{\partial f_4}{\partial \sin\alpha_3} & \frac{\partial f_4}{\partial \sin\alpha_4} & \frac{\partial f_4}{\partial \sin\alpha_5} \\
\frac{\partial f_5}{\partial \sin\alpha_0} & \frac{\partial f_5}{\partial \sin\alpha_1} & \frac{\partial f_5}{\partial \sin\alpha_3} & \frac{\partial f_5}{\partial \sin\alpha_4} & \frac{\partial f_5}{\partial \sin\alpha_5}
\end{bmatrix} \tag{6-59}
$$

8）求 J_{31} 和 J_{32} 的逆矩阵 J_{31}^{-1} 和 J_{32}^{-1}。

6.3.4 迭代计算求解$\sin\alpha_0$，$\sin\alpha_1$，$\sin\alpha_3$，$\sin\alpha_4$，$\sin\alpha_5$

1）根据式（6-13）和式（6-14），利用式（6-58）J_{31} 的雅可比逆矩阵 J_{31}^{-1}，迭代计算 $\sin\alpha_0$，$\sin\alpha_1$，$\sin\alpha_3$，$\sin\alpha_4$，$\sin\alpha_5$ 的第 1 组解，有

$$
\begin{bmatrix} \sin\alpha_{0(k+1)} \\ \sin\alpha_{1(k+1)} \\ \sin\alpha_{3(k+1)} \\ \sin\alpha_{4(k+1)} \\ \sin\alpha_{5(k+1)} \end{bmatrix}
=\begin{bmatrix} \sin\alpha_{0(k)} \\ \sin\alpha_{1(k)} \\ \sin\alpha_{3(k)} \\ \sin\alpha_{4(k)} \\ \sin\alpha_{5(k)} \end{bmatrix}
-J_{31}^{-1}\begin{bmatrix}
f_0(\sin\alpha_{0(k)},\sin\alpha_{1(k)},\sin\alpha_{3(k)},\sin\alpha_{4(k)},\sin\alpha_{5(k)}) \\
f_1(\sin\alpha_{0(k)},\sin\alpha_{1(k)},\sin\alpha_{3(k)},\sin\alpha_{4(k)},\sin\alpha_{5(k)}) \\
f_{31}(\sin\alpha_{0(k)},\sin\alpha_{1(k)},\sin\alpha_{3(k)},\sin\alpha_{4(k)},\sin\alpha_{5(k)}) \\
f_4(\sin\alpha_{0(k)},\sin\alpha_{1(k)},\sin\alpha_{3(k)},\sin\alpha_{4(k)},\sin\alpha_{5(k)}) \\
f_5(\sin\alpha_{0(k)},\sin\alpha_{1(k)},\sin\alpha_{3(k)},\sin\alpha_{4(k)},\sin\alpha_{5(k)})
\end{bmatrix} \tag{6-60}
$$

更新迭代变量，将计算结果赋给当前值

$$
\begin{cases}
\sin\alpha_{0(k)}=\sin\alpha_{0(k+1)} \\
\sin\alpha_{1(k)}=\sin\alpha_{1(k+1)} \\
\sin\alpha_{3(k)}=\sin\alpha_{3(k+1)} \\
\sin\alpha_{4(k)}=\sin\alpha_{4(k+1)} \\
\sin\alpha_{5(k)}=\sin\alpha_{5(k+1)}
\end{cases} \tag{6-61}
$$

式中，等号“=”表示计算机迭代运算中的赋值，而非数学意义上的相等。

2）根据式（6-13）和式（6-14），利用式（6-59）J_{32} 的雅可比逆矩阵 J_{32}^{-1}，迭代计算 $\sin\alpha_0$，$\sin\alpha_1$，$\sin\alpha_3$，$\sin\alpha_4$，$\sin\alpha_5$ 的第 2 组解，有

$$
\begin{bmatrix} \sin\alpha_{0(k+1)} \\ \sin\alpha_{1(k+1)} \\ \sin\alpha_{3(k+1)} \\ \sin\alpha_{4(k+1)} \\ \sin\alpha_{5(k+1)} \end{bmatrix}
=\begin{bmatrix} \sin\alpha_{0(k)} \\ \sin\alpha_{1(k)} \\ \sin\alpha_{3(k)} \\ \sin\alpha_{4(k)} \\ \sin\alpha_{5(k)} \end{bmatrix}
-J_{32}^{-1}\begin{bmatrix}
f_0(\sin\alpha_{0(k)},\sin\alpha_{1(k)},\sin\alpha_{3(k)},\sin\alpha_{4(k)},\sin\alpha_{5(k)}) \\
f_1(\sin\alpha_{0(k)},\sin\alpha_{1(k)},\sin\alpha_{3(k)},\sin\alpha_{4(k)},\sin\alpha_{5(k)}) \\
f_{32}(\sin\alpha_{0(k)},\sin\alpha_{1(k)},\sin\alpha_{3(k)},\sin\alpha_{4(k)},\sin\alpha_{5(k)}) \\
f_4(\sin\alpha_{0(k)},\sin\alpha_{1(k)},\sin\alpha_{3(k)},\sin\alpha_{4(k)},\sin\alpha_{5(k)}) \\
f_5(\sin\alpha_{0(k)},\sin\alpha_{1(k)},\sin\alpha_{3(k)},\sin\alpha_{4(k)},\sin\alpha_{5(k)})
\end{bmatrix} \tag{6-62}
$$

6.3.5 求解关节转角 α_6

根据式（6-10）建立工具方向矢量（u_x，v_x，w_x）与关节转角 α_6 的关系，求解出 α_6，有

$$\begin{bmatrix} u_x \\ v_x \\ w_x \\ 0 \end{bmatrix} = \boldsymbol{T}_0\boldsymbol{T}_1\boldsymbol{T}_2\boldsymbol{T}_3\boldsymbol{T}_4\boldsymbol{T}_5 \begin{bmatrix} \cos\alpha_6 & -\sin\alpha_6 & 0 & 0 \\ \sin\alpha_6 & \cos\alpha_6 & 0 & 0 \\ 0 & 0 & 1 & 0 \\ 0 & 0 & 0 & 1 \end{bmatrix} \begin{bmatrix} 1 \\ 0 \\ 0 \\ 0 \end{bmatrix} \tag{6-63}$$

$$(\boldsymbol{T}_0\boldsymbol{T}_1\boldsymbol{T}_2\boldsymbol{T}_3\boldsymbol{T}_4\boldsymbol{T}_5)^{-1} \begin{bmatrix} u_x \\ v_x \\ w_x \\ 0 \end{bmatrix} = \begin{bmatrix} \cos\alpha_6 \\ \sin\alpha_6 \\ 0 \\ 0 \end{bmatrix} \tag{6-64}$$

设

$$(\boldsymbol{T}_0\boldsymbol{T}_1\boldsymbol{T}_2\boldsymbol{T}_3\boldsymbol{T}_4\boldsymbol{T}_5)^{-1} \begin{bmatrix} u_x \\ v_x \\ w_x \\ 0 \end{bmatrix} = \begin{bmatrix} t_{ru} \\ t_{rv} \\ t_{rw} \\ 0 \end{bmatrix} \tag{6-65}$$

则有

$$\begin{bmatrix} t_{ru} \\ t_{rv} \\ t_{rw} \\ 0 \end{bmatrix} = \begin{bmatrix} \cos\alpha_6 \\ \sin\alpha_6 \\ 0 \\ 0 \end{bmatrix}$$

可得

$$\alpha_6 = \arctan\frac{t_{rv}}{t_{ru}} \tag{6-66}$$

6.3.6 多重解的选择

使用迭代式（6-60）和式（6-62）获得非线性方程组的 2 组解，分别标记为 $\sin\alpha_{10}$，$\sin\alpha_{11}$，$\sin\alpha_{13}$，$\sin\alpha_{14}$，$\sin\alpha_{15}$ 和 $\sin\alpha_{20}$，$\sin\alpha_{21}$，$\sin\alpha_{23}$，$\sin\alpha_{24}$，$\sin\alpha_{25}$，对应的关节转角为 α_{10}，α_{11}，α_{13}，α_{14}，α_{15} 和 α_{20}，α_{21}，α_{23}，α_{24}，α_{25}。根据式（6-17）和式（6-18），2 组解对应 2 组不同的工具方向矢量（u_1，v_1，w_1）和（u_2，v_2，w_2）。通过坐标正变换计算，可以判断和选择其中一个正确解，方法如下。

1）将 α_{10}，α_{11}，α_{13}，α_{14}，α_{15} 代入式（6-9），获得（u_1，v_1，w_1），即

$$\begin{bmatrix} u_1 \\ v_1 \\ w_1 \\ 0 \end{bmatrix} = \boldsymbol{T}_0\boldsymbol{T}_1\boldsymbol{T}_2\boldsymbol{T}_3\boldsymbol{T}_4\boldsymbol{T}_5 \begin{bmatrix} 0 \\ 0 \\ -1 \\ 0 \end{bmatrix} \tag{6-67}$$

2）将 α_{20}，α_{21}，α_{23}，α_{24}，α_{25} 代入式（6-9），获得（u_2，v_2，w_2）。

3）将（u_1，v_1，w_1）和（u_2，v_2，w_2）与 6.3.2 小节第 1）步计算的工具方向矢量（u，v，w）进行比较，其中与（u，v，w）相等或接近的一组解为正确解。

根据图 6-1，关节转角 α_0，α_4，α_5 范围为（$-180°$，$180°$）。由于式（6-15）~式（6-32）包含 $\sqrt{1-\sin\alpha_0^2}$、$\sqrt{1-\sin\alpha_4^2}$ 和 $\sqrt{1-\sin\alpha_5^2}$，完整的坐标逆变换需要用 $\pm\sqrt{1-\sin\alpha_0^2}$、$\pm\sqrt{1-\sin\alpha_4^2}$ 和 $\pm\sqrt{1-\sin\alpha_5^2}$ 来求解非线性方程组，即对 α_0，α_4，α_5 各需要计算 2 次，再考虑 f_{31}/f_{32} 需要计算 2 次，故所需要的总计算次数为

$$N=2\times2\times2\times2=16 \tag{6-68}$$

由此可见，直接用牛顿-拉普森迭代法完成坐标逆变换需要较大的计算时间开销。此外，$\alpha_5=-90°$ 是机器人的奇异位置，非线性方程组无解，无法完成坐标逆变换。本书第 8 章介绍作者研究的复合迭代坐标逆变换计算方法，可以用较少的迭代次数和求解 3 元非线性方程组方法完成坐标逆变换计算，可以较大地节省计算时间开销。同时，在奇异位置，也能够解出 $\sin\alpha_0$，$\sin\alpha_1$，$\sin\alpha_3$，$\sin\alpha_4$，$\sin\alpha_5$。

6.4 坐标逆变换程序示例 4

在_coord_tran_fn 类中编写坐标逆变换程序。附录 F 的 F.2 节是坐标逆变换计算的源程序，包括如下 9 个子程序。

1）tool_uvw( )：由工具坐标系旋转姿态角 Φ、Ψ、θ 计算工具方向矢量（u，v，w）和（u_x，v_x，w_x）。

2）space_to_axis_sub( )：用牛顿-拉普森迭代法求解 α_0，α_1，α_3，α_4，α_5。

3）set_t012345( )：建立坐标变换矩阵 $\boldsymbol{T}_{012345}$。

4）newton_func3( )：计算函数 f_{31} 和 f_{32} 的值。

5）set_df_ds( )：计算函数 f_0、f_1、f_4、f_5 的偏导数。

6）set_df3_ds( )：计算函数 f_{31} 和 f_{32} 的偏导数。

7）set_jacob( )：建立雅可比矩阵。

8）uvwx_to_a6( )：由关节转角 α_0，α_1，α_2，α_3，α_4，α_5 和工具方向矢量（u_x，v_x，w_x）计算关节转角 α_6。

9）space_to_axis( )：根据工具位置 $P_t(x, y, z)$、工具方向矢量（u，v，w）和关节转角 α_2 计算非线性方程组的 2 组解，即 $\sin\alpha_{10}$，$\sin\alpha_{11}$，$\sin\alpha_{13}$，$\sin\alpha_{14}$，$\sin\alpha_{15}$ 和 $\sin\alpha_{20}$，$\sin\alpha_{21}$，$\sin\alpha_{23}$，$\sin\alpha_{24}$，$\sin\alpha_{25}$，然后判断和选择其中一组正确的解。

10）space_tool_to_axis( )：根据工具位置 $P_t(x, y, z)$、工具坐标系旋转姿态角 Φ、Ψ、θ，以及关节转角 α_2（机器人位形控制），求解关节转角 α_0，α_1 和 α_3，α_4，α_5，α_6。

6.4.1 示例程序 tool_uvw( )

根据式（3-16）和式（3-17），由工具坐标系旋转姿态角 Φ、Ψ、θ 计算工具方向矢量（u，v，w）和（u_x，v_x，w_x）。与第 3.4.1 小节的程序相同，参见附录 C 的 C.4 节。

6.4.2 示例程序 space_to_axis_sub( )

根据式（6-15）~式（6-66），由工具位置 $P_t(x, y, z)$、工具方向矢量（u, v, w）和关节转角 α_2，求解非线性方程组，获得关节转角 α_0，α_1，α_3，α_4，α_5。程序入口为 float[ ] space_to_axis_sub(float[ ] pos, float[ ] ax_now, int solution)。程序输入参数为 pos[0]、pos[1]、pos[2]，即 x、y、z，以及 pos[3]、pos[4]、pos[5]，即 u、v、w，还有 pos[6]，即 α_2。ax_now 是当前关节转角 α_0，α_1，α_2，α_3，α_4，α_5，是迭代计算的初值。Solution 用于选择方程式 f_3 是 f_{31} 还是 f_{32}，程序由如下部分组成。

1. 变量定义

```
float[ ][ ]jacob=new float[MAT5][MAT5];            //雅可比矩阵
float[ ][ ]inv_jacob=new float[MAT5][MAT5];        //雅可比逆矩阵
float[ ]vector5=new float[MAT5];                   //5 维向量
float[ ]vector1=new float[MAT4];                   //4 维向量
float[ ]vector2=new float[MAT4];                   //4 维向量
float[ ]temp5=new float[MAT5];                     //中间变量
float[ ]temp=new float[MAT4];                      //中间变量

float[ ]df0_ds=new float[CONST.MAX_AXIS];          //方程 f0 的偏导数
float[ ]df1_ds=new float[CONST.MAX_AXIS];          //方程 f1 的偏导数
float[ ]df2_ds=new float[CONST.MAX_AXIS];          //方程 f2 的偏导数
float[ ]df3_ds=new float[CONST.MAX_AXIS];          //方程 f3 的偏导数
float[ ]df4_ds=new float[CONST.MAX_AXIS];          //方程 f4 的偏导数
float[ ]axis=new float[TRANS_AXIS];                //返回关节转角
int recu_n=5;                                      //迭代计算次数
float f0,f1,f2,f3,f4;                              //方程式的值
float jacob_err=0;                                 //雅可比逆矩阵奇异标志
float[ ]si=new float[CONST.MAX_AXIS];              //sin(a0)..sin(a6)
float L6=ROB_PAR.L6;                               //工具长度
int i,j;
```

2. 读入工具位置和方向矢量

```
float x=pos[0],y=pos[1],z=pos[2];
float u=pos[3],v=pos[4],w=pos[5];
```

3. 设定迭代初值

1）读入 α_2 的值。

```
ax_now[2]=pos[CONST.q_axis];                       //CONST.q_axis=6
```

2）设定被求解变量的初始值。

```
for(i=0;i<CONST.MAX_AXIS;i++)
si[i]=(float)Math.sin(Math.toRadians(ax_now[i]));
```

4. 迭代计算开始

```
for(j=0;j<recu_n;j++){
```

5. 计算坐标正变换矩阵

根据式（6-1）~式（6-6）设定坐标正变换矩阵 $\boldsymbol{T}_0$，$\boldsymbol{T}_1$，$\boldsymbol{T}_2$，$\boldsymbol{T}_3$，$\boldsymbol{T}_4$，$\boldsymbol{T}_5$，并计算坐标变换矩阵 $\boldsymbol{T}_0\boldsymbol{T}_1\boldsymbol{T}_2\boldsymbol{T}_3\boldsymbol{T}_4\boldsymbol{T}_5$。

```
set_t012345(si);
```

6. 计算函数 f_0、f_1、f_2 的值

根据式（6-15）计算函数 f_0、f_1、f_2 的值。

```
vector1[0]=0;
vector1[1]=0;
vector1[2]=-L6;
vector1[3]=1;
temp=mat_mult_vector(trans012345,vector1);
f0=temp[0]-x;                    //f0
f1=temp[1]-y;                    //f1
f2=temp[2]-z;                    //f2
```

7. 计算函数 f_3 的值

计算函数 f_3 的值，用参数 solution 选择按式（6-21）或式（6-22）构建 f_{31} 或 f_{32} 的非线性方程。

```
f3=newton_func3(si,u,v,solution);
```

8. 计算函数 f_4 的值

根据式（6-16）计算函数 f_4 的值。

```
vector2[0]=0;
vector2[1]=0;
vector2[2]=-1;
vector2[3]=0;
temp=mat_mult_vector(trans012345,vector2);
f4=temp[2]-w;
```

9. 计算函数 f_0，f_1，f_2，f_4 对 $\sin\alpha_i$ 的偏导数

根据式（6-38）~式（6-47）计算函数 f_0，f_1，f_2，f_4 对 $\sin\alpha_i$ 的偏导数（i=0，1，2，3，4，5），输出变量为 df0_ds[i]，df1_ds[i]，df2_ds[i]，df4_ds[i]，即 $\frac{\partial f_0}{\partial \sin\alpha_i}$，$\frac{\partial f_1}{\partial \sin\alpha_i}$，$\frac{\partial f_2}{\partial \sin\alpha_i}$，$\frac{\partial f_4}{\partial \sin\alpha_i}$。

```
for(i=0;i<6;i++){
    set_df_ds(i,si);
    temp=mat_mult_vector(trans012345,vector1);
    df0_ds[i]=temp[0];                //f0 对 sinai 的偏导数
```

```
    df1_ds[i]=temp[1];              //f1 对 sinai 的偏导数
    df2_ds[i]=temp[2];              //f2 对 sinai 的偏导数

    temp=mat_mult_vector(trans012345,vector2);
    df4_ds[i]=temp[2];              //f4 对 sinai 的偏导数
}
```

10. 计算函数 f_3 对 $\sin\alpha_i$ 的偏导数

根据式（6-39）、式（6-41）、式（6-43）、式（6-45）和式（6-47）计算 f_3 对 $\sin\alpha_i$ 的偏导数（i=0，1，2，3，4，5），用参数 solution=1 或 2 选择按式（6-21）或式（6-22）计算 f_{31} 或 f_{32}。

```
df3_ds=set_df3_ds(si,u,v,solution);
```

11. 建立雅可比矩阵 J_{31} 和 J_{32}

根据式（6-58）和式（6-59）建立雅可比矩阵 $\boldsymbol{J}_{31}$ 和 $\boldsymbol{J}_{32}$。

```
jacob=set_jacob(df0_ds,df1_ds,df2_ds,df3_ds,df4_ds);
```

12. 计算 J_{31} 和 J_{32} 的逆矩阵 J_{31}^{-1} 和 J_{32}^{-1}

采用计算高阶逆矩阵的子程序 inv_matrix( ) 计算 $\boldsymbol{J}_{31}$ 和 $\boldsymbol{J}_{32}$ 的逆矩阵 $\boldsymbol{J}_{31}^{-1}$ 和 $\boldsymbol{J}_{32}^{-1}$。该子程序采用高斯消元法，见附录 C 的 C. 2 节。在本示例程序中 MAT5=5，定义求解 5 阶逆矩阵。

```
jacob_err=inv_matrix(jacob,inv_jacob,MAT5);
```

13. 计算$\sin\alpha_0$，$\sin\alpha_1$，$\sin\alpha_3$，$\sin\alpha_4$，$\sin\alpha_5$

根据公式（6-60）和式（6-61）计算$\sin\alpha_0$，$\sin\alpha_1$，$\sin\alpha_3$，$\sin\alpha_4$，$\sin\alpha_5$。采用 5 阶逆矩阵与 5 维向量相乘的子程序 mat5_mult_vector( )，见附录 C. 2。

```
vector5[0]=f0;
vector5[1]=f1;
vector5[2]=f2;
vector5[3]=f3;
vector5[4]=f4;
temp5=mat5_mult_vector(inv_jacob,vector5);
si[0]=si[0]-temp5[0];
si[1]=si[1]-temp5[1];
si[3]=si[3]-temp5[2];
si[4]=si[4]-temp5[3];
si[5]=si[5]-temp5[4];
```

14. $\sin\alpha_i$ 值溢出处理

进行$\sin\alpha_i$ 值溢出处理，如果$\sin\alpha_i$ 发生溢出，重新设定初值。

```
for(i=0;i<CONST.MAX_AXIS;i++){
  if(Math.abs(si[i])>1)si[i]=0.5f;
  if(Math.abs(si[i])<-1)si[i]=-0.5f;
}
```

15. 处理返回值

迭代计算完成，处理返回值。

```
for(i=0;i<6;i++)
axis[i]=(float)Math.toDegrees(Math.asin(si[i]));
```

1）如果雅可比逆矩阵奇异，非线性方程组无解，返回之前的关节转角值：

```
if(jacob_err==-1)return ax_now;
```

2）有解则返回计算结果：

```
else return axis;
```

6.4.3 示例程序 set_t012345()

根据式（6-1）~式（6-6）构建坐标变换矩阵 $\boldsymbol{T}_0$，$\boldsymbol{T}_1$，$\boldsymbol{T}_2$，$\boldsymbol{T}_3$，$\boldsymbol{T}_4$，$\boldsymbol{T}_5$，并计算 $\boldsymbol{T}_0\boldsymbol{T}_1\boldsymbol{T}_2\boldsymbol{T}_3\boldsymbol{T}_4\boldsymbol{T}_5$，供其他计算使用。程序入口为 void set_t012345(float[]s)，输入参数为 s[0]，s[1]，s[2]，s[3]，s[4]，s[5]，即 $\sin\alpha_0$，$\sin\alpha_1$，$\sin\alpha_2$，$\sin\alpha_3$，$\sin\alpha_4$，$\sin\alpha_5$，程序组成部分如下。

1. 变量定义

```
int n_axis=6;                    //关节的数目
float[]c=new float[n_axis];      //cos[i]
float L2=ROB_PAR.L2;             //机器人结构参数 L2
float L2y=ROB_PAR.L2y;           //机器人结构参数 L2y
float L3=ROB_PAR.L3;             //机器人结构参数 L3
float L5=ROB_PAR.L5;             //机器人结构参数 L5
int i;
```

2. 计算 $\cos\alpha_0$，$\cos\alpha_1$，$\cos\alpha_2$，$\cos\alpha_3$，$\cos\alpha_4$，$\cos\alpha_5$

由 $\sin\alpha_0$，$\sin\alpha_1$，$\sin\alpha_2$，$\sin\alpha_3$，$\sin\alpha_4$，$\sin\alpha_5$ 计算 $\cos\alpha_0$，$\cos\alpha_1$，$\cos\alpha_2$，$\cos\alpha_3$，$\cos\alpha_4$，$\cos\alpha_5$。

```
for(i=0;i<n_axis;i++)
c[i]=(float)Math.sqrt(1-s[i]*s[i]);
```

3. 构建坐标变换矩阵 T_0

根据式（6-1）构建坐标变换矩阵 $\boldsymbol{T}_0$。

```
mat_set_row(trans0,0,c[0],-s[0],0,0);
mat_set_row(trans0,1,s[0],c[0],0,0);
mat_set_row(trans0,2,0,0,1,0);
mat_set_row(trans0,3,0,0,0,1);
```

4. 构建坐标变换矩阵 T_1，T_2，T_3，T_4，T_5

根据式（6-2）~式（6-6）构建坐标变换矩阵 $\boldsymbol{T}_1$，$\boldsymbol{T}_2$，$\boldsymbol{T}_3$，$\boldsymbol{T}_4$，$\boldsymbol{T}_5$。

```
//…略…
```

5. 计算坐标变换矩阵 $T_0T_1T_2T_3T_4T_5$

根据式（6-8）计算坐标变换矩阵 $\boldsymbol{T}_0\boldsymbol{T}_1\boldsymbol{T}_2\boldsymbol{T}_3\boldsymbol{T}_4\boldsymbol{T}_5$。

```
trans01 = mat_mult(trans0, trans1);
trans012 = mat_mult(trans01, trans2);
trans0123 = mat_mult(trans012, trans3);
trans01234 = mat_mult(trans0123, trans4);
trans012345 = mat_mult(trans01234, trans5);
```

6.4.4 示例程序 newton_func3()

根据式（6-23）和式（6-24）计算函数 f_3 的值。程序入口为 float newton_func3(float[] s, float u, float v, int solution)。输入参数为 s[0], s[1], s[2], s[3], s[4], s[5]，即 $\sin\alpha_0$，$\sin\alpha_1$，$\sin\alpha_2$，$\sin\alpha_3$，$\sin\alpha_4$，$\sin\alpha_5$，以及 pos[3]、pos[4]、pos[5]，即 u、v、w，用参数 soltion = 1 或 2 选择构建函数 f_{31} 或 f_{32}。程序组成部分如下。

1. 变量定义

```
float[] c = new float[CONST.MAX_AXIS];          //cos[i]
float f3;                                       //返回值
int i;
```

2. 计算 cos 值

由 $\sin\alpha_0$，$\sin\alpha_1$，$\sin\alpha_2$，$\sin\alpha_3$，$\sin\alpha_4$，$\sin\alpha_5$ 计算 $\cos\alpha_0$，$\cos\alpha_1$，$\cos\alpha_2$，$\cos\alpha_3$，$\cos\alpha_4$，$\cos\alpha_5$。

```
for(i=0;i<CONST.MAX_AXIS;i++)
   c[i] = (float)Math.sqrt(1-s[i] * s[i]);
```

3. 构建函数 f_{31}

利用式（6-23）构建函数 f_{31}。

```
if(solution = = 1) {
  float part1 = c[2] * (c[3] * s[5]+s[3] * c[4] * c[5])
                    +s[2] * s[4] * c[5];
  float part2 = s[3] * s[5]-c[3] * c[4] * c[5];

  f3 = c[1] * part1-s[1] * part2+c[0] * u+s[0] * v;
}
```

4. 构建函数 f_{32}

利用式（6-24）构建函数 f_{32}。

```
else {
  f3 = s[2] * (c[3] * s[5]+s[3] * c[4] * c[5])
      -c[2] * s[4] * c[5]-s[0] * u+c[0] * v;
}
```

5. 返回计算结果

返回 f_3 计算结果。

```
return f3;
```

6.4.5 示例程序 set_df_ds( )

根据式（6-33）~式（6-37）计算 $\boldsymbol{T}_0$，$\boldsymbol{T}_1$，$\boldsymbol{T}_3$，$\boldsymbol{T}_4$，$\boldsymbol{T}_5$ 对 $\sin\alpha_i$ 的偏导数。程序入口为 void set_df_ds(int axis_i, float[ ]si)。输入参数为关节编号索引 axis_i，迭代变量的初值为 si[0]，si[1]，si[2]，si[3]，si[4]，si[5]，即 $\sin\alpha_0$，$\sin\alpha_1$，$\sin\alpha_2$，$\sin\alpha_3$，$\sin\alpha_4$，$\sin\alpha_5$。程序组成部分如下。

1. 变量定义

```
float L2=ROB_PAR.L2;              //机器人结构参数 L2
float L3=ROB_PAR.L3;              //机器人结构参数 L3
float L5=ROB_PAR.L5;              //机器人结构参数 L5
```

2. 建立坐标正变换矩阵

建立坐标正变换矩阵 $\boldsymbol{T}_0$，$\boldsymbol{T}_1$，$\boldsymbol{T}_2$，$\boldsymbol{T}_3$，$\boldsymbol{T}_4$，$\boldsymbol{T}_5$，计算 $\boldsymbol{T}_0\boldsymbol{T}_1\boldsymbol{T}_2\boldsymbol{T}_3\boldsymbol{T}_4\boldsymbol{T}_5$。

```
set_t012345(si);
```

3. 计算 sin 值和 cos 值

先计算 sin 值，再由 sin 值计算 cos 值。

```
float sin=si[axis_i];
if(sin>1)sin=1;
float cos=(float)Math.sqrt(1-sin * sin);
if(cos==0)cos=0.0000001f;
```

4. 分别求 T_i 对 $\sin\alpha_i$ 的偏导数

根据式（6-33）~式（6-37）分别求 $\boldsymbol{T}_i$ 对 $\sin\alpha_i$ 的偏导数（i=0，1，3，4，5）。

```
switch(axis_i){
  case 0://---trans0---
        s0=sin;
        c0=cos;
        mat_set_row(trans0,0,-s0/c0,-1,0,0);
        mat_set_row(trans0,1,1,-s0/c0,0,0);
        mat_set_row(trans0,2,0,0,0,0);
        mat_set_row(trans0,3,0,0,0,0);
        break;

  case 1://---trans1---
        s1=sin;
        c1=cos;
        mat_set_row(trans1,0,-s1/c1,0,1,L2);
        mat_set_row(trans1,1,0,0,0,0);
        mat_set_row(trans1,2,-1,0,-s1/c1,-L2 * s1/c1);
        mat_set_row(trans1,3,0,0,0,0);
```

```
        break;

    case 3://---trans3---
        s3=sin;
        c3=cos;
        mat_set_row(trans3,0,-s3/c3,0,1,-L3*s3/c3);
        mat_set_row(trans3,1,0,0,0,0);
        mat_set_row(trans3,2,-1,0,-s3/c3,-L3);
        mat_set_row(trans3,3,0,0,0,0);
        break;

    case 4://---trans4---
        s4=sin;
        c4=cos;
        mat_set_row(trans4,0,0,0,0,0);
        mat_set_row(trans4,1,0,-s4/c4,-1,L5*s4/c4);
        mat_set_row(trans4,2,0,1,-s4/c4,-L5);
        mat_set_row(trans4,3,0,0,0,0);
        break;
    case 5://---trans5---
        s5=sin;
        c5=cos;
        mat_set_row(trans5,0,-s5/c5,0,1,0);
        mat_set_row(trans5,1,0,0,0,0);
        mat_set_row(trans5,2,-1,0,-s5/c5,0);
        mat_set_row(trans5,3,0,0,0,0);
        break;
}
```

5. 构建偏导数矩阵

根据式（6-38）~式（6-47）构建偏导数矩阵。

```
trans01=mat_mult(trans0,trans1);
trans012=mat_mult(trans01,trans2);
trans0123=mat_mult(trans012,trans3);
trans01234=mat_mult(trans0123,trans4);
trans012345=mat_mult(trans01234,trans5);
```

6.4.6 示例程序 set_df3_ds()

根据式（6-48）~式（6-57）计算函数 f_{31} 和 f_{32} 对 $\sin\alpha_i$ 的偏导数（$i=0$，1，2，3，4，5）。程序入口为 float[]set_df3_ds(float[]s，float u，float v，int solution。输入参数为迭代变

量 si[0]，si[1]，si[2]，si[3]，si[4]，si[5]，即 $\sin\alpha_0$，$\sin\alpha_1$，$\sin\alpha_2$，$\sin\alpha_3$，$\sin\alpha_4$，$\sin\alpha_5$，以及 pos[3]、pos[4]、pos[5]，即 u、v、w，用参数 solution=1 或 2 选择构建函数 f_{31} 或 f_{32}。程序组成部分如下。

1. 变量定义

```
float[] df3_ds=new float[CONST.MAX_AXIS];          //f3 的偏导数
float[] c=new float[CONST.MAX_AXIS];               //cos[i]
float min=0.0000001f;                              //最小数值
int i;
```

2. 计算 cos 值

```
for (i=0;i<CONST.MAX_AXIS;i++)
    c[i]=(float)Math.sqrt(1-s[i]*s[i])+min;
```

3. 计算函数 f_{31} 对 $\sin\alpha_i$ 的偏导数

根据式（6-48）~式（6-52），计算函数 f_{31} 对 $\sin\alpha_i$ 的偏导数（i=0，1，2，3，4，5）。

```
if(solution==1){
    float part1=c[2]*(c[3]*s[5]+s[3]*c[4]*c[5])
                    +s[2]*s[4]*c[5];
    float part2=s[3]*s[5]-c[3]*c[4]*c[5];

    df3_ds[0]=-s[0]/c[0]*u+v;                                //f31 对 sin a0 的偏导数
    df3_ds[1]=-s[1]/c[1]*part1-part2;                        //f31 对 sin a1 的偏导数
    df3_ds[2]=0;                                             //f31 对 sin a2 的偏导数
    df3_ds[3]=-c[1]*(c[2]*(-s[3]/c[3]*s[5]+c[4]*c[5]))
              -s[1]*(s[5]+s[3]/c[3]*c[4]*c[5]);              //f31 对 sin a3 的偏导数
    df3_ds[4]=-c[1]*(-c[2]*s[3]*s[4]/c[4]*c[5]+s[2]*c[5])
              -s[1]*c[3]*s[4]/c[4]*c[5];                     //f31 对 sin a4 的偏导数
    df3_ds[5]=c[1]*(c[2]*(c[3]-s[3]*c[4]*s[5]/c[5])
                    -s[2]*s[4]*s[5]/c[5])
              -s[1]*(s[3]+c[3]*c[4]*s[5]/c[5]);              //f31 对 sin a5 的偏导数
}
```

4. 计算函数 f_{32} 对 $\sin\alpha_i$ 的偏导数

根据式（6-53）~式（6-57），计算函数 f_{32} 对 $\sin\alpha_i$ 的偏导数（i=0，1，2，3，4，5）。

```
else {
    df3_ds[0]=-u-s[0]/c[0]*v;                                //f32 对 sin a0 的偏导数
    df3_ds[1]=0;                                             //f32 对 sin a1 的偏导数
    df3_ds[2]=0;                                             //f32 对 sin a2 的偏导数
    df3_ds[3]=s[2]*(-s[3]/c[3]*s[5]+c[4]*c[5]);              //f32 对 sin a3 的偏导数
    df3_ds[4]=-s[2]*s[3]*s[4]/c[4]*c[5]-c[2]*c[5];           //f32 对 sin a4 的偏导数
    df3_ds[5]=s[2]*(c[3]-s[3]*c[4]*s[5]/c[5])
              +c2*s[4]*s[5]/c[5];                            //f32 对 sin a5 的偏导数
}
```

5. 返回计算结果

返回求偏导数的计算结果。

```
return df3_ds;
```

6.4.7 示例程序 set_jacob( )

根据式（6-58）和式（6-59）计算雅可比矩阵 $\boldsymbol{J}_{31}$ 和 $\boldsymbol{J}_{32}$。程序入口为 float[ ][ ] set_jacob(float[ ]f0_ds, float[ ]f1_ds, float[ ]f2_ds, float[ ]f3_ds, float[ ]f4_ds)。输入参数为偏导数 f0_ds[0]~f0_ds[5], f1_ds[0]~f1_ds[5], f2_ds[0]~f2_ds[5], f3_ds[0]~f3_ds[5], f4_ds[0]~f4_ds[5]，即 $\frac{\partial f_0}{\partial \sin\alpha_0} \sim \frac{\partial f_0}{\partial \sin\alpha_5}$, $\frac{\partial f_1}{\partial \sin\alpha_0} \sim \frac{\partial f_1}{\partial \sin\alpha_5}$, $\frac{\partial f_{31}}{\partial \sin\alpha_0} \sim \frac{\partial f_{31}}{\partial \sin\alpha_5}$, $\frac{\partial f_4}{\partial \sin\alpha_0} \sim \frac{\partial f_4}{\partial \sin\alpha_5}$, $\frac{\partial f_5}{\partial \sin\alpha_0} \sim \frac{\partial f_5}{\partial \sin\alpha_5}$。程序组成部分如下：

1. 变量定义

```
float[ ][ ]jacob=new float[MAT5][MAT5];      //雅可比矩阵
```

2. 建立雅可比矩阵 $\boldsymbol{J}_{31}$ 和 $\boldsymbol{J}_{32}$

根据式（6-58）和式（6-59）建立雅可比矩阵 $\boldsymbol{J}_{31}$ 和 $\boldsymbol{J}_{32}$。

```
mat5_set_row(jacob,0,f0_ds[0],f0_ds[1],f0_ds[3],f0_ds[4],f0_ds[5]);
mat5_set_row(jacob,1,f1_ds[0],f1_ds[1],f1_ds[3],f1_ds[4],f1_ds[5]);
mat5_set_row(jacob,2,f2_ds[0],f2_ds[1],f2_ds[3],f2_ds[4],f2_ds[5]);
mat5_set_row(jacob,3,f3_ds[0],f3_ds[1],f3_ds[3],f3_ds[4],f3_ds[5]);
mat5_set_row(jacob,4,f4_ds[0],f4_ds[1],f4_ds[3],f4_ds[4],f4_ds[5]);
```

3. 返回计算结果

返回雅可比矩阵 $\boldsymbol{J}_{31}$ 和 $\boldsymbol{J}_{32}$ 计算结果。

```
return jacob;
```

6.4.8 示例程序 uvwx_to_a6

根据式（6-63）~式（6-66），由机器人关节转角 α_0，α_1，α_2，α_3，α_4，α_5 和工具方向矢量（u_x，v_x，w_x）计算关节转角 α_6。程序入口为 float uvwx_to_a6(float[ ]ax_pos, float[ ] uvw_x)，输入变量 ax_pos[0]，ax_pos[1]，ax_pos[2]，ax_pos[3]，ax_pos[4]，ax_pos[5]，即 α_0，α_1，α_2，α_3，α_4，α_5，以及 uvw_x[0]，uvw_x[1]，uvw_x[2]，即 u_x，v_x，w_x。程序组成部分如下。

1. 变量定义

```
float[ ]tr_uvw=new float[4];        //中间变量
```

2. 计算坐标正变换矩阵

根据式（6-63），由式（6-1）~式（6-6）计算坐标正变换矩阵 $\boldsymbol{T}_0\boldsymbol{T}_1\boldsymbol{T}_2\boldsymbol{T}_3\boldsymbol{T}_4\boldsymbol{T}_5$。

```
axis_to_space(ax_pos);
```

3. 计算坐标正变换矩阵的逆矩阵

根据式（6-64），计算坐标正变换矩阵 $\boldsymbol{T}_0\boldsymbol{T}_1\boldsymbol{T}_2\boldsymbol{T}_3\boldsymbol{T}_4\boldsymbol{T}_5$ 的逆矩阵

```
inverse012345=mat_inverse(trans012345);
```

4. 计算坐标正变换矩阵的逆矩阵与工具方向矢量的乘积

根据式（6-65），计算 $\boldsymbol{T}_0\boldsymbol{T}_1\boldsymbol{T}_2\boldsymbol{T}_3\boldsymbol{T}_4\boldsymbol{T}_5$ 的逆矩阵与工具方向矢量（u_x，v_x，w_x）的乘积。

```
tr_uvw=mat_mult_vector(inverse012345,uvw_x);
```

5. 计算关节转角 α_6

根据式（6-66）计算关节转角 α_6。

```
float a6=(float)Math.atan2(tr_uvw[1],tr_uvw[0]);
a6=(float)(Math.toDegrees(a6));
```

6.4.9 示例程序 space_to_axis()

根据式（6-25）和式（6-26），由工具位置 $P_t(x, y, z)$、工具方向矢量（u，v，w）和关节转角 α_2 计算非线性方程组的 2 组解，根据式（6-67）判断和选择其中一组正确解。程序入口为 float[] space_to_axis(float[] pos, float[] ax_now)，程序输入参数为 pos[0]、pos[1]、pos[2]、pos[3]、pos[4]、pos[5]、pos[6]，即 x、y、z、u、v、w、α_2，以及 ax_now[0]，ax_now[1]，ax_now[2]，ax_now[3]，ax_now[4]，ax_now[5]，即当前关节转角 α_0，α_1，α_2，α_3，α_4，α_5。程序组成部分如下。

1. 变量定义

```
float[] axis_solution1=new float[TRANS_AXIS];     //关节转角解 1
float[] axis_solution2=new float[TRANS_AXIS];     //关节转角解 2
float[] pos_solution1=new float[TRANS_AXIS];      //验算解 1 的位置和方向矢量
float[] pos_solution2=new float[TRANS_AXIS];      //验算解 2 的位置和方向矢量
float[] err_solution1=new float[TRANS_AXIS];      //关节转角解 1 的方向矢量误差
float[] err_solution2=new float[TRANS_AXIS];      //关节转角解 2 的方向矢量误差
float    err_1=0,err_2=0;                         //中间变量
int i;
```

2. 计算非线性方程组第 1 组解

根据式（6-25）计算非线性方程组第 1 组解。

```
axis_solution1=space_to_axis_sub(pos,ax_now,1);
```

3. 计算非线性方程组第 2 组解

根据式（6-26）计算非线性方程组第 2 组解。

```
axis_solution2=space_to_axis_sub(pos,ax_now,2);
```

4. 验算解

以坐标正变换计算方法验算第 1 组解和第 2 组解。

```
pos_solution1=axis_to_space(axis_solution1);
pos_solution2=axis_to_space(axis_solution2);
```

5. 计算逆变换误差

根据第 6.3.6 小节计算第 1 组解和第 2 组解的逆变换计算的误差。

```
for(i=0;i<6;i++){
```

```
    err_solution1[i]=pos_solution1[i]-pos[i];
    err_solution2[i]=pos_solution2[i]-pos[i];
    }
```

6. 计算误差之和

计算第1组解和第2组解的工具方向矢量（u，v，w）误差之和。

```
for(i=3;i<6;i++){
    err_1=err_1+Math.abs(err_solution1[i]);
    err_2=err_2+Math.abs(err_solution2[i]);
    }
```

7. 选择正确解

根据工具方向矢量（u，v，w）误差选择正确解。

```
if(err_1<=err_2)
     return axis_solution1;
else return axis_solution2;
```

6.4.10 示例程序 space_tool_to_axis()

由工具位置 P_t（x，y，z）、工具坐标系旋转姿态角 Φ、Ψ、θ、关节转角 α_2 计算机器人的关节转角位置 α_0，α_1，α_3，α_4，α_5，α_6。程序入口为 float[] space_tool_to_axis(float[] space_pos, float[] ax_now)，程序输入参数为 pos[0]、pos[1]、pos[2]、pos[3]、pos[4]、pos[5]、pos[6]，即 x、y、z、Φ、Ψ、θ、α_2，以及 ax_now[0]，ax_now[1]，ax_now[2]，ax_now[3]，ax_now[4]，ax_now[5]，ax_now[6]，即当前关节转角 α_0，α_1，α_2，α_3，α_4，α_5，α_6。程序组成部分如下。

1. 变量定义

```
float[] pt=new float[CONST.MAX_AXIS];            //工具位置和方向矢量
float[] axis_pos=new float[CONST.MAX_AXIS];      //关节转角 a0,a1,a2,a3,a4,a5,a6
float[] uvw_x=new float[CONST.MAX_AXIS];         //工具方向矢量 tx
float[] uvw=new float[CONST.MAX_AXIS];           //工具方向矢量 tz,tx
float[] rot=new float[CONST.MAX_AXIS];           //工具坐标系旋转姿态角 Φ,Ψ,θ
```

2. 计算工具方向矢量

计算工具方向矢量（u，v，w）和（u_x，v_x，w_x）。

```
rot[3]=space_pos[3];          //Φ
rot[4]=space_pos[4];          //Ψ
rot[5]=space_pos[5];          //θ
uvw=tool_uvw(rot);
```

3. 设置工具位置和工具方向矢量

设置工具位置 P_t(x，y，z）和工具方向矢量（u，v，w）。

```
for(i=0;i<CONST.MAX_AXIS;i++)pt[i]=space_pos[i];
pt[3]=uvw[0];                 //u
```

```
pt[4]=uvw[1];                //v
pt[5]=uvw[2];                //w
```

4. 坐标逆变换计算关节转角

进行坐标逆变换，计算关节转角 α_0，α_1，α_3，α_4，α_5。

```
axis_pos=space_to_axis(pt,ax_now);
```

5. 计算 α_6

计算关节转角 α_6。

```
uvw_x[0]=uvw[3];             //ux
uvw_x[1]=uvw[4];             //vx
uvw_x[2]=uvw[5];             //wx

float a6=uvwx_to_a6(axis_pos,uvw_x);
axis_pos[6]=a6;
```

6. 返回计算结果

返回关节转角的计算结果。

```
return axis_pos;
```

6.4.11 测试计算程序示例

在附录A所列第6.2.2小节坐标正变换测试计算程序基础上添加坐标逆变换测试程序。给定工具位置和旋转姿态角参数 x、y、z、Φ、Ψ、θ 及关节转角 α_2 的7组测试数据，通过坐标逆变换计算关节转角 α_0，α_1 和 α_3，α_4，α_5，α_6，然后用坐标正变换计算方法验算坐标逆变换的计算结果，过程如下。

1. 测试计算

1）清除屏幕。

```
view.setText("");
```

2）给定工具位置和旋转姿态角参数 x、y、z、Φ、Ψ、θ 及关节转角 α_2 的第1组测试数据。

```
pos_space[0]=500;            //x
pos_space[1]=-100;           //y
pos_space[2]=360;            //z
pos_space[3]=0;              //Φ
pos_space[4]=0;              //Ψ
pos_space[5]=0;              //θ
pos_space[6]=0;              //a2
```

3）设定关节转角 α_0，α_1，α_2，α_3，α_4，α_5 的初值。

```
ax_now[0]=0;
ax_now[1]=0;
//…略…
```

4）显示工具位置和旋转姿态角参数 x、y、z、Φ、Ψ、θ 及关节转角 α_2。

```
str=" \n \n x/y/z/Φ/Ψ/θ/a2: ";
for(i=0;i<7;i++) str=str+pos_space[i]+"/";
```

5）用坐标逆变换程序计算关节转角 α_0，α_1 和 α_3，α_4，α_5，α_6。

```
axis=coord_trans4. space_tool_to_axis(pos_space,ax_now);
```

6）显示关节转角 α_0，α_1，α_2，α_3，α_4，α_5，α_6。

```
str=str+" \n a0. . . a6: ";
for(i=0;i<7;i++) str=str+axis[i]+"/";
```

7）验算工具位置和旋转姿态角参数 x、y、z、Φ、Ψ、θ。

```
pos_space=coord_trans4. axis_to_space_op(axis);
```

8）显示工具位置和旋转姿态角参数 x、y、z、Φ、Ψ、θ 及关节转角 α_2 验算结果。

```
str=str+" \n 验算 x/y/z/Φ/Ψ/θ/a2:";
for(i=0;i<7;i++) str=str+pos_space[i]+"/";
```

9）进行第 2~7 组测试数据测试。

```
//---工具位置和旋转姿态角参数 x,y,z,Φ,Ψ,θ 和关节转角 a2 第 2 组测试数据---
//以下给定测试值和测试过程程序省略
```

10）显示。

```
view. append(str);
```

2. 测试计算结果

1）关节转角 $\alpha_2=0$ 时，工具位置和旋转姿态角参数的 4 组坐标逆变换测试数据如图 6-6 所示，在机器人虚拟仿真系统上获得的机器人工具位置和姿态及关节转角如图 6-7 所示。

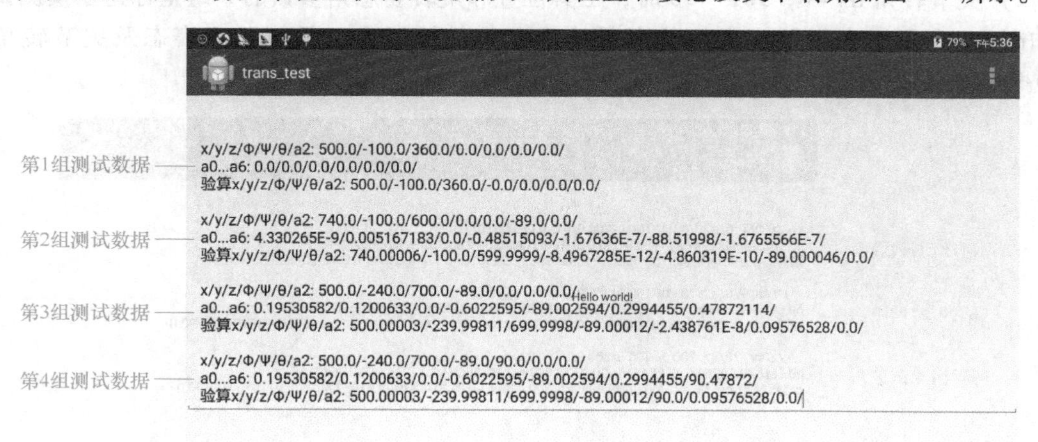

图 6-6　$\alpha_2=0$ 时的 4 组坐标逆变换测试数据

由图 6-6 和图 6-7 所示结果可以看出，对于第 1 组测试数据，有

$$x=500,\ y=-100,\ z=360,\ \Phi=0,\ \Psi=0,\ \theta=0,\ \alpha_2=0$$
$$\alpha_0=0,\ \alpha_1=0,\ \alpha_3=0,\ \alpha_4=0,\ \alpha_5=0,\ \alpha_6=0$$

对于第 2 组测试数据，有

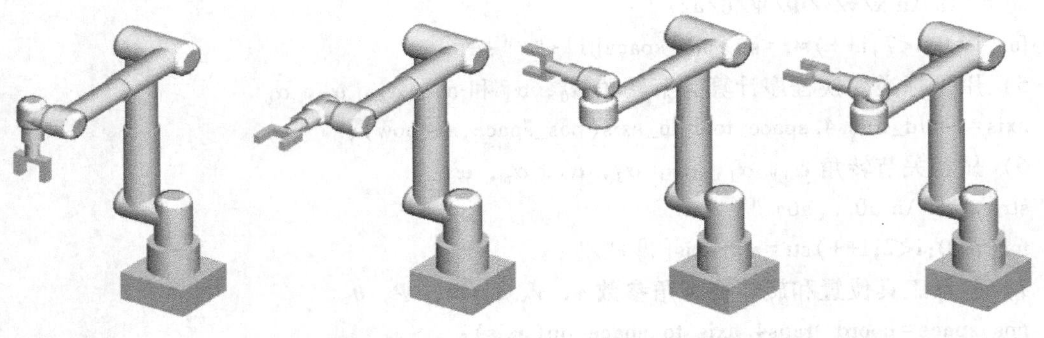

a) 第1组测试数据结果　b) 第2组测试数据结果　c) 第3组测试数据结果　d) 第4组测试数据结果

图 6-7　$\alpha_2=0$ 时机器人工具位置和姿态及关节转角

$$x=740,\ y=-100,\ z=600,\ \Phi=0,\ \Psi=0,\ \theta=-89,\ \alpha_2=0$$

$$\alpha_0=0,\ \alpha_1=0.01,\ \alpha_3=-0.49,\ \alpha_4=0,\ \alpha_5=-88.52,\ \alpha_6=0$$

对于第 3 组测试数据，有

$$x=500,\ y=-240,\ z=700,\ \Phi=-89,\ \Psi=0,\ \theta=0,\ \alpha_2=0$$

$$\alpha_0=0.20,\ \alpha_1=0.12,\ \alpha_3=-0.60,\ \alpha_4=-89.00,\ \alpha_5=0.30,\ \alpha_6=0.48$$

对于第 4 组测试数据，有

$$x=500,\ y=-240,\ z=700,\ \Phi=-89,\ \Psi=90,\ \theta=0,\ \alpha_2=0$$

$$\alpha_0=0.20,\ \alpha_1=0.12,\ \alpha_3=-0.60,\ \alpha_4=-89.00,\ \alpha_5=0.30,\ \alpha_6=90.48$$

2）关节转角 $\alpha_2=0$，90，-90 时，工具位置和旋转姿态角参数的 3 组坐标逆变换测试数据如图 6-8 所示，在机器人虚拟仿真系统上获得的机器人工具位置和姿态及关节转角如图 6-9 所示。

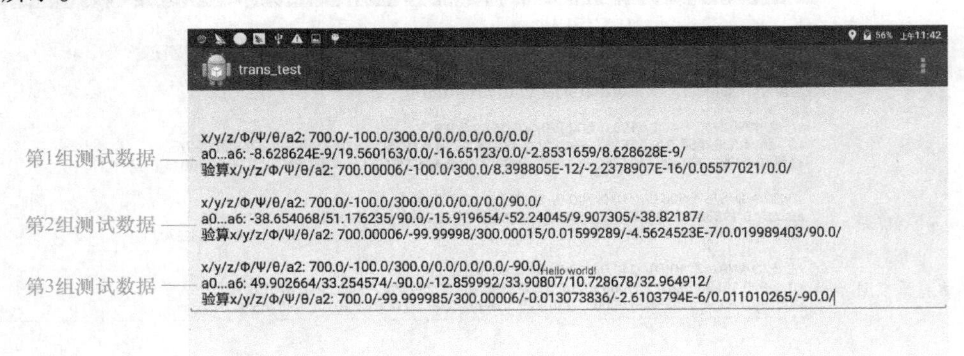

图 6-8　α_2 取不同值时的 3 组坐标逆变换测试数据

由图 6-8 和图 6-9 所示结果可以看出，对于第 1 组测试数据，有

$$x=700,\ y=-100,\ z=300,\ \Phi=0,\ \Psi=0,\ \theta=0,\ \alpha_2=0$$

$$\alpha_0=0,\ \alpha_1=19.56,\ \alpha_3=-16.65,\ \alpha_4=0,\ \alpha_5=-2.85,\ \alpha_6=0$$

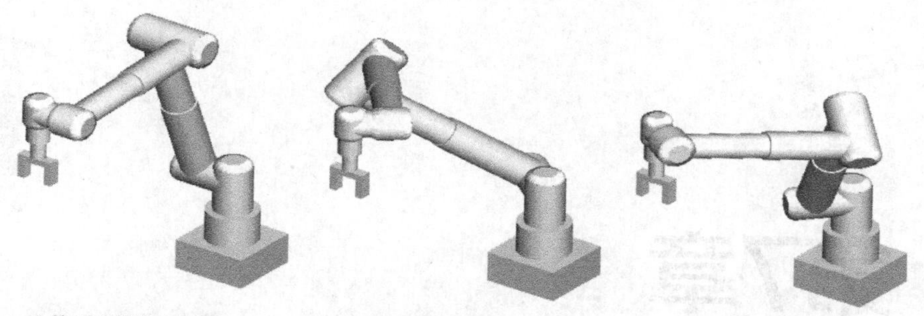

图 6-9 α_2 取不同值时的机器人工具位置和姿态及关节转角

对于第 2 组测试数据，有

$$x=700,\ y=-100,\ z=300,\ \Phi=0,\ \Psi=0,\ \theta=0,\ \alpha_2=90$$

$$\alpha_0=-38.65,\ \alpha_1=51.18,\ \alpha_3=-15.92,\ \alpha_4=-52.24,\ \alpha_5=9.91,\ \alpha_6=-38.82$$

对于第 3 组测试数据，有

$$x=700,\ y=-100,\ z=300,\ \Phi=0,\ \Psi=0,\ \theta=0,\ \alpha_2=-90$$

$$\alpha_0=49.90,\ \alpha_1=33.25,\ \alpha_3=-12.86,\ \alpha_4=33.91,\ \alpha_5=10.73,\ \alpha_6=32.96$$

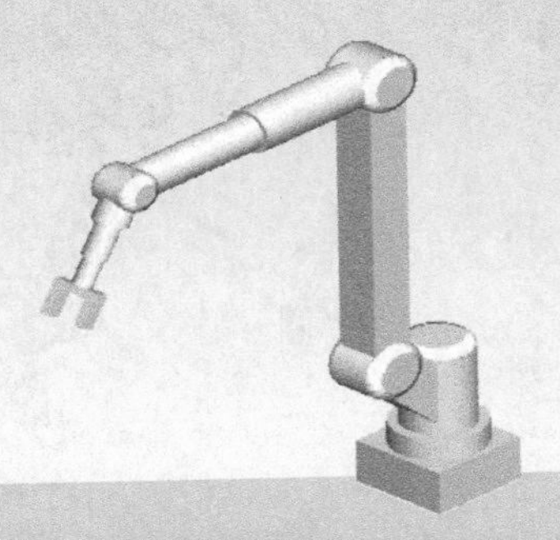

第7章 六杆并联工业机器人坐标变换计算方法和程序示例5

图 7-1 所示为一种六杆并联工业机器人的结构图。相对于串联关节式工业机器人结构，并联机器人具有负载重量与机构质量比大、刚度与机构质量比大、惯性低、适合高速度运动等显著优点。其缺点是工作空间与机构整体尺寸比小，工具姿态运动范围较小等。并联工业机器人目前主要用于装配和包装等需要快速运动的工业领域。

图 7-1 所示的六杆并联工业机器由一个定平台、一个动平台、6 条主动摆杆和 6 条连杆组成。主动摆杆安装在定平台（上平台）上，由 6 个伺服电动机驱动 6 个关节转角 $\alpha_{1.0}$，$\alpha_{1.1}$，$\alpha_{1.2}$，$\alpha_{1.3}$，$\alpha_{1.4}$，$\alpha_{1.5}$，控制 6 个摆杆 $L_{2.0}$，$L_{2.1}$，$L_{2.2}$，$L_{2.3}$，$L_{2.4}$，$L_{2.5}$（杆长均为 L_2）的转动。摆杆 $L_{2.0}$，$L_{2.1}$，$L_{2.2}$，$L_{2.3}$，$L_{2.4}$，$L_{2.5}$ 通过球铰 $P_{2.0}$，$P_{2.1}$，$P_{2.2}$，$P_{2.3}$，$P_{2.4}$，$P_{2.5}$ 连接连杆 $L_{4.0}$，$L_{4.1}$，$L_{4.2}$，$L_{4.3}$，$L_{4.4}$，$L_{4.5}$（杆长均为 L_4），连杆 $L_{4.0}$，$L_{4.1}$，$L_{4.2}$，$L_{4.3}$，$L_{4.4}$，$L_{4.5}$ 通过球铰 $P_{4.0}$，$P_{4.1}$，$P_{4.2}$，$P_{4.3}$，$P_{4.4}$，$P_{4.5}$ 连接动平台（下平台）。动平台连接工具，产生工具的位置和姿态。

六杆并联机器人能够完成工具在直角坐标系的运动和定位，如图 7-2 所示。工具的位置 P_t 和姿态（x_t、y_t、z_t）是由编程指令定义的，通过坐标逆变换计算，由位置和姿态指令计

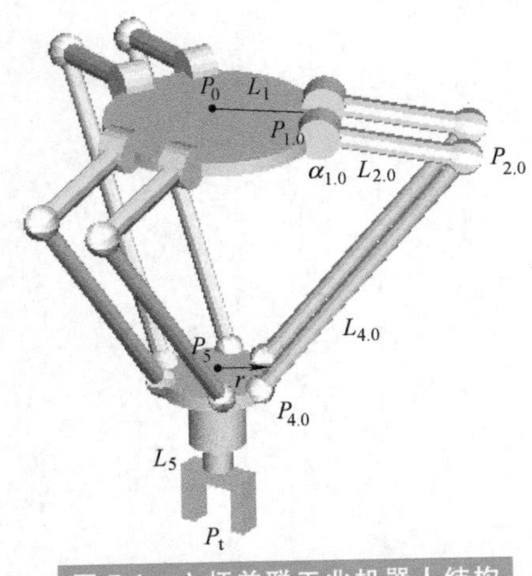

图 7-1　六杆并联工业机器人结构

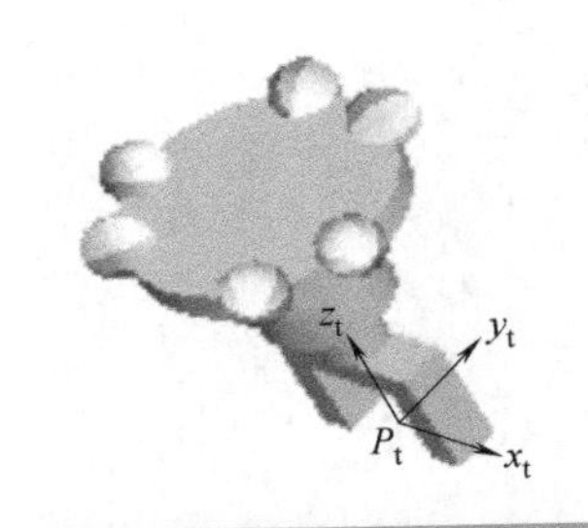

图 7-2　工具的位置和姿态

算出6个摆杆 $L_{2.0}$，$L_{2.1}$，$L_{2.2}$，$L_{2.3}$，$L_{2.4}$，$L_{2.5}$（杆长均为 L_2）的转角指令 $\alpha_{1.0}$，$\alpha_{1.1}$，$\alpha_{1.2}$，$\alpha_{1.3}$，$\alpha_{1.4}$，$\alpha_{1.5}$，驱动电动机运动，产生工具位置和姿态。

当机器人控制器由断电状态通电进入工作状态时，需要从安装在 $L_{2.0}$，$L_{2.1}$，$L_{2.2}$，$L_{2.3}$，$L_{2.4}$，$L_{2.5}$（杆长均为 L_2）上的伺服电动机位置编码器读取当前的关节转角 $\alpha_{1.0}$，$\alpha_{1.1}$，$\alpha_{1.2}$，$\alpha_{1.3}$，$\alpha_{1.4}$，$\alpha_{1.5}$，通过坐标正变换，由关节转角 $\alpha_{1.0}$，$\alpha_{1.1}$，$\alpha_{1.2}$，$\alpha_{1.3}$，$\alpha_{1.4}$，$\alpha_{1.5}$ 计算获得工具在直角坐标系的位置和姿态。然后以此为基准，通过坐标逆变换，产生后续的工具运动。坐标正变换也是并联机器人控制器的一项必备功能。

7.1 六杆并联机器人结构参数

六杆并联机器人上关节和摆杆的分布如图7-3所示。定平台（上平台）安装了6个关节，分为3组，分布角度为 $\alpha_{m0}=0°$，$\alpha_{m2}=120°$，$\alpha_{m4}=-120°$。安装位置为 $P_{1.0}$，$P_{1.1}$，$P_{1.2}$，$P_{1.3}$，$P_{1.4}$，$P_{1.5}$，由伺服电动机驱动，转角为 $\alpha_{1.0}$，$\alpha_{1.1}$，$\alpha_{1.2}$，$\alpha_{1.3}$，$\alpha_{1.4}$，$\alpha_{1.5}$。$P_{2.0}$，$P_{2.1}$，$P_{2.2}$，$P_{2.3}$，$P_{2.4}$，$P_{2.5}$ 为球铰的位置。动平台（下平台）安装6个球铰，沿半径为 r 的圆弧分布，分布角度对应上平台，按 $\alpha_{m0}=0°$，$\alpha_{m2}=120°$，$\alpha_{m4}=-120°$分布，位置为 $P_{4.0}$，$P_{4.1}$，$P_{4.2}$，$P_{4.3}$，$P_{4.4}$，$P_{4.5}$。工具安装在下平台中心 P_5 处。

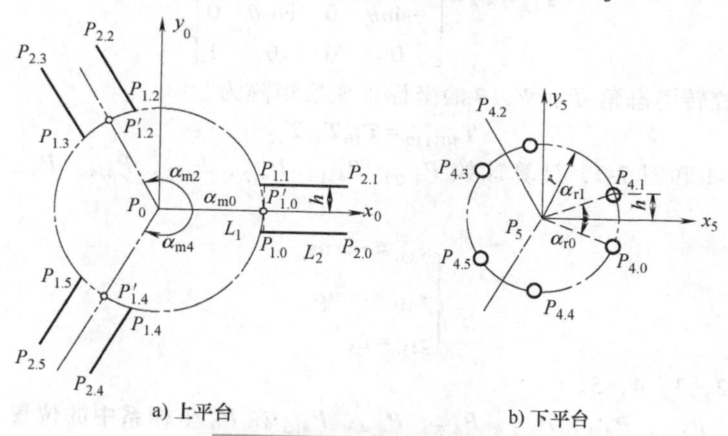

图7-3 关节和摆杆的分布

7.2 坐标逆变换计算方法

如图7-1和图7-2所示，并联机器人坐标逆变换的任务是根据编程给定的工具位置 P_t 和姿态（x_t，y_t，z_t），计算6个摆杆 $L_{2.0}$，$L_{2.1}$，$L_{2.2}$，$L_{2.3}$，$L_{2.4}$，$L_{2.5}$ 对应的关节转角 $\alpha_{1.0}$，$\alpha_{1.1}$，$\alpha_{1.2}$，$\alpha_{1.3}$，$\alpha_{1.4}$，$\alpha_{1.5}$，进而产生工具位置 P_t 和姿态（x_t，y_t，z_t）。

7.2.1 计算下平台球铰的位置

如图7-1所示，机器人工具的末端坐标位置为 $P_t(x, y, z)$。根据图2-3和图7-2，工具姿态（方向矢量）（x_t，y_t，z_t）是由工具坐标系旋转姿态角 Φ、Ψ、θ 产生的，它是控制程序的工具姿态指令部分。计算下平台 6 个球铰位置 $P_{4.0}$，$P_{4.1}$，$P_{4.2}$，$P_{4.3}$，$P_{4.4}$，$P_{4.5}$ 的过程如下。

1）根据图 2-3 和式（3-13）建立工具旋转变换矩阵。对于工具坐标系旋转姿态角 $\boldsymbol{\Phi}$，有

$$\boldsymbol{T}_{10}=\boldsymbol{T}_{\Phi}=\begin{bmatrix}1 & 0 & 0 & 0\\ 0 & \cos\Phi & -\sin\Phi & 0\\ 0 & \sin\Phi & \cos\Phi & 0\\ 0 & 0 & 0 & 1\end{bmatrix} \tag{7-1}$$

对于工具坐标系旋转姿态角 Ψ，有

$$\boldsymbol{T}_{11}=\boldsymbol{T}_{\Psi}=\begin{bmatrix}\cos\Psi & -\sin\Psi & 0 & 0\\ \sin\Psi & \cos\Psi & 0 & 0\\ 0 & 0 & 1 & 0\\ 0 & 0 & 0 & 1\end{bmatrix} \tag{7-2}$$

对于工具坐标系旋转姿态角 θ，有

$$\boldsymbol{T}_{12}=\boldsymbol{T}_{\theta}=\begin{bmatrix}\cos\theta & 0 & \sin\theta & 0\\ 0 & 1 & 0 & 0\\ -\sin\theta & 0 & \cos\theta & 0\\ 0 & 0 & 0 & 1\end{bmatrix} \tag{7-3}$$

工具坐标系旋转姿态角 Φ、Ψ、θ 的坐标正变换矩阵为

$$\boldsymbol{T}_{101112}=\boldsymbol{T}_{10}\boldsymbol{T}_{11}\boldsymbol{T}_{12} \tag{7-4}$$

2）根据图 7-1 和图 7-3，计算球铰 $P_{4.0}$，$P_{4.1}$，$P_{4.2}$，$P_{4.3}$，$P_{4.4}$，$P_{4.5}$ 在 P_5 坐标系中的位置，有

$$\begin{cases}x_{45i}=r\cos\alpha_{ri}\\ y_{45i}=r\sin\alpha_{ri}\\ z_{45i}=L_5\end{cases} \tag{7-5}$$

式中，$i=0$，1，2，3，4，5。

3）计算球铰 $P_{4.0}$，$P_{4.1}$，$P_{4.2}$，$P_{4.3}$，$P_{4.4}$，$P_{4.5}$ 在 P_0 坐标系中的位置，有

$$\begin{bmatrix}x_{4i}\\ y_{4i}\\ z_{4i}\\ 1\end{bmatrix}=\begin{bmatrix}x_5\\ y_5\\ z_5\\ 1\end{bmatrix}+\boldsymbol{T}_{101112}\begin{bmatrix}x_{45i}\\ y_{45i}\\ z_{45i}\\ 1\end{bmatrix} \tag{7-6}$$

式中，$i=0$，1，2，3，4，5；x_5、y_5、z_5 是下平台中心 P_5 在 P_0 坐标系的位置，如图 7-1 所示。

7.2.2 计算关节转角

首先根据图 7-4 所示的球铰 $P_{4.i}$ 与 $P_{2.i}$ 之间的关系（$i=0$，1，2，3，4，5），计算 $P_{2.i}$ 点的位置，然后可以获得关节转角 α_1。计算步骤如下。

1. 计算 L_{4c} 的长度

如图 7-4 所示，在 $P_{0.i}$-xy 平面上，计算直线 L_{4c} 与直线 $P'_{0.i}P_{1.i}$ 的交点坐标 $P_c(x_c, y_c)$

和直线 L_{4c} 的长度。

1）计算点 $P'_{0.i}$ 的位置，有

$$\begin{cases}x'_{0i}=-h\sin\alpha_{mi}\\ y'_{0i}=h\cos\alpha_{mi}\\ z'_{0i}=0\end{cases}\tag{7-7}$$

式中，$i=0, 1, 2, 3, 4, 5$。

2）计算点 $P'_{1.i}$ 的位置，有

$$\begin{cases}x'_{1i}=L'_1\cos\alpha_{mi}\\ y'_{1i}=L'_1\sin\alpha_{mi}\\ z'_{1i}=0\end{cases}\tag{7-8}$$

式中，$i=0, 1, 2, 3, 4, 5$。

3）计算点 $P_{1.i}$ 的位置，有

$$\begin{cases}x_{1i}=x'_{1i}-h\sin\alpha_{mi}\\ y_{1i}=y'_{1i}+h\cos\alpha_{mi}\\ z_{1i}=0\end{cases}\tag{7-9}$$

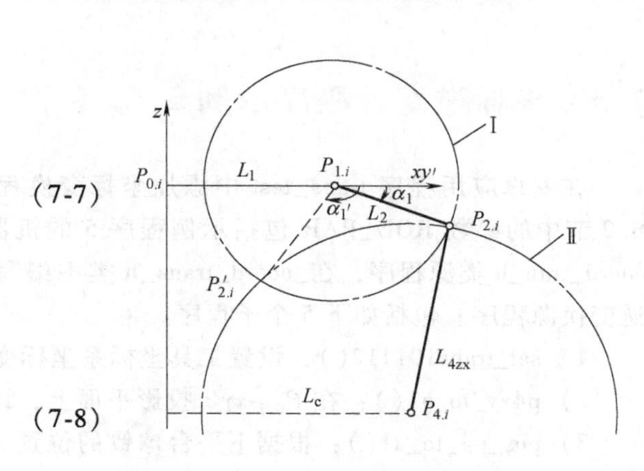

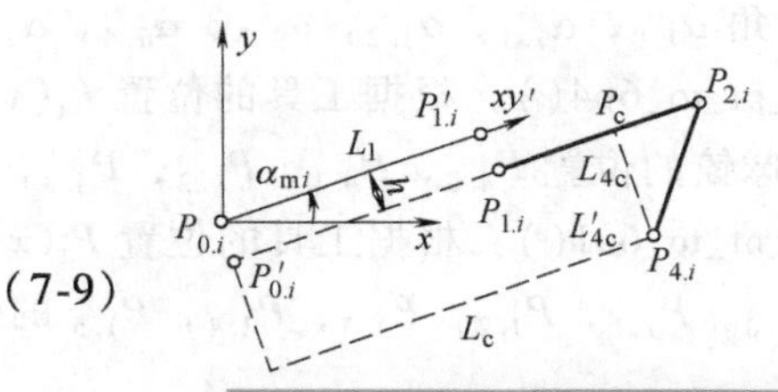

图 7-4 球铰 $P_{2.i}$ 与 $P_{4.i}$ 的位置关系

式中，$i=0, 1, 2, 3, 4, 5$。

4）构建一条过点 $P_{4.i}$，与直线 $P'_{0.i}P_{1.i}$ 垂直、长度为 L'_{4c} 的直线段 L'_{4c}，起点为 $P_{4.i}$ (x_{4i}, y_{4i})，终点为

$$\begin{cases}x'_{4c}=x_{4.i}-L'_{4c}\sin\alpha_{mi}\\ y'_{4c}=y_{4.i}+L'_{4c}\cos\alpha_{mi}\end{cases}\tag{7-10}$$

式中，$i=0, 1, 2, 3, 4, 5$。

5）计算 L'_{4c} 与直线 $P'_{0.i}P_{1.i}$ 的交点获得 $P_c(x_c, y_c)$。

6）计算直线段 L_{4c} 的长度，有

$$L_{4c}=\sqrt{(x_{4i}-x_c)^2+(y_{4i}-y_c)^2}\tag{7-11}$$

2. 在 $P_{0.i}$-$xy'z$ 平面上计算点 $P_{2.i}$ 的坐标

如图 7-4 所示，建立 xy' 轴与 z 轴构成的投影面 $P_{0.i}$-$xy'z$。L_{4zx} 是连杆 $L_{4.i}$ 在 $P_{0.i}$-$xy'z$ 平面上的投影长度。根据图 7-4，圆弧Ⅰ以 $P_{1.i}$ 为圆心、以 L_2 为半径，圆弧Ⅱ以 $P_{4.i}$ 为圆心、以 L_{4zx} 为半径，$P_{4.i}$ 距离 z 轴的距离为 L_c，有

$$L_c=\sqrt{(x_c-x'_{0.i})^2+(y_c-y'_{0.i})^2}\tag{7-12}$$

$$L_{4zx}=\sqrt{L_4^2-L_{4c}^2}\tag{7-13}$$

式中，$i=0, 1, 2, 3, 4, 5$。

计算圆弧Ⅰ与圆弧Ⅱ的交点，获得 2 个交点，分别为 $P_2(xy_2, z_2)$ 和 $P'_2(xy'_2, z'_2)$。

3. 计算摆角 $\alpha_{1.i}$

对应交点 $P_{2.i}(xy_{2i}, z_{2i})$ 和 $P'_{2.i}(xy'_{2i}, z'_{2i})$ 可以计算出 2 个摆角，分别为 $\alpha_{1.i}$ 和 $\alpha'_{1.i}$，有

$$\alpha_{1.i}=\arctan(z_{2i}/xy_{2i})\tag{7-14}$$

$$\alpha'_{1.i}=\arctan(z'_{2i}/xy'_{2i})\tag{7-15}$$

式中，$\alpha_{1.i}$ 和 $\alpha'_{1.i}$ 中绝对值较小者为摆角 $\alpha_{1.i}$ 的正确解。

7.3 坐标逆变换程序示例 5

在安卓应用程序 trans_test 中添加坐标变换程序示例 5 的相关参数和程序。附录 B 的 B.2 节中的参数 ROB_PAR 包括示例程序 5 的机器人结构参数，附录 G 是程序示例 5 的_coord_tran_h 类源程序，在_coord_trans_h 类中编写坐标变换程序。附录 G 的 G.1 节是坐标逆变换源程序。包括如下 5 个子程序。

1） set_trans101112( )：设置工具坐标系坐标变换矩阵。

2） p4xy_to_a1( )：在 $P_{0.i}$-$xy'z$ 投影平面上，计算关节转角 α_1。

3） pos_p4_to_a1( )：根据下平台球铰的位置 $P_{4.0}$，$P_{4.1}$，$P_{4.2}$，$P_{4.3}$，$P_{4.4}$，$P_{4.5}$，计算关节 P_1 的转角 $\alpha_{1.0}$，$\alpha_{1.1}$，$\alpha_{1.2}$，$\alpha_{1.3}$，$\alpha_{1.4}$，$\alpha_{1.5}$。

4） pos_pt_to_6p4( )：根据工具的位置 $P_t(x, y, z)$ 和工具坐标系旋转姿态角 Φ、Ψ、θ 计算下平台球铰的位置 $P_{4.0}$，$P_{4.1}$，$P_{4.2}$，$P_{4.3}$，$P_{4.4}$，$P_{4.5}$。

5） pos_pt_to_6a1( )：根据工具的位置 $P_t(x, y, z)$ 和工具坐标系旋转姿态角 Φ、Ψ、θ 计算关节 $P_{1.0}$，$P_{1.1}$，$P_{1.2}$，$P_{1.3}$，$P_{1.4}$，$P_{1.5}$ 的转角 $\alpha_{1.0}$，$\alpha_{1.1}$，$\alpha_{1.2}$，$\alpha_{1.3}$，$\alpha_{1.4}$，$\alpha_{1.5}$。

7.3.1 机器人结构参数

在附录 B.2 的参数类 public class ROB_PAR 中定义了六杆并联机器人的结构参数，它是与本书其他程序示例共用的全局静态变量，通过程序注释标记符可以选择或屏蔽变量，实现所有程序示例的参数兼容。对应图 7-1 和图 7-3 的机器人结构，设置机器人上平台、下平台、摆杆的参数，它由以下 4 个部分组成。

1） 设定摆杆数目和摆杆长度。

```
public static int MAX_ARM=6;                //摆杆数目
public static float L1=150;                 //关节 P1 位置
public static float L2=200;                 //摆杆长度 L2
public static float L4=450;                 //摆杆长度 L4
```

2） 设置上平台关节位置 $P_{1.0}$，$P_{1.1}$，$P_{1.2}$，$P_{1.3}$，$P_{1.4}$，$P_{1.5}$。

```
public static float ARM_POS[ ]={0,0,120,120,-120,-120};
                                            //上平台关节角度分布 am0,am1,am2,am3,
                                              am4,am5
public static float arm_offset_val=50;      //上平台偏移量 h 值
public static float ARM_OFFSET[ ]={-arm_offset_val,arm_offset_val,-arm_offset_val,arm_
offset_val,-arm_offset_val,arm_offset_val};
                                            //上平台关节分布偏移量 h0,h1,h2,h3,
                                              h4,h5
```

3）设置球铰 $P_{4.0}$,$P_{4.1}$,$P_{4.2}$,$P_{4.3}$,$P_{4.4}$,$P_{4.5}$ 在下平台的位置。

```
public static float disc_r=80;              //下平台球铰分布圆的半径 r
public static float alf=38.68f;             //下平台球铰分布角度偏移值
                                            //alf=asin(arm_offset_val/disc_r)
```

```
public static float DISC_POS[ ] = {-alf,alf,120-alf,120+alf,-120+alf,-120-alf};
                                   //下平台球铰角度分布 ar0,ar1,ar2,ar3,ar4,ar5
```

4）设定与其他示例程序编译兼容的变量。

```
static float L2y = 100;
static float L3 = 500;
//…略…
}
```

7.3.2 示例程序 set_trans101112( )

根据式（7-1）~式（7-4），由工具坐标系旋转姿态角 Φ、Ψ、θ 建立工具姿态变换矩阵。程序入口为 set_trans101112(float[]pos)，输入变量 pos[0]、pos[1]、pos[2]，即 x，y，z，以及 pos[3]、pos[4]、pos[5]，即 Φ、Ψ、θ。程序组成部分如下。

1）计算工具转角正余弦值。

```
float a10 = (float)Math.toRadians(pos[3]);        //Φ
float a11 = (float)Math.toRadians(pos[4]);        //Ψ
float a12 = (float)Math.toRadians(pos[5]);        //θ

float s10 = (float)Math.sin(a10);
float s11 = (float)Math.sin(a11);
float s12 = (float)Math.sin(a12);

float c10 = (float)Math.cos(a10);
float c11 = (float)Math.cos(a11);
float c12 = (float)Math.cos(a12);
```

2）给坐标旋转变换矩阵赋值 T_{10}，T_{11}，T_{12}。

```
//--- T10 ---
mat_set_row(trans10,0,1,0,0,0);
mat_set_row(trans10,1,0,c10,-s10,0);
mat_set_row(trans10,2,0,s10,c10,0);
mat_set_row(trans10,3,0,0,0,1);

//---T11---
mat_set_row(trans11,0,c11,-s11,0,0);
mat_set_row(trans11,1,s11,c11,0,0);
mat_set_row(trans11,2,0,0,1,0);
mat_set_row(trans11,3,0,0,0,1);

//---T12---
mat_set_row(trans12,0,c12,0,s12,0);
```

```
mat_set_row(trans12,1,0,1,0,0);
mat_set_row(trans12,2,-s12,0,c12,0);
mat_set_row(trans12,3,0,0,0,1);
```

3）计算坐标变换矩阵 $\boldsymbol{T}_{101112}$。

```
trans1011=mat_mult(trans10,trans11);
trans101112=mat_mult(trans1011,trans12);
```

7.3.3 示例程序 pos_pt_to_6p4()

根据式（7-5）和式（7-6），由工具位置 $P_t(x, y, z)$ 和工具坐标系旋转姿态角 Φ、Ψ、θ 计算下平台球铰位置 $P_{4.0}$，$P_{4.1}$，$P_{4.2}$，$P_{4.3}$，$P_{4.4}$，$P_{4.5}$。同时根据图 7-3 计算关节转角 $\alpha_{1.0}$，$\alpha_{1.1}$，$\alpha_{1.2}$，$\alpha_{1.3}$，$\alpha_{1.4}$，$\alpha_{1.5}$ 在上平台的位置 $P'_{1.0}$，$P'_{1.1}$，$P'_{1.2}$，$P'_{1.3}$，$P'_{1.4}$，$P'_{1.5}$。程序入口为 pos_pt_to_6p4(float[]pos_pt)，输入参数为 pos_pt[0]、pos_pt[1]、pos_pt[2]，即 x，y，z，以及 pos_pt[3]、pos_pt[4]、pos_pt[5]，即 Φ、Ψ、θ。程序组成部分如下。

1. 程序变量定义

```
float[]p45tr=new float[MAT4];     //P4.0,P4.1,P4.2,P4.3,P4.4,P4.5 在 P5 坐标系
                                    的位置
float[]p45=new float[MAT4];       //P4.0,P4.1,P4.2,P4.3,P4.4,P4.5 在 P5 坐标系
                                    的位置中间变量
L5=220;                           //工具长度 L5
int i;
```

2. 建立下平台坐标变换矩阵

根据式（7-1）~式（7-4）建立下平台坐标变换矩阵 $\boldsymbol{T}_{101112}$。

```
set_trans101112(pos_pt);
```

3. 位置计算

计算球铰位置 $P_{4.0}$，$P_{4.1}$，$P_{4.2}$，$P_{4.3}$，$P_{4.4}$，$P_{4.5}$ 和 $P'_{1.0}$，$P'_{1.1}$，$P'_{1.2}$，$P'_{1.3}$，$P'_{1.4}$，$P'_{1.5}$ 关节在上平台的位置。

```
for(i=0;i<ROB_PAR.MAX_ARM;i++){
```

1）根据式（7-5）计算球铰 $P_{4.0}$，$P_{4.1}$，$P_{4.2}$，$P_{4.3}$，$P_{4.4}$，$P_{4.5}$ 在 P_5 坐标系中的位置。

```
p45[0]=(float)(ROB_PAR.disc_r * Math.cos(Math.toRadians(ROB_PAR.DISC_POS
[i])));
p45[1]=(float)(ROB_PAR.disc_r * Math.sin(Math.toRadians(ROB_PAR.DISC_POS
[i])));
p45[2]=L5;
p45[3]=1;
p45tr=mat_mult_vector(trans101112,p45);
```

2）根据式（7-6）计算球铰 $P_{4.0}$，$P_{4.1}$，$P_{4.2}$，$P_{4.3}$，$P_{4.4}$，$P_{4.5}$ 在 P_0 坐标系中的位置。

```
ROB_MOVE.pos_6p4[i][0]=pos_pt[0]+p45tr[0];
ROB_MOVE.pos_6p4[i][1]=pos_pt[1]+p45tr[1];
```

```
ROB_MOVE. pos_6p4[i][2]=pos_pt[2]+p45tr[2];
```

3）根据式（7-8）计算图 7-3 所示 $P'_{1.0}$，$P'_{1.1}$，$P'_{1.2}$，$P'_{1.3}$，$P'_{1.4}$，$P'_{1.5}$的位置。

```
ROB_MOVE. pos_6p1[i][0]=
      (float)(ROB_PAR. L1 * Math. cos(Math. toRadians(ROB_PAR. ARM_POS[i])));
                                                      //x
ROB_MOVE. pos_6p1[i][1]=
      (float)(ROB_PAR. L1 * Math. sin(Math. toRadians(ROB_PAR. ARM_POS[i])));
                                                      //y
ROB_MOVE. pos_6p1[i][2]=0;                            //z
    }
}
```

程序中的 ROB_MOVE 类是静态全局变量，用来保存中间计算结果，参见附录 G。它继承了作者开发的虚拟机器人控制程序的变量定义。

```
public class ROB_MOVE {
//球铰位置和关节转角
public static   float pos_6p4[][]=new float[ROB_PAR. MAX_ARM][CONST. MAX_AXIS];
public static   float pos_6p1[][]=new float[ROB_PAR. MAX_ARM][CONST. MAX_AXIS];
public static   float a1[]=new float[ROB_PAR. MAX_ARM];
}
```

7.3.4 示例程序 p4xy_to_a1()

根据图 7-4，在 $P_{0.i}$-$xy'z$ 平面，由关节的位置和球铰的位置 $P_{4.i}$ 计算关节转角 α_1。程序入口为 float p4xy_to_a1(flota[]pos_p1,float[]pos_p4,int arm)，输入参数为 pos_p1、pos_p4、arm，即关节位置 P_1、球铰位置 P_4、摆杆的索引号。通过索引号 arm=0，1，2，3，4，5 可得到 a1[arm]，即 $\alpha_{1.0}$，$\alpha_{1.1}$，$\alpha_{1.2}$，$\alpha_{1.3}$，$\alpha_{1.4}$，$\alpha_{1.5}$。程序组成部分如下。

1. 变量定义

```
float[]p41=new float[CONST. MAX_AXIS];        //P4. i 在 P0. i-xy'z 坐标系的位置
float[]p2=new float[CONST. MAX_AXIS];         //P2. i的位置
float a1;                                     //关节转角 a1. i
int i;
```

2. 获得圆心位置和圆弧的半径

根据图 7-4 获得圆弧Ⅰ和圆弧Ⅱ的圆心位置和圆弧的半径 L_{4zx}

1）计算球铰 $P_{4.i}$ 相对关节 $P_{1.i}$ 的位置 。

```
for (i=0;i<CONST. MAX_AXIS;i++)p41[i]=pos_p4[i]-pos_p1[i];
```

2）根据公式（7-13）计算圆弧半径 L_{4zx}。

```
float L4zx=(float)Math. sqrt(ROB_PAR. L4 * ROB_PAR. L4-p41[1] * p41[1]);
```

3）设置圆弧Ⅰ和圆弧Ⅱ的圆心位置。

```
float xm1=pos_p1[0],zm1=pos_p1[2];
```

```
float xm2=pos_p4[0],zm2=pos_p4[2];
```

3. 计算两圆交点坐标

计算球铰的位置 $P_2(xy_2', z_2)$，子程序 get_k_k_cutpoint( ) 是计算 2 个圆交点的子程序，返回值保存在变量 p2 中。

```
float r1=ROB_PAR.L2;                    //圆弧 1 的半径 r1
float r2=L4zx;                          //圆弧 2 的半径 r2
get_k_k_cutpoint(r1,r2,xm1,zm1,xm2,zm2,0,0,p2);
```

子程序 get_k_k_cutpoint( ) 的返回值 p2 中包含 2 个解（2 个交点），即图 7-4 所示的 P_2 和 P_2'，p2[0]$=xy_2'$、p2[1]$=z_2$，p2[2]$=xy_2''$，p2[3]$=z_2'$。

4. 计算关节转角 α_1

根据式（7-14）和式（7-15）分别计算关节转角 α_1 和 α_1'。

```
float a1_1=(float)Math.atan2(p2[1]-zm1,p2[0]-xm1);
float a1_2=(float)Math.atan2(p2[3]-zm1,p2[2]-xm1);
```

选择其中一个正确的解。

```
if (Math.abs(a1_1)<Math.abs(a1_2))a1=a1_1;
else a1=a1_2;
a1=(float)Math.toDegrees(a1);
```

7.3.5 示例程序 pos_p4_to_a1( )

根据图 7-4，由球铰的位置 $P_{4.i}$ 计算关节转角 α_1。程序入口为 pos_p4_to_a1(int arm)，输入参数为 arm，即摆杆的索引号。通过索引号 arm=0，1，2，3，4，5 可得到 a1[arm]，即 $\alpha_{1.0}$，$\alpha_{1.1}$，$\alpha_{1.2}$，$\alpha_{1.3}$，$\alpha_{1.4}$，$\alpha_{1.5}$。程序组成部分如下。

1. 变量定义

```
float[ ] p0_ = new float[CONST.MAX_AXIS];     //关节位置 P0.0',P0.1',P0.2',
                                              P0.3',P0.4',P0.5'
float[ ] p1 = new float[CONST.MAX_AXIS];      //关节位置 P1.0,P1.1,P1.2,
                                              P1.3,P1.4,P1.5
float[ ] p1_=new float[CONST.MAX_AXIS];       //关节位置 P1.0',P1.1',P1.2',
                                              P1.3',P1.4',P1.5'
float[ ] p2 = new float[CONST.MAX_AXIS];      //关节位置 P2.0,P2.1,P2.2,
                                              P2.3,P2.4,P2.5
float[ ] p4 = new float[CONST.MAX_AXIS];      //关节位置 P4.0,P4.1,P4.2,
                                              P4.3,P4.4,P4.5
float[ ]p1am=new float[CONST.MAX_AXIS];       //图 7-4 所示关节位置 P1.i
float[ ]p4am=new float[CONST.MAX_AXIS];       //图 7-4 所示关节位置 P4.i
float[ ]pc=new float[CONST.MAX_AXIS];         //直线 P0.i'P1.i'与 L4c 交点
float xc,yc;                                  //直线交点 Pc 坐标
float Lc,L4c;                                 //直线段长度
```

```
float L4c_=10;                                             //L4c'
float a0=(float)Math.toRadians(ROB_PAR.ARM_POS[arm]);
                                                           //摆杆方向角

float xa1,ya1,xe1,ye1;                                     //中间变量,直线起点终点
float xa2,ya2,xe2,ye2;                                     //中间变量,直线起点终点
float pi=(float)Math.PI;                                   //π
float am;                                                  //直线段 Lc 的角度
float shift_x,shift_y;                                     //偏移量 h 的 x 和 y 方向分量
int i;
```

2. 读入位置

根据索引号 arm，i=arm，从全局变量 ROB_MOVE 读入位置 $P_{1.i}$ 和 $P_{4.i}$

```
p1_=ROB_MOVE.pos_6p1[arm];
p4=ROB_MOVE.pos_6p4[arm];
```

3. 计算 $P'_{0.i}$和 $P_{1.i}$ 的位置

根据式（7-8）和式（7-9）计算图 7-3 中 $P'_{0.i}$和 $P_{1.i}$ 的位置

```
if (a0>=0){
  shift_x=(float)(-ROB_PAR.ARM_OFFSET[arm] * Math.sin(a0));
  shift_y=(float)(ROB_PAR.ARM_OFFSET[arm] * Math.cos(a0));
  }
else {
  shift_x=(float)(ROB_PAR.ARM_OFFSET[arm] * Math.sin(a0));
  shift_y=(float)(-ROB_PAR.ARM_OFFSET[arm] * Math.cos(a0));
  }


p0_[0]=shift_x;
p0_[1]=shift_y;
p1[0]=p1_[0]+shift_x;
p1[1]=p1_[1]+shift_y;
```

4. 构建直线 $P'_{0.i}P_{1.i}$

根据图 7-4 构建直线 $P'_{0.i}P_{1.i}$。

```
xa1=p0_[0];
ya1=p0_[1];
xe1=p1[0];
ye1=p1[1];
```

5. 构建直线 L'_{4c}

根据公式（7-10）构建图 7-4 所示的直线 L'_{4c}。

```
xa2=p4[0];
ya2=p4[1];
```

```
xe2=(float)(xa2-L4c_*Math.sin(a0));
ye2=(float)(ya2+L4c_*Math.cos(a0));
```

6. 计算直线 $P'_{0.i}P_{1.i}$ 与 L'_{4c} 的交点 P_c

根据图 7-4 计算直线 $P'_{0.i}P_{1.i}$ 与 L'_{4c} 的交点 $P_c(x_c, y_c)$，get_l_l_cutpoint() 是计算 2 条直线交点的子程序，见附录 G 的 G.1 节。

```
get_l_l_cutpoint(xa1,ya1,xe1,ye1,xa2,ya2,xe2,ye2,pc);
xc=pc[0];
yc=pc[1];
```

7. 计算 L_c

根据式（7-12）计算图 7-4 所示的 L_c。

```
am=(float)Math.atan2(yc-p0_[1],xc-p0_[0]);
if (am>pi)am=-2*pi+am;
Lc=(float)Math.sqrt((xc-p0_[0])*(xc-p0_[0])+(yc-p0_[1])*(yc-p0_[1]));
if (am*ROB_PAR.ARM_POS[arm]<0)
            p4am[0]=-Lc;
else        p4am[0]=Lc;
```

8. 计算直线长度 L_{4c}

根据式（7-11）计算图 7-4 所示的直线长度 L_{4c}

```
L4c=(float)Math.sqrt((xc-p4[0])*(xc-p4[0])+(yc-p4[1])*(yc-p4[1]));
```

9. 计算 $P_{1.i}$ 和 $P_{4.i}$ 在 $P_{0.i}$-$xy'z$ 坐标系的位置

根据图 7-4 计算 $P_{1.i}$ 和 $P_{4.i}$ 在 $P_{0.i}$-$xy'z$ 坐标系的位置。

```
p4am[1]=L4c;           //p4y
p4am[2]=p4[2];         //p4z
p1am[0]=ROB_PAR.L1;    //p1x
p1am[1]=0;             //p1y
p1am[2]=p1_[2];        //p1z
```

10. 计算关节转角 $\alpha_{1.i}$

由 $P_{1.i}$ 和 $P_{4.i}$ 计算关节转角 $\alpha_{1.i}$。

```
float a1=p4xy_to_a1(p1am,p4am,arm);
ROB_MOVE.a1[arm]=a1;
```

7.3.6 示例程序 pos_pt_to_6a1()

根据工具位置 $P_t(x, y, z)$ 和工具坐标系旋转姿态 Φ、Ψ、θ 计算关节的转角 $\alpha_{1.0}$，$\alpha_{1.1}$，$\alpha_{1.2}$，$\alpha_{1.3}$，$\alpha_{1.4}$，$\alpha_{1.5}$。程序入口为 pos_pt_to_6a1(float[] pos_pt)，输入参数 pos_pt[0]、pos_pt[1]、pos_pt[2]，即 x、y、z，以及 pos_pt[3]、pos_pt[4]、pos_pt[5]，即 Φ、Ψ、θ。程序组成部分如下。

1）计算下平台 6 个球铰位置 $P_{4.0}$，$P_{4.1}$，$P_{4.2}$，$P_{4.3}$，$P_{4.4}$，$P_{4.5}$ 和下平台 6 个关节位置 $P_{1.0}$，$P_{1.1}$，$P_{1.2}$，$P_{1.3}$，$P_{1.4}$，$P_{1.5}$。

```
pos_pt_to_6p4(pos_pt);
```

2）计算6个关节的转角 $\alpha_{1.0}$，$\alpha_{1.1}$，$\alpha_{1.2}$，$\alpha_{1.3}$，$\alpha_{1.4}$，$\alpha_{1.5}$，计算结果保存在全局静态变量ROB_MOVE. a1[i] 中。

```
for (i=0;i<ROB_PAR. MAX_ARM;i++){
  pos_p4_to_a1(i);
  }
}
```

7.3.7 测试计算程序示例

1. 定义变量

在附录A所列MainActivity上添加测试示例程序5的变量。

```
public class MainActivity extends Activity {
//…略…
protected void onCreate(Bundle savedInstanceState){

//---测试程序变量---
_coord_trans_k coord_trans=new _coord_trans_k();        //导入示例程序1坐标变换类
//… 略…

_coord_trans_h coord_trans5=new _coord_trans_h();       //导入示例程序5坐标变换类

//… 略…
      }
  }
```

2. 测试计算

给定并联机器人工具位置和旋转姿态角参数 x、y、z、Φ、Ψ、θ 的4组测试数据，通过坐标逆变换计算机器人关节转角 $\alpha_{1.0}$，$\alpha_{1.1}$，$\alpha_{1.2}$，$\alpha_{1.3}$，$\alpha_{1.4}$，$\alpha_{1.5}$，然后在虚拟仿真系统上观察计算结果，过程如下。

1）清除屏幕。

```
view. setText("");
```

2）给定工具位置和旋转姿态角参数 x、y、z、Φ、Ψ、θ 的第1组测试数据。

```
pos_space[0]=0;              //x
pos_space[1]=0;              //y
pos_space[2]=-600;           //z
pos_space[3]=0;              //Φ
pos_space[4]=0;              //Ψ
pos_space[5]=0;              //θ
```

3）显示工具位置和旋转姿态角参数 x、y、z、Φ、Ψ、θ。

```
str="\n \n x/y/z/Φ/Ψ/θ:";
```

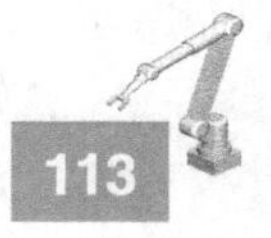

```
for (i=0;i<6;i++) str=str+pos_space[i]+"/";
```

4）计算关节转角 $\alpha_{1.0}$，$\alpha_{1.1}$，$\alpha_{1.2}$，$\alpha_{1.3}$，$\alpha_{1.4}$，$\alpha_{1.5}$。

```
coord_trans5.pos_pt_to_6a1(pos_space);
```

5）显示关节转角 $\alpha_{1.0}$，$\alpha_{1.1}$，$\alpha_{1.2}$，$\alpha_{1.3}$，$\alpha_{1.4}$，$\alpha_{1.5}$。

```
str=str+"\n a1[0...5]:";
for (i=0;i<6;i++) str=str+ROB_MOVE.a1[i]+"/";
```

6）给定工具位置和旋转姿态角参数 x、y、z、Φ、Ψ、θ 的第 2~4 组测试数据。

//以下给定测试值和测试过程程序省略

3. 显示

```
view.append(str);
```

4. 测试计算结果

机器人直角坐标系工具位置和姿态的 4 组坐标逆变换测试数据如图 7-5 所示，获得关节转角 $\alpha_{1.0}$，$\alpha_{1.1}$，$\alpha_{1.2}$，$\alpha_{1.3}$，$\alpha_{1.4}$，$\alpha_{1.5}$ 的测试计算结果。在机器人虚拟仿真系统上获得的机器人工具位置和姿态及关节转角如图 7-6 所示。

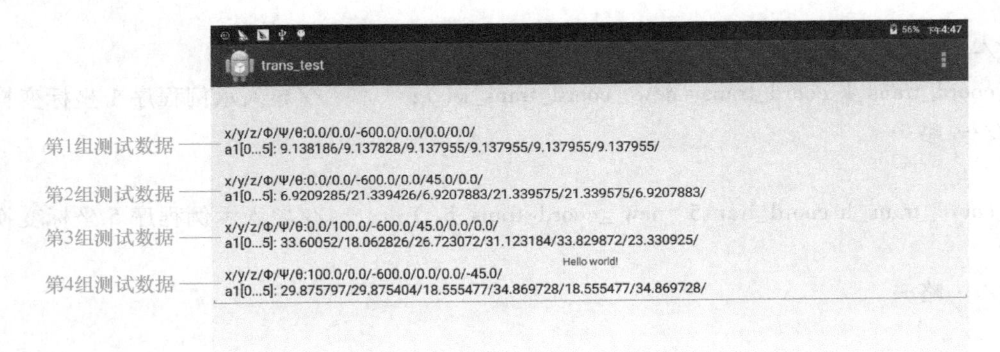

图 7-5　4 组坐标逆变换测试数据

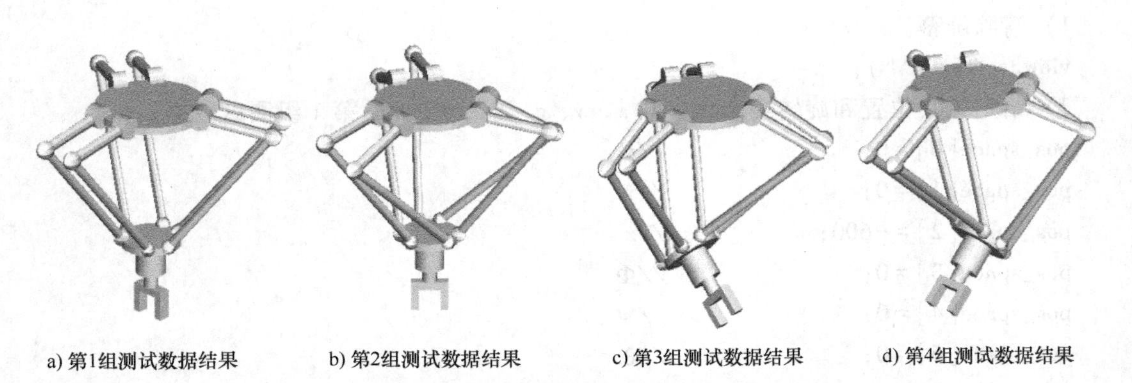

a) 第1组测试数据结果　b) 第2组测试数据结果　c) 第3组测试数据结果　d) 第4组测试数据结果

图 7-6　机器人工具位置和姿态及关节转角

由图 7-5 和图 7-6 所示结果可以看出，对于第 1 组测试数据，有

$$x=0,\ y=0,\ z=-600,\ \Phi=0,\ \Psi=0,\ \theta=0$$

$$\alpha_{1.0}=9.14,\ \alpha_{1.1}=9.14,\ \alpha_{1.2}=9.14,\ \alpha_{1.3}=9.14,\ \alpha_{1.4}=9.14,\ \alpha_{1.5}=9.14$$

对于第 2 组测试数据，有

$$x=0,\ y=0,\ z=-600,\ \Phi=0,\ \Psi=45,\ \theta=45$$

$$\alpha_{1.0}=6.92,\ \alpha_{1.1}=21.34,\ \alpha_{1.2}=6.92,\ \alpha_{1.3}=21.34,\ \alpha_{1.4}=21.34,\ \alpha_{1.5}=6.92$$

对于第 3 组测试数据，有

$$x=0,\ y=100,\ z=-600,\ \Phi=45,\ \Psi=0,\ \theta=0$$

$$\alpha_{1.0}=33.60,\ \alpha_{1.1}=18.06,\ \alpha_{1.2}=26.72,\ \alpha_{1.3}=31.12,\ \alpha_{1.4}=33.83,\ \alpha_{1.5}=22.33$$

对于第 4 组测试数据，有

$$x=100,\ y=0,\ z=-600,\ \Phi=0,\ \Psi=0,\ \theta=-45$$

$$\alpha_{1.0}=29.88,\ \alpha_{1.1}=29.88,\ \alpha_{1.2}=18.56,\ \alpha_{1.3}=34.87,\ \alpha_{1.4}=18.56,\ \alpha_{1.5}=34.87$$

7.4 坐标正变换计算方法

并联工业机器人坐标正变换就是由关节转角 $\alpha_{1.0}$，$\alpha_{1.1}$，$\alpha_{1.2}$，$\alpha_{1.3}$，$\alpha_{1.4}$，$\alpha_{1.5}$ 获得工具位置 $P_t(x,\ y,\ z)$、工具坐标系旋转姿态角 Φ、Ψ、θ 和工具方向矢量（x_t，y_t，z_t）的变换计算，如图 7-2 所示。工具坐标系的方向矢量（x_t，y_t，z_t）由工具坐标系旋转姿态角 Φ、Ψ、θ 产生，如图 2-3 所示。当机器人控制器由断电状态通电进入工作状态时，可以从安装在伺服电动机轴上的位置编码器读取当前的关节转角 $\alpha_{1.0}$，$\alpha_{1.1}$，$\alpha_{1.2}$，$\alpha_{1.3}$，$\alpha_{1.4}$，$\alpha_{1.5}$，由关节转角计算获得工具在直角坐标系的工具位置 $P_t(x,\ y,\ z)$ 和工具坐标系旋转姿态角 Φ、Ψ、θ。然后以此为基准，通过坐标逆变换，产生后续的工具运动。因此坐标正变换也是并联机器人控制器的一项必备功能。

本节介绍采用牛顿-拉普森迭代法构建和求解 6 元非线性方程组，完成六杆并联工业机器人坐标正变换的方法和编程示例。

7.4.1 构建非线性方程组

1）根据式（7-5）计算球铰 $P_{4.0}$，$P_{4.1}$，$P_{4.2}$，$P_{4.3}$，$P_{4.4}$，$P_{4.5}$ 在 P_5 坐标系的位置。

2）根据式（7-6）计算球铰 $P_{4.0}$，$P_{4.1}$，$P_{4.2}$，$P_{4.3}$，$P_{4.4}$，$P_{4.5}$ 在 P_0 坐标系的位置。

$$\begin{bmatrix} x_{4i} \\ y_{4i} \\ z_{4i} \\ 1 \end{bmatrix}=\begin{bmatrix} x_5 \\ y_5 \\ z_5 \\ 1 \end{bmatrix}+\begin{bmatrix} x_{45i}\cos\Psi\cos\theta-y_{45i}\sin\Psi \\ \cos\Phi(x_{45i}\sin\Psi\cos\theta+y_{45i}\cos\Psi)+x_{45i}\sin\Phi\sin\theta \\ \sin\Phi(x_{45i}\sin\Psi\cos\theta+y_{45i}\cos\Psi)-x_{45i}\cos\Phi\sin\theta \\ 1 \end{bmatrix} \tag{7-16}$$

式中，$i=0$，1，2，3，4，5。

$$\begin{cases} x_{4i}=x_5+x_{45i}\cos\Psi\cos\theta-y_{45i}\sin\Psi \\ y_{4i}=y_5+\cos\Phi(x_{45i}\sin\Psi\cos\theta+y_{45i}\cos\Psi)+x_{45i}\sin\Phi\sin\theta \\ z_{4i}=z_5+\sin\Phi(x_{45i}\sin\Psi\cos\theta+y_{45i}\cos\Psi)-x_{45i}\cos\Phi\sin\theta \end{cases} \tag{7-17}$$

将 $\cos\Phi=\sqrt{1-\sin^2\Phi}$，$\cos\Psi=\sqrt{1-\sin^2\Psi}$，$\cos\theta=\sqrt{1-\sin^2\theta}$ 带入式（7-17），可得

$$\begin{cases}x_{4i}=x_5+x_{45i}\sqrt{1-\sin^2\Psi}\sqrt{1-\sin^2\theta}-y_{45i}\sin\Psi\\ y_{4i}=y_5+\sqrt{1-\sin^2\Phi}\left(x_{45i}\sin\Psi\sqrt{1-\sin^2\theta}+y_{45i}\sqrt{1-\sin^2\Psi}\right)+x_{45i}\sin\Phi\sin\theta\\ z_{4i}=z_5+\sin\Phi\left(x_{45i}\sin\Psi\sqrt{1-\sin^2\theta}+y_{45i}\sqrt{1-\sin^2\Psi}\right)-x_{45i}\sin\theta\sqrt{1-\sin^2\Phi}\end{cases} \tag{7-18}$$

3）根据图 7-3 和图 7-4 计算球铰位置 $P_{2,i}$，有

$$\begin{cases}x_{2i}=x_{1i}+L_2\cos\alpha_{mi}\cos\alpha_{1i}\\ y_{2i}=y_{1i}+L_2\sin\alpha_{mi}\cos\alpha_{1i}\\ z_{2i}=z_{1i}+L_2\sin\alpha_{1i}\end{cases} \tag{7-19}$$

式中，$i=0$，1，2，3，4，5。

4）根据图 7-4，式（6-11）、式（7-18）和式（7-19）建立非线性方程组，求解式（7-18）中的 x、y、z、$\sin\Phi$、$\sin\Psi$、$\sin\theta$，有

$$(x_{4i}-x_{2i})^2+(y_{4i}-y_{2i})^2+(z_{4i}-z_{2i})^2=L_4^2 \tag{7-20}$$

故可构造函数 f_i，有

$$f_i=(x_{4i}-x_{2i})^2+(y_{4i}-y_{2i})^2+(z_{4i}-z_{2i})^2-L_4^2 \tag{7-21}$$

式中，$i=0$，1，2，3，4，5。

7.4.2 建立雅可比矩阵

根据式（6-12）构造雅可比矩阵元素

$$\frac{\partial f_i}{\partial x}=2(x_{4i}-x_{2i}) \tag{7-22}$$

$$\frac{\partial f_i}{\partial y}=2(y_{4i}-y_{2i}) \tag{7-23}$$

$$\frac{\partial f_i}{\partial z}=2(z_{4i}-z_{2i}) \tag{7-24}$$

$$\begin{aligned}\frac{\partial f_i}{\partial \sin\Phi}=&2(y_{4i}-y_{2i})\left[\frac{-\sin\Phi}{\sqrt{1-\sin^2\Phi}}\left(x_{45i}\sin\Psi\sqrt{1-\sin^2\theta}+y_{45i}\sqrt{1-\sin^2\Psi}\right)+x_{45i}\sin\theta\right]+\\ &2(z_{4i}-z_{2i})\left[\left(x_{45i}\sin\Psi\sqrt{1-\sin^2\theta}-y_{45i}\sqrt{1-\sin^2\Psi}\right)-x_{45i}\frac{-\sin\Phi}{\sqrt{1-\sin^2\Phi}}\sin\theta\right]\end{aligned} \tag{7-25}$$

$$\begin{aligned}\frac{\partial f_i}{\partial \sin\Psi}=&2(x_{4i}-x_{2i})\left(\frac{-\sin\Psi}{\sqrt{1-\sin^2\Psi}}\cdot x_{45i}\sqrt{1-\sin^2\theta}-y_{45i}\right)+2(y_{4i}-y_{2i})\sqrt{1-\sin^2\Phi}\\ &\left(x_{45i}\sqrt{1-\sin^2\theta}+y_{45i}\frac{-\sin\Psi}{\sqrt{1-\sin^2\Psi}}\right)+2(z_{4i}-z_{2i})\sin\Phi\left(x_{45i}\sin\Phi\sqrt{1-\sin^2\theta}+y_{45i}\frac{-\sin\Psi}{\sqrt{1-\sin^2\Psi}}\right)\end{aligned} \tag{7-26}$$

$$\begin{aligned}\frac{\partial f_i}{\partial \sin\theta}=&2(x_{4i}-x_{2i})\sqrt{1-\sin^2\Psi}\cdot x_{45i}\frac{-\sin\theta}{\sqrt{1-\sin^2\theta}}+2(y_{4i}-y_{2i})\left(\sqrt{1-\sin^2\Phi}\cdot x_{45i}\sin\Psi\frac{-\sin\theta}{\sqrt{1-\sin^2\theta}}+x_{45i}\sin\Phi\right)\\ &+2(z_{4i}-z_{2i})\left(x_{45i}\sin\Phi\sin\Psi\frac{-\sin\theta}{\sqrt{1-\sin^2\theta}}-x_{45i}\sqrt{1-\sin^2\theta}\right)\end{aligned} \tag{7-27}$$

式中，$i=0$，1，2，3，4，5。

$$
\boldsymbol{J}=\begin{bmatrix}
\frac{\partial f_0}{\partial x} & \frac{\partial f_0}{\partial y} & \frac{\partial f_0}{\partial z} & \frac{\partial f_0}{\partial \sin\Phi} & \frac{\partial f_0}{\partial \sin\Psi} & \frac{\partial f_0}{\partial \sin\theta} \\
\frac{\partial f_1}{\partial x} & \frac{\partial f_1}{\partial y} & \frac{\partial f_1}{\partial z} & \frac{\partial f_1}{\partial \sin\Phi} & \frac{\partial f_1}{\partial \sin\Psi} & \frac{\partial f_1}{\partial \sin\theta} \\
\frac{\partial f_2}{\partial x} & \frac{\partial f_2}{\partial y} & \frac{\partial f_2}{\partial z} & \frac{\partial f_2}{\partial \sin\Phi} & \frac{\partial f_2}{\partial \sin\Psi} & \frac{\partial f_2}{\partial \sin\theta} \\
\frac{\partial f_3}{\partial x} & \frac{\partial f_3}{\partial y} & \frac{\partial f_3}{\partial z} & \frac{\partial f_3}{\partial \sin\Phi} & \frac{\partial f_3}{\partial \sin\Psi} & \frac{\partial f_3}{\partial \sin\theta} \\
\frac{\partial f_4}{\partial x} & \frac{\partial f_4}{\partial y} & \frac{\partial f_4}{\partial z} & \frac{\partial f_4}{\partial \sin\Phi} & \frac{\partial f_4}{\partial \sin\Psi} & \frac{\partial f_4}{\partial \sin\theta} \\
\frac{\partial f_5}{\partial x} & \frac{\partial f_5}{\partial y} & \frac{\partial f_5}{\partial z} & \frac{\partial f_5}{\partial \sin\Phi} & \frac{\partial f_5}{\partial \sin\Psi} & \frac{\partial f_5}{\partial \sin\theta}
\end{bmatrix} \tag{7-28}
$$

7.4.3 迭代计算

根据式（6-13）构造迭代计算式有

$$
\begin{bmatrix} x_{5(k+1)} \\ y_{5(k+1)} \\ z_{5(k+1)} \\ \sin\Phi_{(k+1)} \\ \sin\Psi_{(k+1)} \\ \sin\theta_{(k+1)} \end{bmatrix} = \begin{bmatrix} x_{5k} \\ y_{5k} \\ z_{5k} \\ \sin\Phi_k \\ \sin\Psi_k \\ \sin\theta_k \end{bmatrix} - \boldsymbol{J}^{-1} \begin{bmatrix} f_0 \\ f_1 \\ f_2 \\ f_3 \\ f_4 \\ f_5 \end{bmatrix} \tag{7-29}
$$

7.4.4 计算工具位置和姿态

1）根据式（3-13），工具坐标系旋转姿态角 $\boldsymbol{\Phi}$、$\boldsymbol{\Psi}$、θ 为

$$
\begin{cases} \Phi = \arcsin(\sin\Phi) \\ \Psi = \arcsin(\sin\Psi) \\ \theta = \arcsin(\sin\theta) \end{cases} \tag{7-30}
$$

2）根据图 7-2 和公式（3-14）计算工具的方向矢量 $\boldsymbol{t}_z$（u_z，v_z，w_z），有

$$
\begin{bmatrix} u_z \\ v_z \\ w_z \\ 0 \end{bmatrix} = \boldsymbol{T}_{10}\boldsymbol{T}_{11}\boldsymbol{T}_{12} \begin{bmatrix} 0 \\ 0 \\ -1 \\ 0 \end{bmatrix} \tag{7-31}
$$

3）式（7-29）中的坐标（x_5，y_5，z_5）是下平台中心的位置 P_5，根据图 7-1 和图 7-2，由 P_5（x_5，y_5，z_5）和工具方向矢量（u_z，v_z，w_z），可以计算出工具的位置 P_t（x_t，y_t，z_t），有

$$\begin{cases}x_t = x+L_5u_z \\ y_t = y+L_5v_z \\ z_t = z+L_5w_z\end{cases} \tag{7-32}$$

7.5 坐标正变换程序示例 6

在安卓应用程序 trans_test 的 coord_tran_h 类中添加示例程序 5 的坐标正变换程序。附录 G 的 G. 2 节是坐标正变换计算源程序，包括如下 2 个子程序。

1） axis_6a1_to_p5( )：根据关节转角 $\alpha_{1.0}$，$\alpha_{1.1}$，$\alpha_{1.2}$，$\alpha_{1.3}$，$\alpha_{1.4}$，$\alpha_{1.5}$ 计算下平台中心位置 P_5（x_5，y_5，z_5）和工具坐标系旋转姿态角 Φ、Ψ、θ。

2） axis_6a1_to_pt( )：根据关节转角 $\alpha_{1.0}$，$\alpha_{1.1}$，$\alpha_{1.2}$，$\alpha_{1.3}$，$\alpha_{1.4}$，$\alpha_{1.5}$ 计算工具位置 P_t（x_t，y_t，z_t）和工具坐标系旋转姿态角 Φ、Ψ、θ。

7.5.1 示例程序 axis_6a1_to_p5( )

根据式（7-16）和式（7-29），由上平台关节转角 $\alpha_{1.0}$，$\alpha_{1.1}$，$\alpha_{1.2}$，$\alpha_{1.3}$，$\alpha_{1.4}$，$\alpha_{1.5}$ 计算下平台位置 P_5（x_5，y_5，z_5）和工具坐标系旋转姿态角 Φ、Ψ、θ。程序入口为 float[ ] axis_6a1_to_p5(float[ ] a1)，输入参数为 a1[0]，a1[1]，a1[2]，a1[3]，a1[4]，a1[5]，即 $\alpha_{1.0}$，$\alpha_{1.1}$，$\alpha_{1.2}$，$\alpha_{1.3}$，$\alpha_{1.4}$，$\alpha_{1.5}$。程序组成部分如下。

1. 变量定义

```
float[ ] axis_6a1_to_p5(float[ ] a1) {
float[ ] p5 = new float[CONST. MAX_AXIS];            //下平台中心位置

float[ ] x45 = new float[ROB_PAR. MAX_ARM];
                    //球铰 P4. 0,P4. 1,P4. 2,P4. 3,P4. 4,P4. 5 在 P5 坐标系的 x 坐标
float[ ] y45 = new float[ROB_PAR. MAX_ARM];
                    //球铰 P4. 0,P4. 1,P4. 2,P4. 3,P4. 4,P4. 5 在 P5 坐标系的 y 坐标
float[ ] x4 = new float[ROB_PAR. MAX_ARM];
                    //球铰 P4. 0,P4. 1,P4. 2,P4. 3,P4. 4,P4. 5 在 P0 坐标系的 x 坐标
float[ ] y4 = new float[ROB_PAR. MAX_ARM];
                    //球铰 P4. 0,P4. 1,P4. 2,P4. 3,P4. 4,P4. 5 在 P0 坐标系的 y 坐标
float[ ] z4 = new float[ROB_PAR. MAX_ARM];
                    //球铰 P4. 0,P4. 1,P4. 2,P4. 3,P4. 4,P4. 5 在 P0 坐标系的 z 坐标
float[ ] x2 = new float[ROB_PAR. MAX_ARM];
                    //球铰 P2. 0,P2. 1,P2. 2,P2. 3,P2. 4,P2. 5 在 P0 坐标系的 x 坐标
float[ ] y2 = new float[ROB_PAR. MAX_ARM];
                    //球铰 P2. 0,P2. 1,P2. 2,P2. 3,P2. 4,P2. 5 在 P0 坐标系的 y 坐标
float[ ] z2 = new float[ROB_PAR. MAX_ARM];
                    //球铰 P2. 0,P2. 1,P2. 2,P2. 3,P2. 4,P2. 5 在 P0 坐标系的 z 坐标
```

```
float[ ]x1=new float[ROB_PAR. MAX_ARM];
                    //关节 P1.0,P1.1,P1.2,P1.3,P1.4,P1.5 的 x 坐标
float[ ]y1=new float[ROB_PAR. MAX_ARM];
                    //关节 P1.0,P1.1,P1.2,P1.3,P1.4,P1.5 的 y 坐标
float[ ]z1=new float[ROB_PAR. MAX_ARM];
                    //关节 P1.0,P1.1,P1.2,P1.3,P1.4,P1.5 的 z 坐标

float[ ]func=new float[ROB_PAR. MAX_ARM]; //非线性方程组
float[ ]df_dx=new float[ROB_PAR. MAX_ARM]; //f 对 x 的偏导数
float[ ]df_dy=new float[ROB_PAR. MAX_ARM]; //f 对 y 偏导数
float[ ]df_dz=new float[ROB_PAR. MAX_ARM]; //f 对 z 偏导数
float[ ]df_ds10=new float[ROB_PAR. MAX_ARM];
                                          //f 对 sinΦ 偏导数
float[ ]df_ds11=new float[ROB_PAR. MAX_ARM];
                                          //f 对 sinΨ 偏导数
float[ ]df_ds12=new float[ROB_PAR. MAX_ARM];
                                          //f 对 sinθ 偏导数
float[ ][ ]jacob=new float[ROB_PAR. MAX_ARM][ROB_PAR. MAX_ARM];
                                          //雅可比矩阵
float[ ][ ]inv_jacob=new float[ROB_PAR. MAX_ARM][ROB_PAR. MAX_ARM];
                                          //雅可比逆矩阵
float[ ]vector=new float[ROB_PAR. MAX_ARM]; //向量
float a0;                                 //摆杆方向角 a0
float shift_x,shift_y;                    //摆杆偏移量
float x,y,z;                              //下平台中心位置
float s10,s11,s12;                        //下平台姿态角 sin 值
float c10,c11,c12;                        //下平台姿态角 cos 值
float a0_pi;                              //临时变量
float a1_pi;                              //临时变量
int recu_n=6;                             //迭代次数
int i,k;
```

2. 计算球铰在下平台的位置

根据式（7-5）计算球铰 $P_{4.0}$，$P_{4.1}$，$P_{4.2}$，$P_{4.3}$，$P_{4.4}$，$P_{4.5}$ 在下平台 P_5 局部坐标系的位置。

```
for(i=0;i<ROB_PAR. MAX_ARM;i++){
  x45[i]=(float)(ROB_PAR. disc_r * Math. cos(Math. toRadians(ROB_PAR. DISC_POS
[i])));
  y45[i]=(float)(ROB_PAR. disc_r * Math. sin(Math. toRadians(ROB_PAR. DISC_POS
[i])));
  }
```

3. 计算上平台关节位置

根据图 7-3 和式（7-8）、式（7-9）计算上平台 6 个关节的位置 $P_{1.0}$，$P_{1.1}$，$P_{1.2}$，$P_{1.3}$，$P_{1.4}$，$P_{1.5}$。

```
for(i=0;i<ROB_PAR.MAX_ARM;i++){
  a0=(float)Math.toRadians(ROB_PAR.ARM_POS[i]);                //摆杆方向角 a0
  if(a0>=0){
    shift_x=(float)(-ROB_PAR.ARM_OFFSET[i] * Math.sin(a0));
    shift_y=(float)(ROB_PAR.ARM_OFFSET[i] * Math.cos(a0));
    }
  else{
    shift_x=(float)(ROB_PAR.ARM_OFFSET[i] * Math.sin(a0));
    shift_y=(float)(-ROB_PAR.ARM_OFFSET[i] * Math.cos(a0));
}

  x1[i]=(float)(ROB_PAR.L1 * Math.cos(a0))+shift_x;             //x
  y1[i]=(float)(ROB_PAR.L1 * Math.sin(a0))+shift_y;             //y
  z1[i]=0;                                                      //z
  }
```

4. 计算球铰位置 $P_{2.0}$，$P_{2.1}$，$P_{2.2}$，$P_{2.3}$，$P_{2.4}$，$P_{2.5}$

根据式（7-19），计算 6 个球铰位置 $P_{2.0}$，$P_{2.1}$，$P_{2.2}$，$P_{2.3}$，$P_{2.4}$，$P_{2.5}$。

```
for(i=0;i<ROB_PAR.MAX_ARM;i++){
  a1_pi=(float)Math.toRadians(a1[i]);
  a0_pi=(float)Math.toRadians(ROB_PAR.ARM_POS[i]);
  x2[i]=(float)(x1[i]+ROB_PAR.L2 * Math.cos(a1_pi) * Math.cos(a0_pi));
  y2[i]=(float)(y1[i]+ROB_PAR.L2 * Math.cos(a1_pi) * Math.sin(a0_pi));
  z2[i]=(float)(z1[i]-ROB_PAR.L2 * Math.sin(a1_pi));
  }
```

5. 设定迭代初值

设定位置和姿态角参数 x、y、z、$\sin\Phi$、$\sin\Psi$、$\sin\theta$ 迭代初值。

```
x=0;
y=0;
z=-ROB_PAR.L4;
s10=0;                          //sinΦ=0
s11=0;                          //sinΨ=0
s12=0;                          //sinθ=0
```

6. 进行迭代计算

迭代计算，迭代次数为 recu_n。

```
for(k=0;k<recu_n;k++){
```

1）计算 $\cos\Phi$、$\cos\Psi$、$\cos\theta$。

```
c10 = (float) Math. sqrt(1-s10 * s10);  //cosΦ
c11 = (float) Math. sqrt(1-s11 * s11);  //cosΨ
c12 = (float) Math. sqrt(1-s12 * s12);  //cosθ
```

2）根据式（7-17）计算下平台6个球铰的位置 $P_{4.0}$，$P_{4.1}$，$P_{4.2}$，$P_{4.3}$，$P_{4.4}$，$P_{4.5}$。

```
for(i=0;i<ROB_PAR. MAX_ARM;i++){
x4[i] = x+x45[i] * c11 * c12-y45[i] * s11;
y4[i] = y+c10 * (x45[i] * s11 * c12+y45[i] * c11)+x45[i] * s10 * s12;
z4[i] = z+s10 * (x45[i] * s11 * c12+y45[i] * c11)-x45[i] * c10 * s12;
}
```

3）根据式（7-21）计算函数 f_0，f_1，f_2，f_3，f_4，f_5 的值。

```
for(i=0;i<ROB_PAR. MAX_ARM;i++){
  func[i] = (x4[i]-x2[i]) * (x4[i]-x2[i])
          +(y4[i]-y2[i]) * (y4[i]-y2[i])
          +(z4[i]-z2[i]) * (z4[i]-z2[i])
          -ROB_PAR. L4 * ROB_PAR. L4;
}
```

4）根据式（7-22）~式（7-27）计算 f_0，f_1，f_2，f_3，f_4，f_5 对 x、y、z、$\sin\Phi$、$\sin\Psi$、$\sin\theta$ 的偏导数。

```
for(i=0;i<ROB_PAR. MAX_ARM;i++){
  df_dx[i] = 2 * (x4[i]-x2[i]);
  df_dy[i] = 2 * (y4[i]-y2[i]);
  df_dz[i] = 2 * (z4[i]-z2[i]);

  df_ds10[i] = 2 * (y4[i]-y2[i]) * (-s10/c10 * (x45[i] * s11 * c12+y45[i] * c11)+
  x45[i] * s12)+2 * (z4[i]-z2[i]) * (x45[i] * s11 * c12+y45[i] * c11+x45[i] *
  s10/c10 * s12);                              //fi 对 sinΦ 的偏导数


  df_ds11[i] = 2 * (x4[i]-x2[i]) * (-x45[i] * s11/c11 * c12-y45[i])
               +2 * (y4[i]-y2[i]) * c10 * (x45[i] * c12-y45[i] * s11/c11)
               +2 * (z4[i]-z2[i]) * s10 * (x45[i] * c12-y45[i] * s11/c11);
                                               //fi 对 sinΨ 的偏导数

  df_ds12[i] = 2 * (x4[i]-x2[i]) * c11 * x45[i] * (-s12/c12)
             +2 * (y4[i]-y2[i]) * (c10 * x45[i] * s11 * (-s12/c12)+x45[i] * s10)
             +2 * (z4[i]-z2[i]) * (x45[i] * s10 * s11 * (-s12/c12)-x45[i] * c10);
                                               //fi 对 sinθ 的偏导数
}
```

5）根据式（7-28）设定雅可比矩阵 $\boldsymbol{J}$。

```
for(i=0;i<ROB_PAR.MAX_ARM;i++){
    jacob[i][0]=df_dx[i];
    jacob[i][1]=df_dy[i];
    jacob[i][2]=df_dz[i];
    jacob[i][3]=df_ds10[i];
    jacob[i][4]=df_ds11[i];
    jacob[i][5]=df_ds12[i];
}
```

6）计算雅可比逆矩阵 $\boldsymbol{J}^{-1}$。

```
inv_matrix(jacob,inv_jacob,MAT6);
```

7）根据式（7-29）计算 x、y、z、$\sin\Phi$、$\sin\Psi$、$\sin\theta$。

```
vector=mat6_mult_vector(inv_jacob,func);
x=x-vector[0];
y=y-vector[1];
z=z-vector[2];
s10=s10-vector[3];          //sinΦ
s11=s11-vector[4];          //sinΨ
s12=s12-vector[5];          //sinθ
```

8）进行溢出处理。

```
if(s10>1)s10=0.1f;
if(s10<-1)s10=-0.1f;

if(s11>1)s11=0.1f;
if(s11<-1)s11=-0.1f;

if(s12>1)s12=0.1f;
if(s12<-1)s12=-0.1f;

}//for(k=0;k<recu_n;k++){
```

7. 输出子程序返回值

根据式（7-30）计算返回值 Φ、Ψ、θ。

```
p5[0]=x;
p5[1]=y;
p5[2]=z;
p5[3]=(float)Math.toDegrees(Math.asin(s10));      //Φ
p5[4]=(float)Math.toDegrees(Math.asin(s11));      //Ψ
p5[5]=(float)Math.toDegrees(Math.asin(s12));      //θ

return p5
```

7.5.2 示例程序 axis_6a1_to_pt( )

根据式（7-29）和式（7-32），由上平台关节转角 $\alpha_{1.0}$，$\alpha_{1.1}$，$\alpha_{1.2}$，$\alpha_{1.3}$，$\alpha_{1.4}$，$\alpha_{1.5}$ 计算工具位置 P_t（x，y，z）和工具坐标系旋转姿态角 Φ、Ψ、θ。程序入口为 float[ ] axis_6a1_to_pt(float[ ] a1)，输入参数为 a1[0]，a1[1]，a1[2]，a1[3]，a1[4]，a1[5]，即 $\alpha_{1.0}$，$\alpha_{1.1}$，$\alpha_{1.2}$，$\alpha_{1.3}$，$\alpha_{1.4}$，$\alpha_{1.5}$。

1. 变量定义

```
float[ ] pt = new float[ CONST. MAX_AXIS ];       //工具位置和姿态
float[ ] p5 = new float[ CONST. MAX_AXIS ];       //下平台中心位置和姿态
float[ ] uvw = new float[ CONST. MAX_AXIS ];      //工具方向矢量
float L5 = 220;                                   //工具长度
```

2. 计算下平台中心位置和工具坐标系旋转姿态角

计算下平台中心位置 P_5(x_5，y_5，z_5）和工具坐标系旋转姿态角 Φ、Ψ、θ。

```
p5 = axis_6a1_to_p5( a1 );
```

3. 计算工具方向矢量（u_z，v_z，w_z）

根据式（7-31）计算工具方向矢量（u_z，v_z，w_z）。

```
uvw = tool_uvw( p5 );
```

4. 计算工具位置 $P(x, y, z)$

根据式（7-32）计算工具位置 P_t(x，y，z）。

```
pt[0] = p5[0] +L5 * uvw[0];     //x
pt[1] = p5[1] +L5 * uvw[1];     //y
pt[2] = p5[2] +L5 * uvw[2];     //z
```

5. 输出返回值

输出工具姿态角参数 Φ、Ψ、θ 返回值。

```
pt[3] = p5[3];              //Φ
pt[4] = p5[4];              //Ψ
pt[5] = p5[5];              //θ

return pt;
```

7.5.3 测试计算程序示例

采用如下方法测试坐标正变换计算方法和示例程序。

1）给定直角坐标系工具位置 P_t(x，y，z）和旋转姿态角 Φ、Ψ、θ。

2）用坐标逆变换程序 pos_pt_to_6a1（x,y,z,Φ,Ψ,θ）计算关节转角 $\alpha_{1.0}$，$\alpha_{1.1}$，$\alpha_{1.2}$，$\alpha_{1.3}$，$\alpha_{1.4}$，$\alpha_{1.5}$。

3）用坐标正变换程序 axis_6a1_to_pt(a0,a1,a2,a3,a4,a5）重新计算直角坐标系工具位置 P_t(x，y，z）和旋转姿态角 Φ、Ψ、θ。

如果坐标正变换程序 axis_6a1_to_pt(a0,a1,a2,a3,a4,a5）计算的工具位置和旋转姿态

角参数 x、y、z、Φ、Ψ、θ 值与给定值非常接近，说明坐标正变换方法和程序正确。

在附录 A 所列第 7.3.7 小节坐标逆变换测试示例程序 5 基础上添加坐标正变换程序。

1）给定工具位置和旋转姿态角参数 x、y、z、Φ、Ψ、θ 的第 1 组测试数据。

```
pos_space[0]=0;          //x
pos_space[1]=0;          //y
pos_space[2]=-600;       //z
pos_space[3]=0;          //Φ
pos_space[4]=0;          //Ψ
pos_space[5]=0;          //θ
```

2）显示工具位置和旋转姿态角参数 x、y、z、Φ、Ψ、θ。

```
str="\n \n x/y/z/Φ/Ψ/θ:";
for(i=0;i<6;i++) str=str+pos_space[i]+"/";
```

3）进行坐标逆变换，计算关节转角 $\alpha_{1.0}$，$\alpha_{1.1}$，$\alpha_{1.2}$，$\alpha_{1.3}$，$\alpha_{1.4}$，$\alpha_{1.5}$。

```
coord_trans5. pos_pt_to_6a1(pos_space);
```

4）显示关节转角关节转角 $\alpha_{1.0}$，$\alpha_{1.1}$，$\alpha_{1.2}$，$\alpha_{1.3}$，$\alpha_{1.4}$，$\alpha_{1.5}$。

```
str=str+"\n a1[0...5]: ";
for(i=0;i<6;i++) str=str+ROB_MOVE. a1[i]+"/";
```

5）进行坐标正变换，计算工具位置和旋转姿态角参数 x、y、z、Φ、Ψ、θ。

```
pos_space=coord_trans5. axis_6a1_to_pt(ROB_MOVE. a1);
```

6）显示工具位置和旋转姿态角参数 x、y、z、Φ、Ψ、θ。

```
str=str+"\n x/y/z/Φ/Ψ/θ:";
for(i=0;i<6;i++) str=str+pos_space[i]+"/";
```

7）进行第 2~4 组测试数据测试。

```
//--- 工具位置和旋转姿态角参数 x,y,z,Φ,Ψ,θ 第 2 组测试数据---
//以下给定测试值和测试过程程序省略
```

坐标逆变换与正变换的测试对照数据如图 7-7 所示。

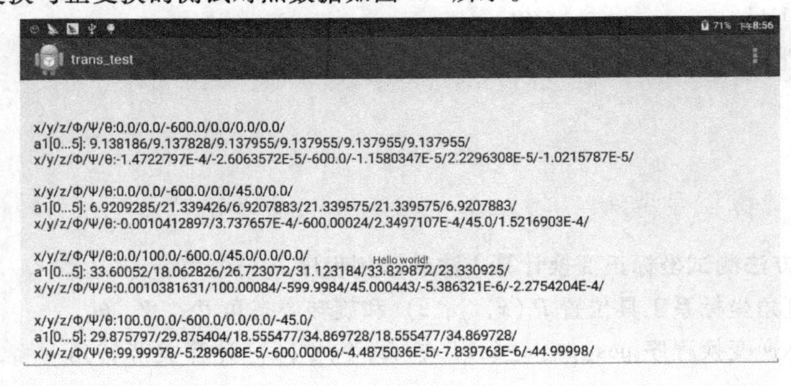

图 7-7　坐标逆变换和正变换测试对照数据

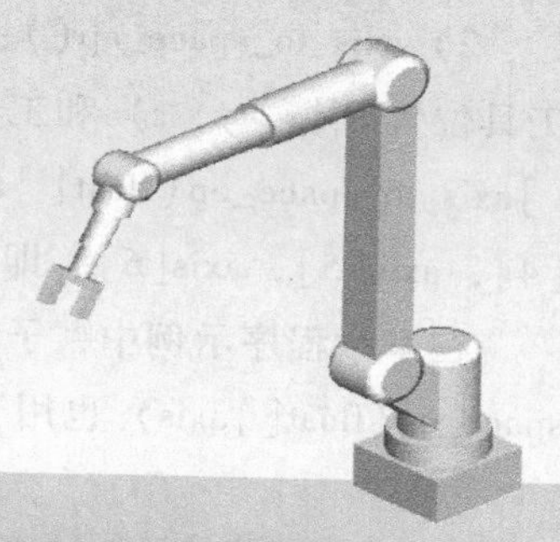

第8章 复合迭代坐标逆变换计算方法和程序示例6

如第 6.3.6 小节所述，直接用牛顿-拉普森迭代法完成坐标逆变换，需要较大的计算时间开销。此外，$\alpha_5=-90°$是机器人的奇异位置，非线性方程组无解，无法完成坐标逆变换。本章介绍作者研究的一种坐标逆变换计算方法，作者将它命名为“复合迭代法”。它将关节转角未知量α_0，α_1，α_3，α_4，α_5，α_6分为二组，即位置相关关节转角α_0，α_1，α_3和姿态相关关节转角α_4，α_5，α_6。用牛顿-拉普森迭代法求解 3 元非线性方程组，获得位置相关关节转角α_0，α_1，α_3，用代数迭代求解姿态相关关节转角α_4，α_5，α_6。它的计算比用牛顿-拉普森迭代法直接求解 5 元非线性方程组简单，并且当机器人处于$\alpha_5=-90°$的奇异位置时，也能完成坐标逆变换计算，使机器人运动控制更方便。本章介绍的计算方法和程序示例源自作者开发的安卓虚拟工业机器人程序（www.nc-servo.com）。

如果将图 6-1 所示的机器人关节α_2固定（$\alpha_2=0$），它变成一种 6 自由度工业机器人，如图 8-1 所示。它也是一种最常见的协作机器人结构。本章介绍的这种方法和示例程序同时适用于 6 自由度和 7 自由度工业机器人的坐标逆变换。

8.1 坐标正变换矩阵和坐标正变换程序示例 6

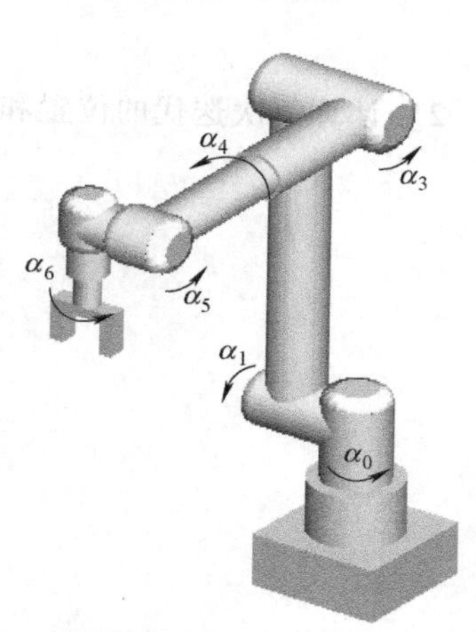

图 8-1　6 自由度工业机器人结构

坐标正变换矩阵和程序示例与附录 F 的 F.1 节所列程序示例 4 的坐标正变换计算源程序相同，包括如下 2 个子程序。

1）axis_to_space( )：进行坐标正变换，由关节转角α_0，α_1，α_2，α_3，α_4，α_5计算工具位置$P_t(x, y, z)$和工具方向矢量（u，v，w），如图 3-4 所示。程序入口为 float[ ]axis_to_space(float[ ]axis)，输入变量为 axis[0]，axis[1]，axis[2]，axis[3]，axis[4]，axis[5]，即α_0，α_1，α_2，α_3，α_4，α_5。

2）axis_to_space_op( )：坐标正变换，由关节转角 α_0，α_1，α_2，α_3，α_4，α_5，α_6 计算工具位置 $P_t(x, y, z)$ 和工具坐标系旋转姿态角 Φ、Ψ、θ，如图 2-3 所示。程序入口为 float[ ] axis_to_space_op(float[ ] axis)，输入变量为 axis[0]，axis[1]，axis[2]，axis[3]，axis[4]，axis[5]，axis[6]，即 α_0，α_1，α_2，α_3，α_4，α_5，α_6。

在本章程序示例中，子程序 axis_to_space( ) 也用于坐标逆变换中的辅助计算，axis_to_space_op(float[ ] axis) 也用于对逆变换测试计算结果的验算。

8.2 坐标逆变换计算方法

8.2.1 计算工具方向矢量

根据图 2-3 和图 3-4，使用式（3-15），由工具坐标系旋转姿态角 Φ、Ψ、θ 获得工具方向矢量 (u, v, w)。

8.2.2 复合迭代计算初始参数

如图 8-2 所示，P_{start} 为当前工具位置，P_{end} 为目标工具位置。需要为复合迭代计算准备初始参数，计算过程如下。

1）计算工具位置和方向矢量移动增量，有

$$\begin{cases} \Delta x = x_{end} - x_{start} \\ \Delta y = y_{end} - y_{start} \\ \Delta z = z_{end} - z_{start} \\ \Delta u = u_{end} - u_{start} \\ \Delta v = v_{end} - v_{start} \\ \Delta w = w_{end} - w_{start} \end{cases} \tag{8-1}$$

2）计算每次迭代的位置和方向矢量增量，有

$$\begin{cases} d_x = \dfrac{\Delta x}{N} \\ d_y = \dfrac{\Delta y}{N} \\ d_z = \dfrac{\Delta z}{N} \\ d_u = \dfrac{\Delta u}{N} \\ d_v = \dfrac{\Delta v}{N} \\ d_w = \dfrac{\Delta w}{N} \end{cases} \tag{8-2}$$

式中，N 是规定的迭代计算次数。

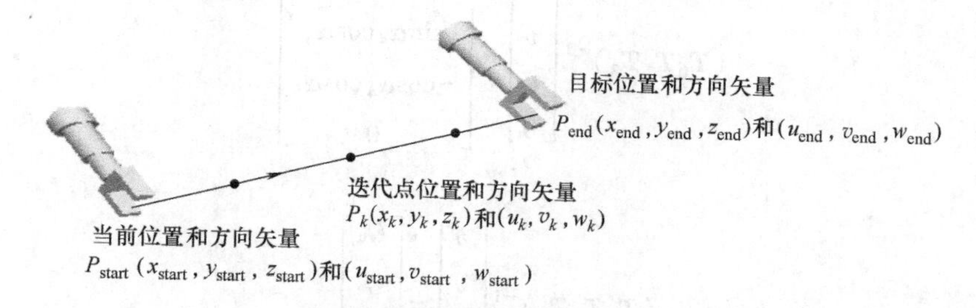

图 8-2　复合迭代计算原理

8.2.3　复合迭代计算

1）计算迭代点的位置 P_k（x_k，y_k，z_k）和方向矢量（u_k，v_k，w_k）。

$$\begin{cases} x_k = x_{k-1} + d_x \\ y_k = y_{k-1} + d_y \\ z_k = z_{k-1} + d_z \\ u_k = u_{k-1} + d_u \\ v_k = v_{k-1} + d_v \\ w_k = w_{k-1} + d_w \end{cases} \tag{8-3}$$

2）由工具方向矢量计算关节转角 α_4 和 α_5。当前的工具方向矢量为

$$\begin{cases} u = u_k \\ v = v_k \\ w = w_k \end{cases} \tag{8-4}$$

根据式（6-9）有

$$(\boldsymbol{T}_0\boldsymbol{T}_1\boldsymbol{T}_3)^{-1}\begin{bmatrix} u \\ v \\ w \\ 0 \end{bmatrix} = \boldsymbol{T}_4\boldsymbol{T}_5\begin{bmatrix} 0 \\ 0 \\ -1 \\ 0 \end{bmatrix} \tag{8-5}$$

式中，$\boldsymbol{T}_0$、$\boldsymbol{T}_1$、$\boldsymbol{T}_3$ 为使用关节转角 α_0、α_1、α_3 当前值计算所得。

根据式（6-5）和式（6-6）有

$$(\boldsymbol{T}_0\boldsymbol{T}_1\boldsymbol{T}_3)^{-1}\begin{bmatrix} u \\ v \\ w \\ 0 \end{bmatrix} = \begin{bmatrix} 1 & 0 & 0 & 0 \\ 0 & \cos\alpha_4 & -\sin\alpha_4 & -L_5\cos\alpha_4 \\ 0 & \sin\alpha_4 & \cos\alpha_4 & -L_5\sin\alpha_4 \\ 0 & 0 & 0 & 1 \end{bmatrix}\begin{bmatrix} \cos\alpha_5 & 0 & \sin\alpha_5 & 0 \\ 0 & 1 & 0 & 0 \\ -\sin\alpha_5 & 0 & \cos\alpha_5 & 0 \\ 0 & 0 & 0 & 1 \end{bmatrix}\begin{bmatrix} 0 \\ 0 \\ -1 \\ 0 \end{bmatrix} \tag{8-6}$$

$$(\boldsymbol{T}_0\boldsymbol{T}_1\boldsymbol{T}_3)^{-1}\begin{bmatrix}u\\v\\w\\0\end{bmatrix}=\begin{bmatrix}-\sin\alpha_5\\\sin\alpha_4\cos\alpha_5\\-\cos\alpha_4\cos\alpha_5\\0\end{bmatrix}\tag{8-7}$$

设

$$(\boldsymbol{T}_0\boldsymbol{T}_1\boldsymbol{T}_3)^{-1}\begin{bmatrix}u\\v\\w\\0\end{bmatrix}=\begin{bmatrix}t_{\text{ru}}\\t_{\text{rv}}\\t_{\text{rw}}\\0\end{bmatrix}$$

则有

$$\begin{bmatrix}t_{\text{ru}}\\t_{\text{rv}}\\t_{\text{rw}}\\0\end{bmatrix}=\begin{bmatrix}-\sin\alpha_5\\\sin\alpha_4\cos\alpha_5\\-\cos\alpha_4\cos\alpha_5\\0\end{bmatrix}\tag{8-8}$$

可得

$$\alpha_4=\arctan\frac{t_{\text{rv}}}{-t_{\text{rw}}}\tag{8-9}$$

$$\alpha_5=\arcsin(-t_{\text{ru}})\tag{8-10}$$

3）调用牛顿-拉普森迭代解 3 元非线性方程组的子程序，由当前迭代点的工具位置 $P_k(x_k,\ y_k,\ z_k)$ 和关节转角 α_2，α_4，α_5 计算关节转角 α_0，α_1，α_3。

重复执行如上 3 个步骤进行 N 次迭代计算，完成坐标逆变换计算。根据试验结果，迭代 $N=6$ 次以上能够获得足够精确的坐标逆变换精度。

8.2.4 用牛顿-拉普森迭代法求解关节转角 α_0，α_1，α_3

根据当前工具位置 $P_k(x_{\text{act}},\ y_{\text{act}},\ z_{\text{act}})$ 和关节转角 α_2，α_4，α_5，利用牛顿-拉普森迭代法求解 3 元非线性方程组，计算出关节转角 α_0，α_1，α_3，过程如下。

1. 建立非线性方程组

由工具位置 $P_{\text{t}}(x,\ y,\ z)$ 和式（6-8）建立非线性方程组，可得

$$\begin{bmatrix}f_0\\f_1\\f_2\\1\end{bmatrix}=\boldsymbol{T}_0\boldsymbol{T}_1\boldsymbol{T}_2\boldsymbol{T}_3\boldsymbol{T}_4\boldsymbol{T}_5\begin{bmatrix}0\\0\\-L_6\\1\end{bmatrix}-\begin{bmatrix}x_{\text{act}}\\y_{\text{act}}\\z_{\text{act}}\\1\end{bmatrix}\tag{8-11}$$

式中，当前关节转角 α_2、α_4、α_5 在矩阵 $\boldsymbol{T}_2$、$\boldsymbol{T}_4$、$\boldsymbol{T}_5$ 的对应变量中。

当前工具位置为

$$\begin{cases}x_{\text{act}}=x_k\\y_{\text{act}}=y_k\\z_{\text{act}}=z_k\end{cases}\tag{8-12}$$

2. 迭代计算

1）根据式（6-33）~式（6-35）分别求$\boldsymbol{T}_i$对$\sin\alpha_i$的偏导数（i=0，1，3），有

$$\frac{\partial \boldsymbol{T}_0}{\partial \sin\alpha_0}=\begin{bmatrix}\dfrac{-\sin\alpha_0}{\sqrt{1-\sin\alpha_0^2}} & -1 & 0 & 0\\ 1 & \dfrac{-\sin\alpha_0}{\sqrt{1-\sin\alpha_0^2}} & 0 & 0\\ 0 & 0 & 0 & 0\\ 0 & 0 & 0 & 0\end{bmatrix} \tag{8-13}$$

$$\frac{\partial \boldsymbol{T}_1}{\partial \sin\alpha_1}=\begin{bmatrix}\dfrac{-\sin\alpha_1}{\sqrt{1-\sin\alpha_1^2}} & 0 & 1 & L_2\\ 0 & 0 & 0 & 0\\ -1 & 0 & \dfrac{-\sin\alpha_1}{\sqrt{1-\sin\alpha_1^2}} & \dfrac{-L_2\sin\alpha_1}{\sqrt{1-\sin\alpha_1^2}}\\ 0 & 0 & 0 & 0\end{bmatrix} \tag{8-14}$$

$$\frac{\partial \boldsymbol{T}_3}{\partial \sin\alpha_3}=\begin{bmatrix}\dfrac{-\sin\alpha_3}{\sqrt{1-\sin\alpha_3^2}} & 0 & 1 & \dfrac{-L_3\sin\alpha_3}{\sqrt{1-\sin\alpha_3^2}}\\ 0 & 0 & 0 & 0\\ -1 & 0 & \dfrac{-\sin\alpha_3}{\sqrt{1-\sin\alpha_3^2}} & -L_3\\ 0 & 0 & 0 & 0\end{bmatrix} \tag{8-15}$$

2）根据式（6-38）、式（6-40）和式（6-42）构造雅可比矩阵元素，有

$$\begin{bmatrix}\dfrac{\partial f_0}{\partial \sin\alpha_0}\\ \dfrac{\partial f_1}{\partial \sin\alpha_0}\\ \dfrac{\partial f_2}{\partial \sin\alpha_0}\\ 1\end{bmatrix}=\frac{\partial \boldsymbol{T}_0}{\partial \sin\alpha_0}\boldsymbol{T}_1\boldsymbol{T}_2\boldsymbol{T}_3\boldsymbol{T}_4\boldsymbol{T}_5\begin{bmatrix}0\\0\\-L_6\\1\end{bmatrix} \tag{8-16}$$

$$\begin{bmatrix}\dfrac{\partial f_0}{\partial \sin\alpha_1}\\ \dfrac{\partial f_1}{\partial \sin\alpha_1}\\ \dfrac{\partial f_2}{\partial \sin\alpha_1}\\ 1\end{bmatrix}=\boldsymbol{T}_0\frac{\partial \boldsymbol{T}_1}{\partial \sin\alpha_1}\boldsymbol{T}_2\boldsymbol{T}_3\boldsymbol{T}_4\boldsymbol{T}_5\begin{bmatrix}0\\0\\-L_6\\1\end{bmatrix} \tag{8-17}$$

$$\begin{bmatrix} \dfrac{\partial f_0}{\partial \sin\alpha_3} \\ \dfrac{\partial f_1}{\partial \sin\alpha_3} \\ \dfrac{\partial f_2}{\partial \sin\alpha_3} \\ 1 \end{bmatrix} = \boldsymbol{T}_0 \boldsymbol{T}_1 \boldsymbol{T}_2 \frac{\partial \boldsymbol{T}_3}{\partial \sin\alpha_3} \boldsymbol{T}_4 \boldsymbol{T}_5 \begin{bmatrix} 0 \\ 0 \\ -L_6 \\ 1 \end{bmatrix} \tag{8-18}$$

3）建立非线性方程组的雅可比矩阵，有

$$\boldsymbol{J} = \begin{bmatrix} \dfrac{\partial f_0}{\partial \sin\alpha_0} & \dfrac{\partial f_0}{\partial \sin\alpha_1} & \dfrac{\partial f_0}{\partial \sin\alpha_3} \\ \dfrac{\partial f_1}{\partial \sin\alpha_0} & \dfrac{\partial f_1}{\partial \sin\alpha_1} & \dfrac{\partial f_1}{\partial \sin\alpha_3} \\ \dfrac{\partial f_2}{\partial \sin\alpha_0} & \dfrac{\partial f_2}{\partial \sin\alpha_1} & \dfrac{\partial f_2}{\partial \sin\alpha_3} \end{bmatrix} \tag{8-19}$$

4）根据式（6-13）和式（6-14），使用式（8-19）用雅可比矩阵 $\boldsymbol{J}$ 的逆矩阵，迭代计算解出 $\sin\alpha_0$，$\sin\alpha_1$，$\sin\alpha_3$，有

$$\begin{bmatrix} \sin\alpha_{0(k+1)} \\ \sin\alpha_{1(k+1)} \\ \sin\alpha_{3(k+1)} \end{bmatrix} = \begin{bmatrix} \sin\alpha_{0(k)} \\ \sin\alpha_{1(k)} \\ \sin\alpha_{3(k)} \end{bmatrix} - \boldsymbol{J}^{-1} \begin{bmatrix} f_0(\sin\alpha_{0(k)}, \sin\alpha_{1(k)}, \sin\alpha_{3(k)}) \\ f_1(\sin\alpha_{0(k)}, \sin\alpha_{1(k)}, \sin\alpha_{3(k)}) \\ f_2(\sin\alpha_{0(k)}, \sin\alpha_{1(k)}, \sin\alpha_{3(k)}) \end{bmatrix} \tag{8-20}$$

8.3 坐标逆变换程序示例 6

附录 H 是程序示例 6 的_coord_trans_f7 源程序，也是本书的第 6 个示例程序。在_coord_tran_f7 类中编写坐标逆变换程序，包括如下 8 个子程序。

1）tool_uvw()：由工具坐标系旋转姿态角 $\boldsymbol{\Phi}$、$\boldsymbol{\Psi}$、$\boldsymbol{\theta}$ 计算工具方向矢量（u，v，w）和（u_x，v_x，w_x）。同第 6.4 节的坐标逆变换程序示例 4 的同名程序。

2）set_t012345()：建立坐标变换矩阵 $\boldsymbol{T}_0\boldsymbol{T}_1\boldsymbol{T}_2\boldsymbol{T}_3\boldsymbol{T}_4\boldsymbol{T}_5$。

3）set_df_ds()：计算方程式 f_0，f_1，f_2 的偏导数。

4）get_45()：由工具方向矢量（u，v，w）和关节转角 α_0，α_1，α_2，α_3 计算关节转角 α_4，α_5。同第 6.4 节的坐标逆变换程序示例 4 的同名程序。

5）space_a45_to_a013()：由工具位置 $P_t(x, y, z)$ 和关节转角 α_2，α_4，α_5 求解关节转角 α_0，α_1，α_3。

6）space_to_axis()：由工具位置 $P_t(x, y, z)$ 和工具方向矢量（u，v，w）求解关节转角 α_0，α_1，α_2，α_3，α_4，α_5。

7）uvwx_to_a6()：由关节转角 α_0，α_1，α_2，α_3，α_4，α_5 和工具方向矢量（u_x，v_x，w_x）计算关节转角 α_6。同第 6.4 节的坐标逆变换程序示例 4 的同名程序。

8）space_tool_to_axis()：由工具位置 $P_t(x, y, z)$ 和工具坐标系旋转姿态角 $\boldsymbol{\Phi}$、$\boldsymbol{\Psi}$、$\boldsymbol{\theta}$

求解关节转角 α_0，α_1 和 α_3，α_4，α_5，α_6。同第 6.4 节的坐标逆变换程序示例 4 的同名程序。

为了避免内容重复，附录 H 省略了与第 6.4 节示例程序 4 的同名程序，只提供了如上 set_t012345( ) 子程序（子程序 2)、set_df_ds( ) 子程序（子程序 3)、space_a45_to_a013( ) 子程序（子程序 5）和 space_to_axis( ) 子程序（子程序 6)。

8.3.1 示例程序 tool_uvw( )

根据式（3-14）~式（3-29)，由工具坐标系旋转姿态角 Φ、Ψ、θ 计算工具方向矢量（u，v，w）和（u_x，v_x，w_x)。与第 3.4.1 小节的程序相同，参见附录 C 的 C.4 节。

8.3.2 示例程序 set_t012345( )

计算第 6 章式（6-1）~式（6-6）中的矩阵 $\boldsymbol{T}_0\boldsymbol{T}_1\boldsymbol{T}_2\boldsymbol{T}_3\boldsymbol{T}_4\boldsymbol{T}_5$。程序入口为 void set_t012345 (float[ ]s,float c0_sign,float[ ]ax_now)，输入变量为 s[0]，s[1]，s[3]，即 $\sin\alpha_0$，$\sin\alpha_1$，$\sin\alpha_3$。变量 c0_sign 用于设定程序中 $\cos\alpha_0$ 的符号（+或-)。程序组成部分如下。

1. 变量定义

```
intn_axis=6;                          //关节的数目
float[ ]c=new float[n_axis];          //中间变量 cos[ ]
float L2=ROB_PAR. L2;                 //机器人结构参数 L2
float L2y=ROB_PAR. L2y;               //机器人结构参数 L2y
float L3=ROB_PAR. L3;                 //机器人结构参数 L3
float L5=ROB_PAR. L5;                 //机器人结构参数 L5
inti;
```

2. 计算坐标变换矩阵中的 sin 值和 cos 值

计算坐标变换矩阵中的 $\sin\alpha_0$，$\sin\alpha_2$，$\sin\alpha_4$，$\sin\alpha_5$ 和 $\cos\alpha_0$，$\cos\alpha_2$，$\cos\alpha_4$，$\cos\alpha_5$。

```
for(i=0;i<4;i++)
   c[i]=(float)Math. sqrt(1-s[i] * s[i]);
c[0]=c[0] * c0_sign;
s[2]=(float)Math. sin(Math. toRadians(ax_now[2]));
s[4]=(float)Math. sin(Math. toRadians(ax_now[4]));
s[5]=(float)Math. sin(Math. toRadians(ax_now[5]));

c[2]=(float)Math. cos(Math. toRadians(ax_now[2]));
c[4]=(float)Math. cos(Math. toRadians(ax_now[4]));
c[5]=(float)Math. cos(Math. toRadians(ax_now[5]));
```

3. 设定坐标变换矩阵 $\boldsymbol{T}_0$，$\boldsymbol{T}_1$，$\boldsymbol{T}_2$，$\boldsymbol{T}_3$，$\boldsymbol{T}_4$，$\boldsymbol{T}_5$

```
//---T0---
mat_set_row(trans0,0,c[0],-s[0],0,0);
mat_set_row(trans0,1,s[0],c[0],0,0);
mat_set_row(trans0,2,0,0,1,0);
```

```
mat_set_row(trans0,3,0,0,0,1);

//---T1---
mat_set_row(trans1,0,c[1],0,s[1],L2 * s[1]);
mat_set_row(trans1,1,0 ,1,0,-L2y);
mat_set_row(trans1,2,-s[1],0,c[1],L2 * c[1]);
mat_set_row(trans1,3,0,0,0,1);

//---T2---
mat_set_row(trans2,0,c[2],-s[2],0,-L2y * s[2]);
mat_set_row(trans2,1,s[2],c[2],0,L2y * c[2]);
mat_set_row(trans2,2,0,0,1,0);
mat_set_row(trans2,3,0,0,0,1);

//---T3---
mat_set_row(trans3,0,c[3],0,s[3],L3 * c[3]);
mat_set_row(trans3,1,0,1,0,0);
mat_set_row(trans3,2,-s[3],0,c[3],-L3 * s[3]);
mat_set_row(trans3,3,0,0,0,1);

//---T4---
mat_set_row(trans4,0,1,0,0,0);
mat_set_row(trans4,1,0,c[4],-s[4],-L5 * c[4]);
mat_set_row(trans4,2,0,s[4],c[4],-L5 * s[4]);
mat_set_row(trans4,3,0,0,0,1);

//---T5---
mat_set_row(trans5,0,c[5],0,s[5],0);
mat_set_row(trans5,1,0,1,0,0);
mat_set_row(trans5,2,-s[5],0,c[5],0);
mat_set_row(trans5,3,0,0,0,1);
```

4. 计算坐标变换矩阵$\boldsymbol{T}_0$ $\boldsymbol{T}_1$ $\boldsymbol{T}_2$ $\boldsymbol{T}_3$ $\boldsymbol{T}_4$ $\boldsymbol{T}_5$

```
trans01=mat_mult(trans0,trans1);
trans012=mat_mult(trans01,trans2);
trans0123=mat_mult(trans012,trans3);
trans01234=mat_mult(trans0123,trans4);
trans012345=mat_mult(trans01234,trans5);
```

8.3.3 示例程序 set_df_ds()

根据式（8-13）~式（8-18），计算偏导数和矩阵$\boldsymbol{T}_0$ $\boldsymbol{T}_1$ $\boldsymbol{T}_2$ $\boldsymbol{T}_3$ $\boldsymbol{T}_4$ $\boldsymbol{T}_5$。程序入口为 void set

_df_ds(int axis_i, float[ ] si, float c0_sign, float[ ] ax_now),输入变量为 si[0], si[1], si[3],即$\sin\alpha_0$, $\sin\alpha_1$, $\sin\alpha_3$, ax_now[2], ax_now[4], ax_now[5],即 α_2, α_4, α_5, axis_i 为关节索引。变量 c0_sign 用于设定程序中$\cos\alpha_0$ 的符号(+或-)。程序组成部分如下。

1. 变量定义

```
float L2=ROB_PAR.L2;        //机器人结构参数 L2
float L3=ROB_PAR.L3;        //机器人结构参数 L3
float s0,s1,s3,c0,c1,c3;    //中间变量
```

2. 设定坐标变换矩阵 $T_0T_1T_2T_3T_4T_5$

```
set_t012345(si,c0_sign,ax_now);
```

3. 计算 sin 值和 cos 值

```
float sin=si[axis_i];
float cos=(float)Math.sqrt(1-sin * sin);
if(cos==0)cos=0.0000001f;
if(axis_i==0)cos=cos * c0_sign;
```

4. 计算T_i 对$\sin\alpha_i$ 的偏导数

根据式(8-13)~式(8-15)分别求$\boldsymbol{T}_i$ 对$\sin\alpha_i$ 的偏导数(i=0, 1, 3)。

```
switch(axis_i){
  case 0://-- trans0--
    s0=sin;
    c0=cos;
    mat_set_row(trans0,0,-s0/c0,-1,0,0);
    mat_set_row(trans0,1,1,-s0/c0,0,0);
    mat_set_row(trans0,2,0,0,0,0);
    mat_set_row(trans0,3,0,0,0,0);
    break;

  case 1://--trans1--
    s1=sin;
    c1=cos;
   mat_set_row(trans1,0,-s1/c1,0,1,L2);
   mat_set_row(trans1,1,0,0,0,0);
   mat_set_row(trans1,2,-1,0,-s1/c1,-L2 * s1/c1);
   mat_set_row(trans1,3,0,0,0,0);
   break;

  case 3://--trans3--
    s3=sin;
    c3=cos;
   mat_set_row(trans3,0,-s3/c3,0,1,-L3 * s3/c3);
```

```
        mat_set_row(trans3,1,0,0,0,0);
        mat_set_row(trans3,2,-1,0,-s3/c3,-L3);
        mat_set_row(trans3,3,0,0,0,0);
        break;
    }
```

5. 计算坐标变换矩阵T_0 T_1 T_2 T_3 T_4 T_5

```
trans01=mat_mult(trans0,trans1);
trans012=mat_mult(trans01,trans2);
trans0123=mat_mult(trans012,trans3);
trans01234=mat_mult(trans0123,trans4);
trans012345=mat_mult(trans01234,trans5);
```

8.3.4 示例程序 space_a45_to_a013( )

由工具位置$P_t(x,\ y,\ z)$、关节转角α_2，α_4，α_5计算关节转角α_0，α_1，α_3。程序入口为 float[ ]space_a45_to_a013(float[ ] pos,float[ ] ax_now,float c0_sign)。程序输入变量为 pos[0]，pos[1]、pos[2]，即x、y、z，ax_now[0]，ax_now[1]，ax_now[2]，ax_now[3]，ax_now[4]，ax_now[5]，即当前关节转角α_0，α_1，α_2，α_3，α_4，α_5。变量 c0_sign 用于设定程序中$\cos\alpha_0$的符号（+或-）。程序组成部分如下。

1. 变量定义

```
float[ ][ ]jacob3=new float[MAT4][MAT4];          //雅可比矩阵
float[ ][ ]inv_jacob3=new float[MAT4][MAT4];      //雅可比逆矩阵
float[ ]vector1=new float[MAT4];                  //4维向量
float[ ]vector2=new float[MAT4];                  //4维向量
float[ ]temp=new float[MAT4];                     //中间变量

float[ ]df0_ds=new float[CONST.MAX_AXIS];         //函数f0的偏导数
float[ ]df1_ds=new float[CONST.MAX_AXIS];         //函数f1的偏导数
float[ ]df2_ds=new float[CONST.MAX_AXIS];         //函数f3的偏导数
float[ ]axis=new float[TRANS_AXIS];               //返回关节转角
float[ ]ax_act=new float[TRANS_AXIS];             //关节转角变量
intrecu_n=5;                                      //迭代计算次数
float f0,f1,f2;                                   //函数f0,f1,f2的值
float[ ]si=new float[CONST.MAX_AXIS];             //sina0,sina1,sina2,sina3
float L6=240;                                     //机器人结构参数
inti,j;
```

2. 读入工具位置

```
float x=pos[0],y=pos[1],z=pos[2];
```

3. 给定迭代初值

```
for(i=0;i<CONST.MAX_AXIS;i++){
```

```
    si[i]=(float)Math.sin(Math.toRadians(ax_now[i]));
    ax_act[i]=ax_now[i];
    }
```

4. 迭代计算

```
for(j=0;j<recu_n;j++){
```

1）根据式（8-13）~式（8-18）设定坐标变换矩阵$\boldsymbol{T}_0$，$\boldsymbol{T}_1$，$\boldsymbol{T}_2$，$\boldsymbol{T}_3$，$\boldsymbol{T}_4$，$\boldsymbol{T}_5$，并计算$\boldsymbol{T}_0\boldsymbol{T}_1\boldsymbol{T}_2\boldsymbol{T}_3\boldsymbol{T}_4\boldsymbol{T}_5$。

```
    set_t012345(si,c0_sign,ax_act);
```

2）根据式（6-15）计算函数f_0、f_1、f_2的值。

```
vector1[0]=0;
vector1[1]=0;
vector1[2]=-L6;
vector1[3]=1;
temp=mat_mult_vector(trans012345,vector1);
f0=temp[0]-x;                    //f0
f1=temp[1]-y;                    //f1
f2=temp[2]-z;                    //f2
```

3）根据式（8-16）~式（8-18）分别计算f_0、f_1、f_2对$\sin\alpha_i$的偏导数（i=0，1，2，3）。

```
for(i=0;i<4;i++){
    set_df_ds(i,si,c0_sign,ax_act);
    temp=mat_mult_vector(trans012345,vector1);
    df0_ds[i]=temp[0];           //函数 f0 对 sinai 的偏导数
    df1_ds[i]=temp[1];           //函数 f1 对 sinai 的偏导数
    df2_ds[i]=temp[2];           //函数 f2 对 sinai 的偏导数
    }
```

4）根据式（8-19）建立雅可比矩阵$\boldsymbol{J}$。

```
mat_set_row(jacob3,0,df0_ds[0],df0_ds[1],df0_ds[3],0);
mat_set_row(jacob3,1,df1_ds[0],df1_ds[1],df1_ds[3],0);
mat_set_row(jacob3,2,df2_ds[0],df2_ds[1],df2_ds[3],0);
mat_set_row(jacob3,3,0,0,0,1);
```

5）根据式（8-20）计算雅可比逆矩阵$\boldsymbol{J}^{-1}$。

```
inv_jacob3=mat_inverse(jacob3);
```

6）计算$\sin\alpha_0$，$\sin\alpha_1$，$\sin\alpha_3$的更新值。

```
vector2[0]=f0;
vector2[1]=f1;
vector2[2]=f2;
vector2[3]=0;

temp=mat_mult_vector(inv_jacob3,vector2);
```

```
si[0]=si[0]-temp[0];                    //sina0
si[1]=si[1]-temp[1];                    //sina1
si[3]=si[3]-temp[2];                    //sina3
```

7）进行sinα_i 值溢出处理，如果sinα_i 发生溢出，重新设定初值。

```
for(i=0;i<CONST.MAX_AXIS;i++){
  if(si[i]>0.99999999)si[i]=0.99999999f;
  if(si[i]<-0.99999999)si[i]=-0.99999999f;
  }
```

8）迭代计算完成，处理返回值

```
for(i=0;i<4 ;i++)
axis[i]=(float)Math.toDegrees(Math.asin(si[i]));

axis[2]=ax_now[2];
axis[4]=ax_now[4];
axis[5]=ax_now[5];
return axis;
```

8.3.5 示例程序 space_to_axis()

由 $P_t(x, y, z)$、工具方向矢量（u, v, w）和关节转角 α_2 计算关节转角 α_0，α_1，α_3，α_4，α_5。程序入口为 float[ ]space_to_axis(float[ ]pos,float[ ]ax_now)。程序输入变量为 pos[0]、pos[1]、pos[2]、pos[3]、pos[4]、pos[5]、pos[6]，即 x、y、z、u、v、w、α_2，以及 ax_now[0]，ax_now[1]，ax_now[2]，ax_now[3]，ax_now[4]，ax_now[5]，即当前关节转角 α_0，α_1，α_2，α_3，α_4，α_5。程序组成部分如下。

1. 变量定义

```
float[ ]axis=new float[TRANS_AXIS];       //关节转角返回值 a0,a1,a2,a3,a4,a5
float[ ]pos_act=new float[TRANS_AXIS];    //工具位置和姿态
float[ ]pos_start=new float[TRANS_AXIS];  //工具起点位置和姿态
float[ ]pos_end=new float[TRANS_AXIS];    //工具终点位置和姿态
float[ ]dL=new float[TRANS_AXIS];         //迭代位置和姿态增量
float[ ]ax_act=new float[TRANS_AXIS];     //当前关节转角

float[ ]a45=new float[TRANS_AXIS];        //关节转角 a4,a5
floatdx,dy,dz;                            //工具位置误差
floatxe=pos[0],ye=pos[1],ze=pos[2];       //工具迭代终点位置
floatue=pos[3],ve=pos[4],we=pos[5];       //工具迭代终点姿态
floatxi,yi,zi,ui,vi,wi;                   //迭代位置和姿态
intrecu_n=8;                              //迭代次数
inti,j;
```

2. 计算单位工具方向矢量

```
floatuvw=(float)Math.sqrt(ue*ue+ve*ve+we*we);
ue=ue/uvw;
ve=ve/uvw;
we=we/uvw;
```

3. 设定迭代终点位置和工具方向矢量

```
pos_end[0]=xe;
pos_end[1]=ye;
pos_end[2]=ze;
pos_end[3]=ue;
pos_end[4]=ve;
pos_end[5]=we;
```

4. 计算当前工具位置和工具方向矢量

```
pos_start=axis_to_space(ax_now);
```

5. 计算迭代点的工具位置和工具方向矢量的增量

根据式（8-2）计算每个迭代周期的工具位置和方向矢量的增量。

```
for(i=0;i<TRANS_AXIS;i++){
  dL[i]=(pos_end[i]-pos_start[i])/recu_n;
  ax_act[i]=ax_now[i];
}
```

6. 迭代计算

```
for(j=0;j<=recu_n+2;j++){
```

1）根据式（8-3）更新迭代位置和工具方向矢量。

```
if(j<recu_n){
    xi=pos_start[0]+dL[0]*(j+1);
    yi=pos_start[1]+dL[1]*(j+1);
    zi=pos_start[2]+dL[2]*(j+1);
    ui=pos_start[3]+dL[3]*(j+1);
    vi=pos_start[4]+dL[4]*(j+1);
    wi=pos_start[5]+dL[5]*(j+1);
    }
  else{
    //到达迭代终点
    xi=pos_end[0];
    yi=pos_end[1];
    zi=pos_end[2];
    ui=pos_end[3];
    vi=pos_end[4];
    wi=pos_end[5];
```

```
}
```

2）根据式（8-5）~式（8-10）计算关节转角 α_4 和 α_5。

```
ax_act[2]=pos[CONST.q_axis];              //关节转角a2的给定值
  a45=get_a45(ax_act,ui,vi,wi);
ax_act[4]=a45[4];                         //关节转角a4更新值
ax_act[5]=a45[5];                         //关节转角a5更新值
```

3）计算 α_0，α_1，α_3。

```
pos_act[0]=xi;
pos_act[1]=yi;
pos_act[2]=zi;

ax_act=space_a45_to_a013(pos_act,ax_act,1);
  }//for(j=0;j<=recu_n;j++)
```

7. 输出返回值

```
for(i=0;i<TRANS_AXIS;i++)
  axis[i]=ax_act[i];
return axis;
```

8.3.6 示例程序 uvwx_to_a6()

由关节转角 α_0，α_1，α_2，α_3，α_4，α_5 和工具方向矢量（u_x，v_x，w_x）计算关节转角 α_6。本程序示例与第6章程序示例4的程序完全相同，参见附录F的F.2节。

8.3.7 示例程序 space_tool_to_axis()

由工具位置 $P_t(x, y, z)$ 和工具坐标系旋转姿态角 Φ、Ψ、θ 求解关节转角 α_0，α_1 和 α_3，α_4，α_5，α_6。与第6.4节示例程序4的程序相同，参见附录F的F.2节。

8.4 测试计算程序示例

1. 添加测试变量

在附录A所列主程序 MainActivity 中添加测试程序变量。

```
public classMainActivity extends Activity {
//…略…
protected voidonCreate(Bundle savedInstanceState){

//---测试程序变量---
_coord_trans_k coord_trans=new _coord_trans_k();          //导入程序示例1坐标变换类
//…略…
_coord_trans_f7 coord_trans7=new _coord_trans_f7();       //导入程序示例6坐标变换类
```

2. 测试计算程序

在附录A所列主程序MainActivity的onCreate（Bundle savedInstanceState）中添加坐标逆变换测试程序。给定工具位置和旋转姿态角参数x、y、z、Φ、Ψ、θ及关节转角α_2的7组测试数据，通过坐标逆变换计算关节转角α_0，α_1和α_3，α_4，α_5，α_6，然后用坐标正变换计算方法检验坐标逆变换的计算结果，过程如下。

1）清除屏幕。

```
view.setText("");
```

2）给定工具位置和旋转姿态角参数x、y、z、Φ、Ψ、θ及关节转角α_2的第1组测试数据。

```
pos_space[0]=700;                    //x
pos_space[1]=-100;                   //y
pos_space[2]=300;                    //z
pos_space[3]=0;                      //Φ
pos_space[4]=0;                      //Ψ
pos_space[5]=0;                      //θ
pos_space[6]=0;                      //a2
```

3）设定关节转角α_0，α_1，α_2，α_3，α_4，α_5的初值。

```
ax_now[0]=0;
ax_now[1]=0;
//…略…
```

4）显示工具位置和旋转姿态角参数x、y、z、Φ、Ψ、θ及关节转角α_2。

```
str="\n \n x/y/z/Φ/Ψ/θ/a2: ";
for(i=0;i<7;i++) str=str+pos_space[i]+"/";
```

5）用坐标逆变换程序计算关节转角α_0，α_1和α_3，α_4，α_5，α_6。

```
axis=coord_trans7.space_tool_to_axis(pos_space,ax_now,0,0);
```

6）显示关节转角α_0，α_1，α_2，α_3，α_4，α_5，α_6。

```
str=str+"\n a0...a6: ";
for(i=0;i<7;i++) str=str+axis[i]+"/";
```

7）验算工具位置和旋转姿态角参数x、y、z、Φ、Ψ、θ。

```
pos_space=coord_trans7.axis_to_space_op(axis);
```

8）显示工具位置和旋转姿态角参数x、y、z、Φ、Ψ、θ及关节转角α_2验算结果。

```
str=str+"\n 验算 x/y/z/Φ/Ψ/θ/a2: ";
for(i=0;i<7;i++) str=str+pos_space[i]+"/";
```

9）进行第2~7组测试数据测试。

```
//--- 工具位置和旋转姿态角参数 x, y, z, Φ, Ψ, θ 和关节转角 a2 第 2 组测试数据---
//以下给定测试值和测试过程程序省略
```

10）显示。

```
view.append(str);
```

3. 测试计算结果

1）关节转角$\alpha_2=0$时，工具位置和旋转姿态角参数x、y、z、Φ、Ψ、θ及关节转

角 α_2 的 4 组坐标逆变换测试数据如图 8-3 所示，在机器人虚拟仿真系统上获得的机器人工具位置和姿态及关节转角与第 6 章程序示例 4 的测试结果相同，如图 6-6 和图 6-7 所示。

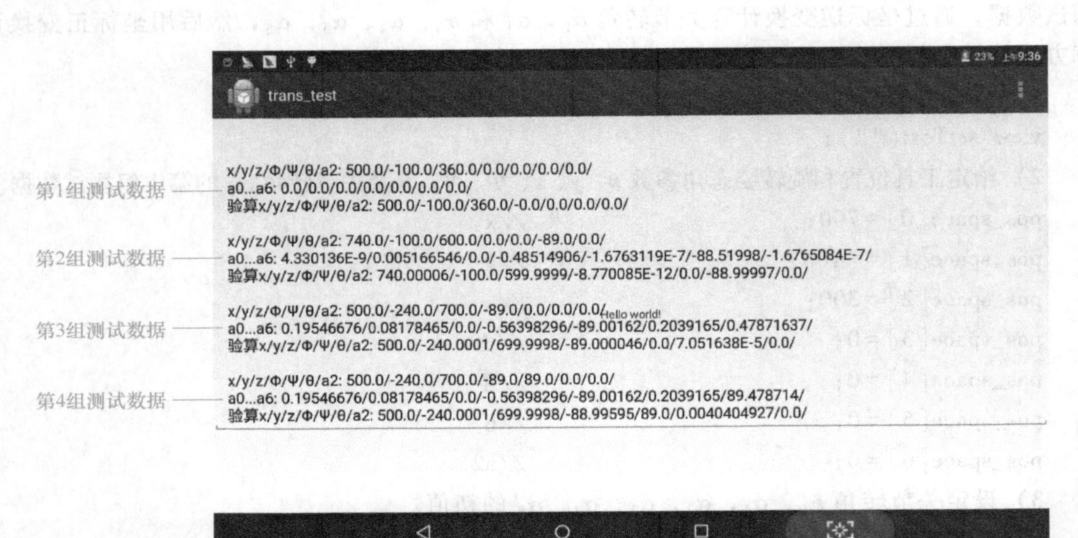

图 8-3　$\alpha_2=0$ 时的 4 组坐标逆变换测试数据

由图 8-3 所示结果可以看出，对于第 1 组测试数据，有

$$x=500,\ y=-100,\ z=360,\ \Phi=0,\ \Psi=0,\ \theta=0,\ \alpha_2=0$$

$$\alpha_0=0,\ \alpha_1=0,\ \alpha_3=0,\ \alpha_4=0,\ \alpha_5=0,\ \alpha_6=0$$

对于第 2 组测试数据，有

$$x=740,\ y=-100,\ z=600,\ \Phi=0,\ \Psi=0,\ \theta=-89,\ \alpha_2=0$$

$$\alpha_0=0,\ \alpha_1=0.01,\ \alpha_3=-0.49,\ \alpha_4=0,\ \alpha_5=-88.52,\ \alpha_6=0$$

对于第 3 组测试数据，有

$$x=500,\ y=-240,\ z=700,\ \Phi=-89,\ \Psi=0,\ \theta=0,\ \alpha_2=0$$

$$\alpha_0=0.20,\ \alpha_1=0.12,\ \alpha_3=-0.56,\ \alpha_4=-89.00,\ \alpha_5=0.20,\ \alpha_6=0.48$$

对于第 4 组测试数据，有

$$x=500,\ y=-240,\ z=700,\ \Phi=-89,\ \Psi=89,\ \theta=0,\ \alpha_2=0$$

$$\alpha_0=0.20,\ \alpha_1=0.08,\ \alpha_3=-0.56,\ \alpha_4=-89.00,\ \alpha_5=0.20,\ \alpha_6=89.48$$

由测试数据也可看出与第 6 章程序示例 4 的测试结果基本相同。

2）关节转角 $\alpha_2=0$，90，−90 时，工具位置和旋转姿态角参数的 3 组位形控制的坐标逆变换测试数据如图 8-4 所示。在机器人虚拟仿真系统上获得的机器人工具位置和姿态及关节转角与第 6 章程序示例 4 的测试结果相同，如图 6-8 和图 6-9 所示。

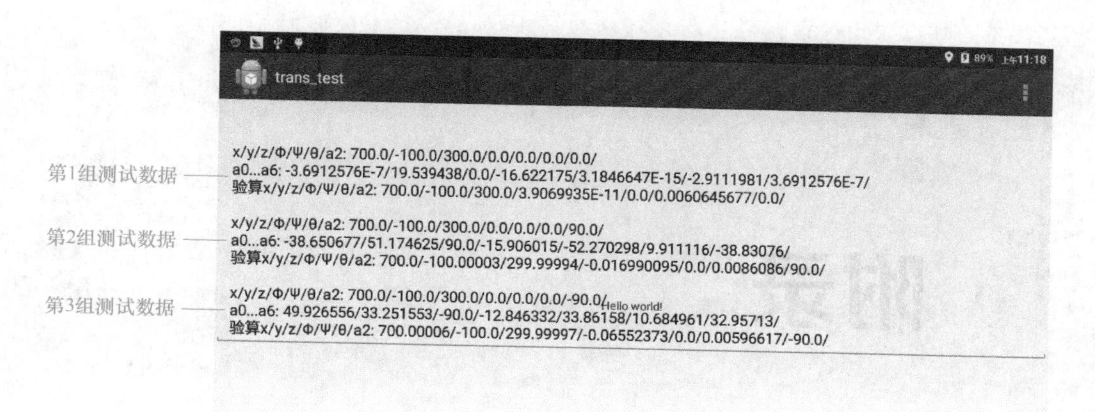

图 8-4　$\alpha_2=0$，90，-90 时的 3 组位形控制的坐标逆变换测试数据

由图 8-4 所示结果可以看出，对于第 1 组测试数据，有

$$x=700,\ y=-100,\ z=300,\ \Phi=0,\ \Psi=0,\ \theta=0,\ \alpha_2=0$$

$$\alpha_0=0,\ \alpha_1=19.54,\ \alpha_3=-16.62,\ \alpha_4=0,\ \alpha_5=-2.91,\ \alpha_6=0$$

对于第 2 组测试数据，有

$$x=700,\ y=-100,\ z=300,\ \Phi=0,\ \Psi=0,\ \theta=0,\ \alpha_2=90$$

$$\alpha_0=-38.65,\ \alpha_1=51.17,\ \alpha_3=-15.90,\ \alpha_4=-52.27,\ \alpha_5=9.91,\ \alpha_6=-38.83$$

对于第 3 组测试数据，有

$$x=700,\ y=-100,\ z=300,\ \Phi=-89,\ \Psi=0,\ \theta=0,\ \alpha_2=-90$$

$$\alpha_0=49.93,\ \alpha_1=33.25,\ \alpha_3=-12.85,\ \alpha_4=33.86,\ \alpha_5=10.68,\ \alpha_6=32.96$$

附录

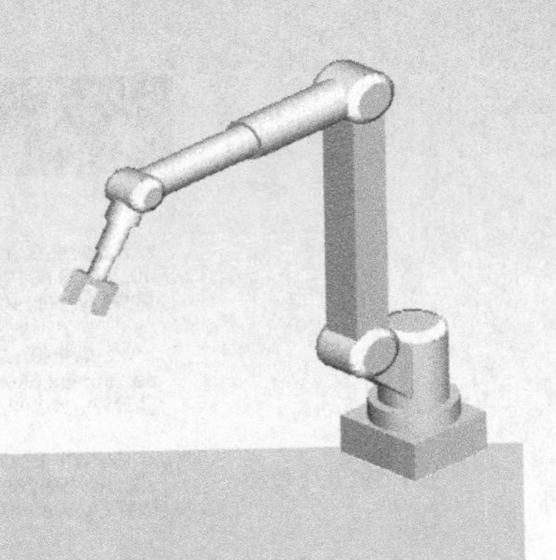

附录 A　主程序 MainActivity

```
package com. example. trans_test;

import android. os. Bundle;
import android. app. Activity;
import android. view. Menu;
import android. widget. EditText;
import android. widget. TextView;

public class MainActivity extends Activity{
@ Override
protected void onCreate( Bundle savedInstanceState) {
super. onCreate( savedInstanceState) ;
setContentView( R. layout. activity_main) ;

//---导入坐标变换类---
_coord_trans_k coord_trans = new _coord_trans_k( ) ;          //示例程序 1 坐标变换类
_coord_trans_u6 coord_trans2 = new _coord_trans_u6( ) ;       //示例程序 2 坐标变换类
_coord_trans_u6r coord_trans3 = new _coord_trans_u6r( ) ;     //示例程序 3 坐标变换类
_coord_trans_fn coord_trans4 = new _coord_trans_fn( ) ;       //示例程序 4 坐标变换类
_coord_trans_h coord_trans5 = new _coord_trans_h( ) ;         //示例程序 5 坐标变换类
_coord_trans_f7 coord_trans7 = new _coord_trans_f7( ) ;       //示例程序 7 坐标变换类
```

```
//---测试程序变量---
EditText view =(EditText)findViewById(R.id.editText1);    //导入屏幕显示控件

float[]pos_space=new float[CONST.MAX_AXIS];    //直角坐标系位置
float[]axis=new float[CONST.MAX_AXIS];    //关节位置
String str="";    //用于显示的字符串
int i;

//----------------------------------------
//程序示例 1 测试程序
//----------------------------------------

//------------------------------
//第 3.2.6 小节坐标正变换计算测试程序示例
//------------------------------
//清除屏幕
view.setText("");

//--- 给定关节转角 a0,a1,a2,a3,a4,a5 第 1 组测试值---
axis[0]=0;    //a0
axis[1]=0;    //a1
axis[2]=0;    //a2
axis[3]=0;    //a3
axis[4]=0;    //a4
axis[5]=0;    //a5

//计算工具位置和姿态参数 x,y,z,Φ,Ψ,θ 第 1 组测试值结果
pos_space=coord_trans.axis_to_space_op(axis);

//显示关节转角 a0,a1,a2,a3,a4,a5
str="\n \n a0...a5:";
for(i=0;i<6;i++)str=str+axis[i]+"/";

//显示工具位置和姿态参数 x,y,z,Φ,Ψ,θ 第 1 组测试值结果
str=str+"\n x/y/z/Φ/Ψ/θ:";
for(i=0;i<6;i++)str=str+pos_space[i]+"/";

//--- 给定关节转角 a0,a1,a2,a3,a4,a5 第 2 组测试值---
```

```
axis[3]=0;
axis[4]=-30;
axis[5]=0;

//计算工具位置和姿态参数 x,y,z,Φ,Ψ,θ 第 2 组测试值结果
pos_space=coord_trans. axis_to_space_op(axis);

//显示关节转角 a0,a1,a2,a3,a4,a5
str=str+" \n \n a0...a5: ";
for(i=0;i<6;i++)str=str+axis[i]+"/";

//显示工具位置和姿态参数 x,y,z,Φ,Ψ,θ 第 2 组测试值结果
str=str+" \n x/y/z/Φ/Ψ/θ: ";
for(i=0;i<6;i++)str=str+pos_space[i]+"/";

//--- 给定关节转角 a0,a1,a2,a3,a4,a5 第 3 组测试值---
axis[3]=30;
axis[4]=0;
axis[5]=60;

//计算工具位置和姿态参数 x,y,z,Φ,Ψ,θ 第 3 组测试值结果
pos_space=coord_trans. axis_to_space_op(axis);

//显示关节转角 a0,a1,a2,a3,a4,a5
str=str+" \n \n a0...a5: ";
for(i=0;i<6;i++)str=str+axis[i]+"/";

//显示工具位置和姿态参数 x,y,z,Φ,Ψ,θ 第 3 组测试值结果
str=str+" \n x/y/z/Φ/Ψ/θ: ";
for(i=0;i<6;i++)str=str+pos_space[i]+"/";

//--------------------------------
//第 3.4.5 小节坐标逆变换计算测试程序示例
//--------------------------------
//---清除屏幕 ---
view. setText("");

//--- 给定工具位置和姿态参数 x,y,z,Φ,Ψ,θ 第 1 组测试值---
pos_space[0]=750;                //x
```

```
pos_space[1]=0;                              //y
pos_space[2]=550;                            //z
pos_space[3]=0;                              //Φ
pos_space[4]=0;                              //Ψ
pos_space[5]=0;                              //θ

//显示工具位置和姿态参数 x,y,z,Φ,Ψ,θ
str=" \n \n x/y/z/Φ/Ψ/θ: ";
for(i=0;i<6;i++) str=str+pos_space[i]+"/";

//计算关节转角 a0,a1,a2,a3,a4,a5
axis=coord_trans. space_tool_to_axis(pos_space);

//显示关节转角 a0,a1,a2,a3,a4,a5
str=str+" \n a0. . . a5: ";
for(i=0;i<6;i++) str=str+axis[i]+"/";

//验算工具位置和姿态参数 x,y,z,Φ,Ψ,θ 第1组测试值计算结果
pos_space=coord_trans. axis_to_space_op(axis);

//显示工具位置和姿态参数 x,y,z,Φ,Ψ,θ 第1组测试值计算结果
str=str+" \n 验算 x/y/z/Φ/Ψ/θ: ";
for(i=0;i<6;i++) str=str+pos_space[i]+"/";

//--- 给定工具位置和姿态参数 x,y,z,Φ,Ψ,θ 第2组测试值---
pos_space[0]=750;                            //x
pos_space[1]=0;                              //y
pos_space[2]=550;                            //z
pos_space[3]=89;                             //Φ
pos_space[4]=0;                              //Ψ
pos_space[5]=0;                              //θ

//显示工具位置和姿态参数 x,y,z,Φ,Ψ,θ
str=str+" \n \n x/y/z/Φ/Ψ/θ: ";
for(i=0;i<6;i++) str=str+pos_space[i]+"/";

//计算关节转角 a0,a1,a2,a3,a4,a5
axis=coord_trans. space_tool_to_axis(pos_space);
```

```
//显示关节转角 a0,a1,a2,a3,a4,a5
str=str+" \n a0... a5: ";
for(i=0;i<6;i++) str=str+axis[i]+"/";

//验算工具位置和姿态参数 x,y,z,Φ,Ψ,θ 第 2 组测试值计算结果
pos_space=coord_trans. axis_to_space_op(axis);

//显示工具位置和姿态参数 x,y,z,Φ,Ψ,θ 第 2 组测试值计算结果
str=str+" \n 验算 x/y/z/Φ/Ψ/θ: ";
for(i=0;i<6;i++) str=str+pos_space[i]+"/";

//--- 给定工具位置和姿态参数 x,y,z,Φ,Ψ,θ 第 3 组测试值---
pos_space[0]=750;                    //x
pos_space[1]=0;                      //y
pos_space[2]=550;                    //z
pos_space[3]=0;                      //Φ
pos_space[4]=89.9f;                  //Ψ
pos_space[5]=0;                      //θ

//显示工具位置和姿态参数 x,y,z,Φ,Ψ,θ
str=str+" \n \n x/y/z/Φ/Ψ/θ: ";
for(i=0;i<6;i++) str=str+pos_space[i]+"/";

//计算关节转角 a0,a1,a2,a3,a4,a5
axis=coord_trans. space_tool_to_axis(pos_space);

//显示关节转角 a0,a1,a2,a3,a4,a5
str=str+" \n a0... a5: ";
for(i=0;i<6;i++) str=str+axis[i]+"/";

//验算工具位置和姿态参数 x,y,z,Φ,Ψ,θ 第 3 组测试值计算结果
pos_space=coord_trans. axis_to_space_op(axis);

//显示工具位置和姿态参数 x,y,z,Φ,Ψ,θ 第 3 组测试值计算结果
str=str+" \n 验算 x/y/z/Φ/Ψ/θ: ";
for(i=0;i<6;i++) str=str+pos_space[i]+"/";

//--- 给定工具位置和姿态参数 x,y,z,Φ,Ψ,θ 第 4 组测试值---
pos_space[0]=750;                    //x
```

```
pos_space[1]=0;                           //y
pos_space[2]=550;                         //z
pos_space[3]=0;                           //Φ
pos_space[4]=0;                           //Ψ
pos_space[5]=-60f;                        //θ

//显示工具位置和姿态参数 x,y,z,Φ,Ψ,θ
str=str+"\n \n x/y/z/Φ/Ψ/θ: ";
for(i=0;i<6;i++) str=str+pos_space[i]+"/";

//计算关节转角 a0,a1,a2,a3,a4,a5
axis=coord_trans. space_tool_to_axis(pos_space);

//显示关节转角 a0,a1,a2,a3,a4,a5
str=str+"\n a0...a5: ";
for(i=0;i<6;i++) str=str+axis[i]+"/";

//验算工具位置和姿态参数 x,y,z,Φ,Ψ,θ 第 4 组测试值结果
pos_space=coord_trans. axis_to_space_op(axis);

//显示工具位置和姿态参数 x,y,z,Φ,Ψ,θ 第 4 组测试值结果
str=str+"\n 验算 x/y/z/Φ/Ψ/θ: ";
for(i=0;i<6;i++) str=str+pos_space[i]+"/";


//------------------------------------
//程序示例 2 测试程序
//------------------------------------


//--------------------------------
//第 4.2.2 小节坐标正变换计算测试程序示例
//--------------------------------
//---清除屏幕 ---
view. setText("");

//--- 给定关节位置关节转角 a0,a1,a2,a3,a4,a5 第 1 组测试值---
axis[0]=0;                                //a0
axis[1]=0;                                //a1
axis[2]=0;                                //a2
```

```
axis[3]=0;                                    //a3
axis[4]=0;                                    //a4
axis[5]=0;                                    //a5

//计算工具位置和姿态参数 x,y,z,Φ,Ψ,θ
pos_space=coord_trans2.axis_to_space_op(axis);

//显示关节转角 a0,a1,a2,a3,a4,a5
str="\n \n a0...a5: ";
for(i=0;i<6;i++)str=str+axis[i]+"/";

//显示工具位置和姿态参数 x,y,z,Φ,Ψ,θ
str=str+"\n x/y/z/Φ/Ψ/θ: ";
for(i=0;i<6;i++)str=str+pos_space[i]+"/";

//--- 给定关节转角 a0,a1,a2,a3,a4,a5 第 2 组测试值---
axis[3]=0;
axis[4]=89.9f;
axis[5]=0;

//计算工具位置和姿态参数 x,y,z,Φ,Ψ,θ
pos_space=coord_trans2.axis_to_space_op(axis);

//显示关节转角 a0,a1,a2,a3,a4,a5
str=str+"\n \n a0...a5: ";
for(i=0;i<6;i++)str=str+axis[i]+"/";

//显示工具位置和姿态参数 x,y,z,Φ,Ψ,θ
str=str+"\n x/y/z/Φ/Ψ/θ: ";
for(i=0;i<6;i++)str=str+pos_space[i]+"/";

//---给定关节转角 a0,a1,a2,a3,a4,a5 第 3 组测试值---
axis[3]=89.99f;
axis[4]=0;
axis[5]=0;

//计算工具位置和姿态参数 x,y,z,Φ,Ψ,θ
pos_space=coord_trans2.axis_to_space_op(axis);

//显示关节转角 a0,a1,a2,a3,a4,a5
```

```
str=str+"\n \n a0...a5: ";
for(i=0;i<6;i++) str=str+axis[i]+"/";

//显示工具位置和姿态角参数 x,y,z,Φ,Ψ,θ
str=str+"\n x/y/z/Φ/Ψ/θ: ";
for(i=0;i<6;i++) str=str+pos_space[i]+"/";

//--- 给定关节转角 a0,a1,a2,a3,a4,a5 第 4 组测试值---
axis[3]=0f;
axis[4]=0;
axis[5]=90;

//计算工具位置和姿态角参数 x,y,z,Φ,Ψ,θ
pos_space=coord_trans2.axis_to_space_op(axis);

//显示关节位置 a0..a5
str=str+"\n \n a0...a5: ";
for(i=0;i<6;i++) str=str+axis[i]+"/";

//显示工具位置和姿态角参数 x,y,z,Φ,Ψ,θ
str=str+"\n x/y/z/Φ/Ψ/θ: ";
for(i=0;i<6;i++) str=str+pos_space[i]+"/";


//------------------------------
//第 4.4.8 小节坐标逆变换计算测试程序示例
//------------------------------
//---清除屏幕 ---
view.setText("");

//--- 给定工具位置和姿态角参数 x,y,z,Φ,Ψ,θ 第 1 组测试值---
pos_space[0]=740;                    //x
pos_space[1]=-100;                   //y
pos_space[2]=800;                    //z
pos_space[3]=0;                      //Φ
pos_space[4]=0;                      //Ψ
pos_space[5]=0;                      //θ

//显示工具位置和姿态角参数 x,y,z,Φ,Ψ,θ
```

```
str = " \n \n x/y/z/Φ/Ψ/θ: ";
for(i=0;i<6;i++) str=str+pos_space[i]+"/";

//计算关节转角 a0,a1,a2,a3,a4,a5
axis=coord_trans2. space_tool_to_axis(pos_space);

//显示关节转角 a0,a1,a2,a3,a4,a5
str=str+" \n a0...a5: ";
for(i=0;i<6;i++) str=str+axis[i]+"/";

//验算工具位置和姿态角参数 x,y,z,Φ,Ψ,θ
pos_space=coord_trans2. axis_to_space_op(axis);

//显示工具位置和姿态角参数 x,y,z,Φ,Ψ,θ
str=str+" \n 验算 x/y/z/Φ/Ψ/θ: ";
for(i=0;i<6;i++) str=str+pos_space[i]+"/";

//--- 给定工具位置和姿态角参数 x,y,z,Φ,Ψ,θ 第 2 组测试值---
pos_space[0] = 740;                    //x
pos_space[1] = -100;                   //y
pos_space[2] = 800;                    //z
pos_space[3] = 90f;                    //Φ
pos_space[4] = 0;                      //Ψ
pos_space[5] = 0;                      //θ

//显示工具位置和姿态角参数 x,y,z,Φ,Ψ,θ
str=str+" \n \n x/y/z/Φ/Ψ/θ: ";
for(i=0;i<6;i++) str=str+pos_space[i]+"/";

//计算关节转角 a0,a1,a2,a3,a4,a5
axis=coord_trans2. space_tool_to_axis(pos_space);

//显示关节转角 a0,a1,a2,a3,a4,a5
str=str+" \n a0...a5: ";
for(i=0;i<6;i++) str=str+axis[i]+"/";

//验算工具位置和姿态角参数 x,y,z,Φ,Ψ,θ
pos_space=coord_trans2. axis_to_space_op(axis);

//显示工具位置和姿态角参数 x,y,z,Φ,Ψ,θ
```

```
str=str+" \n 验算 x/y/z/Φ/Ψ/θ: ";
for(i=0;i<6;i++)str=str+pos_space[i]+"/";

//--- 给定工具位置和姿态角参数 x,y,z,Φ,Ψ,θ 第 3 组测试值---
pos_space[0]=500;                                //x
pos_space[1]=140;                                //y
pos_space[2]=800;                                //z
pos_space[3]=0;                                  //Φ
pos_space[4]=89f;                                //Ψ
pos_space[5]=0;                                  //θ

//显示工具位置和姿态角参数 x,y,z,Φ,Ψ,θ
str=str+" \n \n x/y/z/Φ/Ψ/θ: ";
for(i=0;i<6;i++)str=str+pos_space[i]+"/";

//计算关节转角 a0,a1,a2,a3,a4,a5
axis=coord_trans2.space_tool_to_axis(pos_space);

//显示关节转角 a0,a1,a2,a3,a4,a5
str=str+" \n a0...a5: ";
for(i=0;i<6;i++)str=str+axis[i]+"/";

//验算工具位置和姿态角参数 x,y,z,Φ,Ψ,θ
pos_space=coord_trans2.axis_to_space_op(axis);

//显示工具位置和姿态角参数 x,y,z,Φ,Ψ,θ
str=str+" \n 验算 x/y/z/Φ/Ψ/θ: ";
for(i=0;i<6;i++)str=str+pos_space[i]+"/";

//--- 给定工具位置和姿态角参数 x,y,z,Φ,Ψ,θ 第 4 组测试值---
pos_space[0]=740;                                //x
pos_space[1]=-100;                               //y
pos_space[2]=800;                                //z
pos_space[3]=0;                                  //Φ
pos_space[4]=0;                                  //Ψ
pos_space[5]=50;                                 //θ

//显示工具位置和姿态角参数 x,y,z,Φ,Ψ,θ
str=str+" \n \n x/y/z/Φ/Ψ/θ: ";
```

```
for(i=0;i<6;i++) str=str+pos_space[i]+"/";

//计算关节转角 a0,a1,a2,a3,a4,a5
axis=coord_trans2.space_tool_to_axis(pos_space);

//显示关节转角 a0,a1,a2,a3,a4,a5
str=str+"\n a0...a5: ";
for(i=0;i<6;i++) str=str+axis[i]+"/";

//验算工具位置和姿态角参数 x,y,z,Φ,Ψ,θ
pos_space=coord_trans2.axis_to_space_op(axis);

//显示工具位置和姿态角参数 x,y,z,Φ,Ψ,θ
str=str+"\n 验算 x/y/z/Φ/Ψ/θ: ";
for(i=0;i<6;i++) str=str+pos_space[i]+"/";

//------------------------------------
//程序示例 3 测试程序
//------------------------------------
//--------------------------------
//第 5.2.2 小节坐标正变换计算测试程序示例
//--------------------------------
//---清除屏幕---
view.setText("");

//--- 给定关节位置转角 a0,a1,a2,a3,a4,a5 第 1 组测试值---
axis[0]=0;                                   //a0
axis[1]=0;                                   //a1
axis[2]=0;                                   //a2
axis[3]=0;                                   //a3
axis[4]=0;                                   //a4
axis[5]=0;                                   //a5

//计算工具位置和姿态角参数 x,y,z,Φ,Ψ,θ
pos_space=coord_trans3.axis_to_space_op(axis);

//显示关节转角 a0,a1,a2,a3,a4,a5
str="\n \n a0...a5: ";
for(i=0;i<6;i++) str=str+axis[i]+"/";
```

```
//显示工具位置和姿态角参数 x,y,z,Φ,Ψ,θ
str=str+" \n x/y/z/Φ/Ψ/θ: ";
for(i=0;i<6;i++) str=str+pos_space[i]+"/";

//--- 给定关节转角 a0,a1,a2,a3,a4,a5 第 2 组测试值---
axis[3]=0;
axis[4]=-90;
axis[5]=0;

//计算工具位置和姿态角参数 x,y,z,Φ,Ψ,θ
pos_space=coord_trans3.axis_to_space_op(axis);

//显示关节转角 a0,a1,a2,a3,a4,a5
str=str+" \n \n a0...a5: ";
for(i=0;i<6;i++) str=str+axis[i]+"/";

//显示工具位置和姿态角参数 x,y,z,Φ,Ψ,θ
str=str+" \n x/y/z/Φ/Ψ/θ: ";
for(i=0;i<6;i++) str=str+pos_space[i]+"/";

axis[3]=-89.999f;
axis[4]=0;
axis[5]=0;

//计算工具位置和姿态角参数 x,y,z,Φ,Ψ,θ
pos_space=coord_trans3.axis_to_space_op(axis);

//显示关节位置转角 a0,a1,a2,a3,a4,a5
str=str+" \n \n a0...a5: ";
for(i=0;i<6;i++) str=str+axis[i]+"/";

//显示工具位置和姿态角参数 x,y,z,Φ,Ψ,θ
str=str+" \n x/y/z/Φ/Ψ/θ: ";
for(i=0;i<6;i++) str=str+pos_space[i]+"/";

//--- 给定关节转角 a0,a1,a2,a3,a4,a5 第 3 组测试值---
axis[3]=0f;
axis[4]=0;
```

```
axis[5]=90;

//计算工具位置和姿态角参数 x,y,z,Φ,Ψ,θ
pos_space=coord_trans3.axis_to_space_op(axis);

//显示关节转角 a0,a1,a2,a3,a4,a5
str=str+" \n \n a0...a5: ";
for(i=0;i<6;i++) str=str+axis[i]+"/";

//显示工具位置和姿态角参数 x,y,z,Φ,Ψ,θ
str=str+" \n x/y/z/Φ/Ψ/θ: ";
for(i=0;i<6;i++) str=str+pos_space[i]+"/";

//------------------------------
//第 5.4.8 小节坐标逆变换计算测试程序示例
//------------------------------
//---清除屏幕---
view.setText("");

//--- 给定工具位置和姿态角参数 x,y,z,Φ,Ψ,θ 第 1 组测试值---
pos_space[0]=600;                    //x
pos_space[1]=-100;                   //y
pos_space[2]=660;                    //z
pos_space[3]=0;                      //Φ
pos_space[4]=0;                      //Ψ
pos_space[5]=0;                      //θ

//显示工具位置和姿态角参数 x,y,z,Φ,Ψ,θ
str=" \n \n x/y/z/Φ/Ψ/θ: ";
for(i=0;i<6;i++) str=str+pos_space[i]+"/";

//计算关节转角 a0,a1,a2,a3,a4,a5
axis=coord_trans3.space_tool_to_axis(pos_space);

//显示关节转角 a0,a1,a2,a3,a4,a5
str=str+" \n a0...a5: ";
for(i=0;i<6;i++) str=str+axis[i]+"/";

//验算工具位置和姿态角参数 x,y,z,Φ,Ψ,θ
```

```
pos_space=coord_trans3. axis_to_space_op(axis);

//显示工具位置和姿态角参数 x,y,z,Φ,Ψ,θ
str=str+" \n 验算 x/y/z/Φ/Ψ/θ: ";
for(i=0;i<6;i++) str=str+pos_space[i]+"/";

//--- 给定工具位置和姿态角参数 x,y,z,Φ,Ψ,θ 第 2 组测试值---
pos_space[0]=600;                    //x
pos_space[1]=140;                    //y
pos_space[2]=800;                    //z
pos_space[3]=89f;                    //Φ
pos_space[4]=0;                      //Ψ
pos_space[5]=0;                      //θ

//显示工具位置和姿态角参数 x,y,z,Φ,Ψ,θ
str=str+" \n \n x/y/z/Φ/Ψ/θ: ";
for(i=0;i<6;i++) str=str+pos_space[i]+"/";

//计算关节转角 a0,a1,a2,a3,a4,a5
axis=coord_trans3. space_tool_to_axis(pos_space);

//显示关节转角 a0,a1,a2,a3,a4,a5
str=str+" \n a0... a5: ";
for(i=0;i<6;i++) str=str+axis[i]+"/";

//验算工具位置和姿态角参数 x,y,z,Φ,Ψ,θ
pos_space=coord_trans3. axis_to_space_op(axis);

//显示工具位置和姿态角参数 x,y,z,Φ,Ψ,θ
str=str+" \n 验算 x/y/z/Φ/Ψ/θ: ";
for(i=0;i<6;i++) str=str+pos_space[i]+"/";

//---给定工具位置和姿态角参数 x,y,z,Φ,Ψ,θ 第 3 组测试值---
pos_space[0]=600;                    //x
pos_space[1]=-100;                   //y
pos_space[2]=660;                    //z
pos_space[3]=0;                      //Φ
pos_space[4]=90f;                    //Ψ
```

```
pos_space[5]=0;                          //θ

//显示工具位置和姿态角参数 x,y,z,Φ,Ψ,θ
str=str+" \n \n x/y/z/Φ/Ψ/θ: ";
for(i=0;i<6;i++) str=str+pos_space[i]+"/";

//计算关节转角 a0,a1,a2,a3,a4,a5
axis=coord_trans3. space_tool_to_axis(pos_space);

//显示关节转角 a0,a1,a2,a3,a4,a5
str=str+" \n a0... a5: ";
for(i=0;i<6;i++) str=str+axis[i]+"/";

//验算工具位置和姿态角参数 x,y,z,Φ,Ψ,θ
pos_space=coord_trans3. axis_to_space_op(axis);

//显示工具位置和姿态角参数 x,y,z,Φ,Ψ,θ
str=str+" \n 验算 x/y/z/Φ/Ψ/θ: ";
for(i=0;i<6;i++) str=str+pos_space[i]+"/";

//---给定工具位置和姿态角参数 x,y,z,Φ,Ψ,θ 第 4 组测试值---
pos_space[0]=600;                        //x
pos_space[1]=-100;                       //y
pos_space[2]=660;                        //z
pos_space[3]=0;                          //Φ
pos_space[4]=0;                          //Ψ
pos_space[5]=-60;                        //θ

//显示工具位置和姿态角参数 x,y,z,Φ,Ψ,θ
str=str+" \n \n x/y/z/Φ/Ψ/θ: ";
for(i=0;i<6;i++) str=str+pos_space[i]+"/";

//计算关节转角 a0,a1,a2,a3,a4,a5
axis=coord_trans3. space_tool_to_axis(pos_space);

//显示关节转角 a0,a1,a2,a3,a4,a5
str=str+" \n a0... a5: ";
for(i=0;i<6;i++) str=str+axis[i]+"/";

//验算工具位置和姿态角参数 x,y,z,Φ,Ψ,θ
```

```
pos_space = coord_trans3. axis_to_space_op( axis) ;

//显示工具位置和姿态角参数 x,y,z,Φ,Ψ,θ
str = str+" \n 验算 x/y/z/Φ/Ψ/θ: " ;
for( i = 0;i<6;i++) str = str+pos_space[ i] +"/" ;


//-----------------------------------
//程序示例 4 测试程序
//-----------------------------------
//--------------------------------
//第 6.2 节坐标正变换计算测试程序示例
//--------------------------------
//---清除屏幕 ---
view. setText( "" ) ;

//----给定关节转角 a0,a1,a2,a3,a4,a5,a6 第 1 组测试值---
axis[ 0] = 0;                                    //a0
axis[ 1] = 0;                                    //a1
axis[ 2] = 0;                                    //a2
axis[ 3] = 0;                                    //a3
axis[ 4] = 0;                                    //a4
axis[ 5] = 0;                                    //a5
axis[ 6] = 0;                                    //a6

//计算工具位置和姿态角参数 x,y,z,Φ,Ψ,θ
pos_space = coord_trans4. axis_to_space_op( axis) ;

//显示关节转角 a0,a1,a2,a3,a4,a5,a6
str = " \n \n a0... a6: " ;
for( i = 0;i<7;i++) str = str+axis[ i] +"/" ;

//显示工具位置和姿态角参数 x,y,z,Φ,Ψ,θ
str = str+" \n x/y/z/Φ/Ψ/θ: " ;
for( i = 0;i<6;i++) str = str+pos_space[ i] +"/" ;

//--- 给定关节转角 a0,a1,a2,a3,a4,a5,a6 第 2 组测试值---
axis[ 4] = 0;
axis[ 5] = -89.999f;
```

```
axis[6]=0;

//计算工具位置和姿态角参数 x,y,z,Φ,Ψ,θ
pos_space=coord_trans4. axis_to_space_op(axis);

//显示关节转角 a0,a1,a2,a3,a4,a5,a6
str=str+"\n \n a0... a6: ";
for(i=0;i<7;i++) str=str+axis[i]+"/";

//显示工具位置和姿态角参数 x,y,z,Φ,Ψ,θ
str=str+"\n x/y/z/Φ/Ψ/θ: ";
for(i=0;i<6;i++) str=str+pos_space[i]+"/";

//--- 给定关节转角 a0,a1,a2,a3,a4,a5,a6 第 3 组测试值---
axis[4]=-89.999f;
axis[5]=0;
axis[6]=0;

//计算工具位置和姿态角参数 x,y,z,Φ,Ψ,θ
pos_space=coord_trans4. axis_to_space_op(axis);

//显示关节转角 a0,a1,a2,a3,a4,a5,a6
str=str+"\n \n a0... a6: ";
for(i=0;i<6;i++) str=str+axis[i]+"/";

//显示工具位置和姿态角参数 x,y,z,Φ,Ψ,θ
str=str+"\n x/y/z/Φ/Ψ/θ: ";
for(i=0;i<6;i++) str=str+pos_space[i]+"/";

//--- 给定关节转角 a0,a1,a2,a3,a4,a5,a6 第 4 组测试值---
axis[2]=90f;
axis[3]=0;
axis[4]=0;
axis[5]=0f;
axis[6]=0f;

//计算工具位置和姿态角参数 x,y,z,Φ,Ψ,θ
pos_space=coord_trans4. axis_to_space_op(axis);

//显示关节转角 a0,a1,a2,a3,a4,a5,a6
```

```
str=str+" \n \n a0...a6: ";
for(i=0;i<7;i++)str=str+axis[i]+"/";

//显示工具位置和姿态角参数 x,y,z,Φ,Ψ,θ
str=str+" \n x/y/z/Φ/Ψ/θ: ";
for(i=0;i<6;i++)str=str+pos_space[i]+"/";

//-------------------------------
//第 6.4 节坐标逆变换计算测试程序示例
//-------------------------------
//---清除屏幕 ---
view.setText("");
float[]ax_now=new float[CONST.MAX_AXIS];    //a0,a1,a3,a4,a5 的初值

//---给定工具位置和姿态角参数 x,y,z,Φ,Ψ,θ 及关节转角 a2 第 1 组测试值---
pos_space[0]=500;                    //x
pos_space[1]=-100;                   //y
pos_space[2]=360;                    //z
pos_space[3]=0;                      //Φ
pos_space[4]=0;                      //Ψ
pos_space[5]=0;                      //θ
pos_space[6]=0;                      //a2

//---设定关节转角 a0,a1,a3,a3,a4,a5 的初值---
ax_now[0]=0;
ax_now[1]=0;

//显示工具位置和姿态角参数 x,y,z,Φ,Ψ,θ 及关节转角 a2
str=" \n \n x/y/z/Φ/Ψ/θ/a2: ";
for(i=0;i<7;i++)str=str+pos_space[i]+"/";

//计算关节转角 a0,a1,a2,a3,a4,a5,a6
axis=coord_trans4.space_tool_to_axis(pos_space,ax_now);

//显示关节转角 a0,a1,a2,a3,a4,a5,a6
str=str+" \n a0...a6: ";
for(i=0;i<7;i++)str=str+axis[i]+"/";

//验算工具位置和姿态角参数 x,y,z,Φ,Ψ,θ 及关节转角 a2
```

```
pos_space=coord_trans4. axis_to_space_op(axis);

//显示工具位置和姿态角参数 x,y,z,Φ,Ψ,θ 及关节转角 a2
str=str+" \n 验算 x/y/z/Φ/Ψ/θ/a2: ";
for(i=0;i<7;i++) str=str+pos_space[i]+"/";

//--- 给定工具位置和姿态角参数 x,y,z,Φ,Ψ,θ 及关节转角 a2 第 2 组测试值---
pos_space[0]=740;                         //x
pos_space[1]=-100;                        //y
pos_space[2]=600;                         //z
pos_space[3]=0;                           //Φ
pos_space[4]=0;                           //Ψ
pos_space[5]=-89;                         //θ
pos_space[6]=0;                           //a2

//---设定 a5 初值 ---
ax_now[5]=-88;

//显示工具位置和姿态角参数 x,y,z,Φ,Ψ,θ 及关节转角 a2
str=str+" \n \n x/y/z/Φ/Ψ/θ/a2: ";
for(i=0;i<7;i++) str=str+pos_space[i]+"/";

//计算关节转角 a0,a1,a2,a3,a4,a5,a6
axis=coord_trans4. space_tool_to_axis(pos_space,ax_now);

//显示关节转角 a0,a1,a2,a3,a4,a5,a6
str=str+" \n a0. . . a6: ";
for(i=0;i<7;i++) str=str+axis[i]+"/";

//验算工具位置和姿态角参数 x,y,z,Φ,Ψ,θ 及关节转角 a2
pos_space=coord_trans4. axis_to_space_op(axis);

//显示工具位置和姿态角参数 x,y,z,Φ,Ψ,θ 及关节转角 a2
str=str+" \n 验算 x/y/z/Φ/Ψ/θ/a2: ";
for(i=0;i<7;i++) str=str+pos_space[i]+"/";

//--- 给定工具位置和姿态角参数 x,y,z,Φ,Ψ,θ 及关节转角 a2 第 3 组测试值---
pos_space[0]=500;                         //x
pos_space[1]=-240;                        //y
```

```
pos_space[2]=700;                          //z
pos_space[3]=-89;                          //Φ
pos_space[4]=0;                            //Ψ
pos_space[5]=0;                            //θ
pos_space[6]=0;                            //a2

//---设定 a4 初值---
ax_now[4]=-80;
ax_now[5]=0;

//显示工具位置和姿态角参数 x,y,z,Φ,Ψ,θ 及关节转角 a2
str=str+"\n \n x/y/z/Φ/Ψ/θ/a2: ";
for(i=0;i<7;i++)str=str+pos_space[i]+"/";

//计算关节转角 a0,a1,a2,a3,a4,a5,a6
axis=coord_trans4.space_tool_to_axis(pos_space,ax_now);

//显示关节转角 a0,a1,a2,a3,a4,a5,a6
str=str+"\n a0...a6: ";
for(i=0;i<7;i++)str=str+axis[i]+"/";

//验算工具位置和姿态角参数 x,y,z,Φ,Ψ,θ 及关节转角 a2
pos_space=coord_trans4.axis_to_space_op(axis);

//显示工具位置和姿态角参数 x,y,z,Φ,Ψ,θ 及关节转角 a2
str=str+"\n 验算 x/y/z/Φ/Ψ/θ/a2: ";
for(i=0;i<7;i++)str=str+pos_space[i]+"/";


//---给定工具位置和姿态角参数 x,y,z,Φ,Ψ,θ 及关节转角 a2 第 4 组测试值---
pos_space[0]=500;                          //x
pos_space[1]=-240;                         //y
pos_space[2]=700;                          //z
pos_space[3]=-89;                          //Φ
pos_space[4]=90f;                          //Ψ
pos_space[5]=0;                            //θ
pos_space[6]=0;                            //a2

//---设定 a4 初值 ---
```

```
ax_now[4]=-80;

//显示工具位置和姿态角参数 x,y,z,Φ,Ψ,θ 及关节转角 a2
str=str+"\n \n x/y/z/Φ/Ψ/θ/a2: ";
for(i=0;i<7;i++) str=str+pos_space[i]+"/";

//计算关节转角 a0,a1,a2,a3,a4,a5,a6
axis=coord_trans4. space_tool_to_axis(pos_space,ax_now);

//显示关节转角 a0,a1,a2,a3,a4,a5,a6
str=str+" \n a0... a6: ";
for(i=0;i<7;i++) str=str+axis[i]+"/";

//验算工具位置和姿态角参数 x,y,z,Φ,Ψ,θ 及关节转角 a2
pos_space=coord_trans4. axis_to_space_op(axis);

//显示工具位置和姿态角参数 x,y,z,Φ,Ψ,θ 及关节转角 a2
str=str+" \n 验算 x/y/z/Φ/Ψ/θ/a2: ";
for(i=0;i<7;i++) str=str+pos_space[i]+"/";

//--- 给定工具位置和姿态角参数 x,y,z,Φ,Ψ,θ 及关节转角 a2 第 5 组测试值---
pos_space[0]=700;                                  //x
pos_space[1]=-100;                                 //y
pos_space[2]=300;                                  //z
pos_space[3]=0;                                    //Φ
pos_space[4]=0f;                                   //Ψ
pos_space[5]=0;                                    //θ
pos_space[6]=0;                                    //a2

//---设定 a4 初值 ---
ax_now[4]=0;

//显示工具位置和姿态角参数 x,y,z,Φ,Ψ,θ 及关节转角 a2
str=" \n \n x/y/z/Φ/Ψ/θ/a2: ";
for(i=0;i<7;i++) str=str+pos_space[i]+"/";

//计算关节转角 a0,a1,a2,a3,a4,a5,a6
axis=coord_trans4. space_tool_to_axis(pos_space,ax_now);
```

```
//显示关节转角 a0,a1,a2,a3,a4,a5,a6
str=str+" \n a0...a6: ";
for(i=0;i<7;i++) str=str+axis[i]+"/";

//验算工具位置和姿态角参数 x,y,z,Φ,Ψ,θ 及关节转角 a2
pos_space=coord_trans4.axis_to_space_op(axis);

//显示工具位置和姿态角参数 x,y,z,Φ,Ψ,θ 及关节转角 a2
str=str+" \n 验算 x/y/z/Φ/Ψ/θ/a2: ";
for(i=0;i<7;i++) str=str+pos_space[i]+"/";

//--- 给定工具位置和姿态角参数 x,y,z,Φ,Ψ,θ 及关节转角 a2 第 6 组测试值---
pos_space[0]=700;                    //x
pos_space[1]=-100;                   //y
pos_space[2]=300;                    //z
pos_space[3]=0;                      //Φ
pos_space[4]=0f;                     //Ψ
pos_space[5]=0;                      //θ
pos_space[6]=90;                     //a2

//---设定 a0,a1,a3,a4,a5 初值---
ax_now[0]=-30;
ax_now[1]=50;
ax_now[3]=-15;
ax_now[4]=-45;
ax_now[5]=10;

//显示工具位置和姿态角参数 x,y,z,Φ,Ψ,θ 及关节转角 a2
str=str+" \n \n x/y/z/Φ/Ψ/θ/a2: ";
for(i=0;i<7;i++) str=str+pos_space[i]+"/";

//计算关节转角 a0,a1,a2,a3,a4,a5,a6
axis=coord_trans4.space_tool_to_axis(pos_space,ax_now);

//显示关节转角 a0,a1,a2,a3,a4,a5,a6
str=str+" \n a0...a6: ";
for(i=0;i<7;i++) str=str+axis[i]+"/";
```

```
//验算工具位置和姿态角参数 x,y,z,Φ,Ψ,θ 及关节转角 a2
pos_space=coord_trans4. axis_to_space_op(axis);

//显示工具位置和姿态角参数 x,y,z,Φ,Ψ,θ 及关节转角 a2
str=str+" \n 验算 x/y/z/Φ/Ψ/θ/a2: ";
for(i=0;i<7;i++) str=str+pos_space[i]+"/";

//--- 给定工具位置和姿态角参数 x,y,z,Φ,Ψ,θ 及关节转角 a2 第 7 组测试值---
pos_space[0]=700;                               //x
pos_space[1]=-100;                              //y
pos_space[2]=300;                               //z
pos_space[3]=0;                                 //Φ
pos_space[4]=0f;                                //Ψ
pos_space[5]=0;                                 //θ
pos_space[6]=-90;                               //a2

//---设定 a0,a1,a3,a4,a5 初值---
ax_now[0]=40;
ax_now[1]=30;
ax_now[3]=-10;
ax_now[4]=30;
ax_now[5]=10;

//显示工具位置和姿态角参数 x,y,z,Φ,Ψ,θ 及关节转角 a2
str=str+" \n \n x/y/z/Φ/Ψ/θ/a2: ";
for(i=0;i<7;i++) str=str+pos_space[i]+"/";

//计算关节转角 a0,a1,a2,a3,a4,a5,a6
axis=coord_trans4. space_tool_to_axis(pos_space,ax_now);

//显示关节转角 a0,a1,a2,a3,a4,a5,a6
str=str+" \n a0. . . a6: ";
for(i=0;i<7;i++) str=str+axis[i]+"/";

//验算工具位置和姿态角参数 x,y,z,Φ,Ψ,θ 及关节转角 a2
pos_space=coord_trans4. axis_to_space_op(axis);

//显示工具位置和姿态角参数 x,y,z,Φ,Ψ,θ 及关节转角 a2
str=str+" \n 验算 x/y/z/Φ/Ψ/θ/a2: ";
```

```
for(i=0;i<7;i++) str=str+pos_space[i]+"/";


//----------------------------------
//程序示例 5 测试程序
//----------------------------------
//-----------------------------
//第 7.3.7 小节坐标逆变换计算测试程序示例
//第 7.5.3 小节坐标正变换计算测试程序示例
//-----------------------------
//---清除屏幕---
view.setText("");

//--- 给定工具位置和姿态角参数 x,y,z,Φ,Ψ,θ 第 1 组测试值---
pos_space[0]=0;                                      //x
pos_space[1]=0;                                      //y
pos_space[2]=-600;                                   //z
pos_space[3]=0;                                      //Φ
pos_space[4]=0;                                      //Ψ
pos_space[5]=0;                                      //θ

//显示工具位置和姿态角参数 x,y,z,Φ,Ψ,θ
str="\n \n x/y/z/Φ/Ψ/θ:";
for(i=0;i<6;i++) str=str+pos_space[i]+"/";

//坐标逆变换计算关节转角 a1.0,a1.1,a1.2,a1.3,a1.4,a1.5
coord_trans5.pos_pt_to_6a1(pos_space);

//显示关节转角 a1.0,a1.1,a1.2,a1.3,a1.4,a1.5
str=str+"\n a1[0...5]: ";
for(i=0;i<6;i++) str=str+ROB_MOVE.a1[i]+"/";

//坐标正变换,计算工具位置和姿态角参数 x,y,z,Φ,Ψ,θ
pos_space=coord_trans5.axis_6a1_to_pt(ROB_MOVE.a1);

//显示工具位置和姿态角参数 x,y,z,Φ,Ψ,θ
str=str+"\n x/y/z/Φ/Ψ/θ:";
for(i=0;i<6;i++) str=str+pos_space[i]+"/";
```

```
//--- 给定工具位置和姿态角参数 x,y,z,Φ,Ψ,θ 第 2 组测试值---
pos_space[0]=0;                                    //x
pos_space[1]=0;                                    //y
pos_space[2]=-600;                                 //z
pos_space[3]=0;                                    //Φ
pos_space[4]=45;                                   //Ψ
pos_space[5]=0;                                    //θ

//显示工具位置和姿态角参数 x,y,z,Φ,Ψ,θ
str=str+" \n \n x/y/z/Φ/Ψ/θ:";
for(i=0;i<6;i++)str=str+pos_space[i]+"/";

//计算关节转角 a1.0,a1.1,a1.2,a1.3,a1.4,a1.5
coord_trans5.pos_pt_to_6a1(pos_space);

//显示关节转角 a1.0,a1.1,a1.2,a1.3,a1.4,a1.5
str=str+" \n a1[0...5]: ";
for(i=0;i<6;i++)str=str+ROB_MOVE.a1[i]+"/";

//坐标正变换,计算工具位置和姿态角参数 x,y,z,Φ,Ψ,θ
pos_space=coord_trans5.axis_6a1_to_pt(ROB_MOVE.a1);

//显示工具位置和姿态角参数 x,y,z,Φ,Ψ,θ
str=str+" \n x/y/z/Φ/Ψ/θ:";
for(i=0;i<6;i++)str=str+pos_space[i]+"/";

//--- 给定工具位置和姿态角参数 x,y,z,Φ,Ψ,θ 第 3 组测试值---
pos_space[0]=0;                                    //x
pos_space[1]=100;                                  //y
pos_space[2]=-600;                                 //z
pos_space[3]=45;                                   //Φ
pos_space[4]=0;                                    //Ψ
pos_space[5]=0;                                    //θ

//显示工具位置和姿态角参数 x,y,z,Φ,Ψ,θ
str=str+" \n \n x/y/z/Φ/Ψ/θ:";
for(i=0;i<6;i++)str=str+pos_space[i]+"/";
```

```
//计算关节转角 a1.0,a1.1,a1.2,a1.3,a1.4,a1.5
coord_trans5.pos_pt_to_6a1(pos_space);

//显示关节转角 a1.0,a1.1,a1.2,a1.3,a1.4,a1.5
str=str+"\n a1[0...5]: ";
for(i=0;i<6;i++)str=str+ROB_MOVE.a1[i]+"/";

//坐标正变换,计算工具位置和姿态角参数 x,y,z,Φ,Ψ,θ
pos_space=coord_trans5.axis_6a1_to_pt(ROB_MOVE.a1);

//显示工具位置和姿态角参数 x,y,z,Φ,Ψ,θ
str=str+"\n x/y/z/Φ/Ψ/θ:";
for(i=0;i<6;i++)str=str+pos_space[i]+"/";

//--- 给定工具位置和姿态角参数 x,y,z,Φ,Ψ,θ 第 4 组测试值---
pos_space[0]=100;                    //x
pos_space[1]=0;                      //y
pos_space[2]=-600;                   //z
pos_space[3]=0;                      //Φ
pos_space[4]=0;                      //Ψ
pos_space[5]=-45;                    //θ

//显示工具位置和姿态角参数 x,y,z,Φ,Ψ,θ
str=str+"\n \n x/y/z/Φ/Ψ/θ:";
for(i=0;i<6;i++)str=str+pos_space[i]+"/";


//计算关节转角 a1.0,a1.1,a1.2,a1.3,a1.4,a1.5
coord_trans5.pos_pt_to_6a1(pos_space);

//显示关节转角 a1.0,a1.1,a1.2,a1.3,a1.4,a1.5
str=str+"\n a1[0...5]: ";
for(i=0;i<6;i++)str=str+ROB_MOVE.a1[i]+"/";

//坐标正变换,计算工具位置和姿态角参数 x,y,z,Φ,Ψ,θ
pos_space=coord_trans5.axis_6a1_to_pt(ROB_MOVE.a1);
```

```
//显示工具位置和姿态角参数 x,y,z,Φ,Ψ,θ
str=str+"\n x/y/z/Φ/Ψ/θ:";
for(i=0;i<6;i++) str=str+pos_space[i]+"/";

//-----------------------------------
//程序示例 6 测试程序
//-----------------------------------
//------------------------------
//第 8.4 节坐标逆变换计算测试程序示例
//------------------------------
//---清除屏幕---
view.setText("");
//---设定 a0-a5 初值---
ax_now[0]=0;
ax_now[1]=0;
ax_now[2]=0;
ax_now[3]=0;
ax_now[4]=0;
ax_now[5]=0;

//--- 给定工具位置和姿态角参数 x,y,z,Φ,Ψ,θ 及关节转角 a2---
pos_space[0]=500;                          //x
pos_space[1]=-100;                         //y
pos_space[2]=360;                          //z
pos_space[3]=0;                            //Φ
pos_space[4]=0;                            //Ψ
pos_space[5]=0;                            //θ
pos_space[6]=0;                            //a2

//---设定关节转角 a0,a1,a2,a3,a4,a5 的初值---
ax_now[0]=0;
ax_now[1]=0;

//显示工具位置和姿态角参数 x,y,z,Φ,Ψ,θ 及关节转角 a2
str="\n \n x/y/z/Φ/Ψ/θ/a2: ";
for(i=0;i<7;i++) str=str+pos_space[i]+"/";

//计算关节转角 a0,a1,a2,a3,a4,a5,a6
axis=coord_trans4.space_tool_to_axis(pos_space,ax_now);
```

```
//显示关节转角 a0,a1,a2,a3,a4,a5,a6
str=str+"\n a0...a6: ";
for(i=0;i<7;i++)str=str+axis[i]+"/";

//验算工具位置和姿态角参数 x,y,z,Φ,Ψ,θ 及关节转角 a2
pos_space=coord_trans4.axis_to_space_op(axis);

//显示工具位置和姿态角参数 x,y,z,Φ,Ψ,θ 及关节转角 a2
str=str+"\n 验算 x/y/z/Φ/Ψ/θ/a2: ";
for(i=0;i<7;i++)str=str+pos_space[i]+"/";

//--- 给定工具位置和姿态角参数 x,y,z,Φ,Ψ,θ 及关节转角 a2 第 2 组测试值---
pos_space[0]=740;                                  //x
pos_space[1]=-100;                                 //y
pos_space[2]=600;                                  //z
pos_space[3]=0;                                    //Φ
pos_space[4]=0;                                    //Ψ
pos_space[5]=-89f;                                 //θ
pos_space[6]=0;                                    //a2

//---设定 a5 初值---
ax_now[5]=-88;

//显示工具位置和姿态角参数 x,y,z,Φ,Ψ,θ 及关节转角 a2
str=str+"\n \n x/y/z/Φ/Ψ/θ/a2: ";
for(i=0;i<7;i++)str=str+pos_space[i]+"/";

//计算关节转角 a0,a1,a2,a3,a4,a5,a6
axis=coord_trans4.space_tool_to_axis(pos_space,ax_now);

//显示关节转角 a0,a1,a2,a3,a4,a5,a6
str=str+"\n a0...a6: ";
for(i=0;i<7;i++)str=str+axis[i]+"/";

//验算工具位置和姿态角参数 x,y,z,Φ,Ψ,θ 及关节转角 a2
pos_space=coord_trans4.axis_to_space_op(axis);

//显示工具位置和姿态角参数 x,y,z,Φ,Ψ,θ 及关节转角 a2
```

```
str=str+" \n 验算 x/y/z/Φ/Ψ/θ/a2: ";
for(i=0;i<7;i++) str=str+pos_space[i]+"/";

//--- 给定工具位置和姿态角参数 x,y,z,Φ,Ψ,θ 及关节转角 a2 第 3 组测试值---
pos_space[0]=500;                              //x
pos_space[1]=-240;                             //y
pos_space[2]=700;                              //z
pos_space[3]=-89;                              //Φ
pos_space[4]=0;                                //Ψ
pos_space[5]=0;                                //θ
pos_space[6]=0;                                //a2

//---设定 a4 初值---
ax_now[4]=-80;
ax_now[5]=0;

//显示工具位置和姿态角参数 x,y,z,Φ,Ψ,θ 及关节转角 a2
str=str+" \n \n x/y/z/Φ/Ψ/θ/a2: ";
for(i=0;i<7;i++) str=str+pos_space[i]+"/";

//计算关节转角 a0,a1,a2,a3,a4,a5,a6
axis=coord_trans4. space_tool_to_axis(pos_space,ax_now);

//显示关节转角 a0,a1,a2,a3,a4,a5,a6
str=str+" \n a0. . . a6: ";
for(i=0;i<7;i++) str=str+axis[i]+"/";

//验算工具位置和姿态角参数 x,y,z,Φ,Ψ,θ 及关节转角 a2
pos_space=coord_trans4. axis_to_space_op(axis);

//显示工具位置和姿态角参数 x,y,z,Φ,Ψ,θ 及关节转角 a2
str=str+" \n 验算 x/y/z/Φ/Ψ/θ/a2: ";
for(i=0;i<7;i++) str=str+pos_space[i]+"/";

//--- 给定工具位置和姿态角参数 x,y,z,Φ,Ψ,θ 及关节转角 a2 第 4 组测试值---
pos_space[0]=500;                              //x
pos_space[1]=-240;                             //y
pos_space[2]=700;                              //z
pos_space[3]=-89;                              //Φ
```

```
pos_space[4]=89f;                                  //Ψ
pos_space[5]=0;                                    //θ
pos_space[6]=0;                                    //a2

//---设定 a4 初值---
ax_now[4]=-80;

//显示工具位置和姿态角参数 x,y,z,Φ,Ψ,θ 及关节转角 a2
str=str+"\n \n x/y/z/Φ/Ψ/θ/a2: ";
for(i=0;i<7;i++) str=str+pos_space[i]+"/";

//计算关节转角 a0,a1,a2,a3,a4,a5,a6
axis=coord_trans4. space_tool_to_axis(pos_space,ax_now);

//显示关节转角 a0,a1,a2,a3,a4,a5,a6
str=str+"\n a0...a6: ";
for(i=0;i<7;i++) str=str+axis[i]+"/";

//验算工具位置和姿态角参数 x,y,z,Φ,Ψ,θ 及关节转角 a2
pos_space=coord_trans4. axis_to_space_op(axis);

//显示工具位置和姿态角参数 x,y,z,Φ,Ψ,θ 及关节转角 a2
str=str+"\n 验算 x/y/z/Φ/Ψ/θ/a2: ";
for(i=0;i<7;i++) str=str+pos_space[i]+"/";

//--- 给定工具位置和姿态角参数 x,y,z,Φ,Ψ,θ 及关节转角 a2 第 5 组测试值---
pos_space[0]=700;                                  //x
pos_space[1]=-100;                                 //y
pos_space[2]=300;                                  //z
pos_space[3]=0;                                    //Φ
pos_space[4]=0;                                    //Ψ
pos_space[5]=0;                                    //θ
pos_space[6]=0;                                    //a2

//显示工具位置和姿态角参数 x,y,z,Φ,Ψ,θ 及关节转角 a2
str="\n \n x/y/z/Φ/Ψ/θ/a2: ";
for(i=0;i<7;i++) str=str+pos_space[i]+"/";

//计算关节转角 a0,a1,a2,a3,a4,a5,a6
```

```
axis=coord_trans7. space_tool_to_axis(pos_space,ax_now,0,0);

//显示关节转角 a0,a1,a2,a3,a4,a5,a6
str=str+" \n a0... a6: ";
for(i=0;i<7;i++) str=str+axis[i]+"/";

//验算工具位置和姿态角参数 x,y,z,Φ,Ψ,θ 及关节转角 a2
pos_space=coord_trans7. axis_to_space_op(axis);

//显示工具位置和姿态角参数 x,y,z,Φ,Ψ,θ 及关节转角 a2
str=str+" \n 验算 x/y/z/Φ/Ψ/θ/a2: ";
for(i=0;i<7;i++) str=str+pos_space[i]+"/";

//--- 给定工具位置和姿态角参数 x,y,z,Φ,Ψ,θ 及关节转角 a2 第 6 组测试值---
//-- 设定 a0,a1,a2,a3,a4,a5 初值---
ax_now[0]=-30;
ax_now[1]=40;
ax_now[3]=-10;

pos_space[0]=700;                          //x
pos_space[1]=-100;                         //y
pos_space[2]=300;                          //z
pos_space[3]=0;                            //Φ
pos_space[4]=0;                            //Ψ
pos_space[5]=0;                            //θ
pos_space[6]=90;                           //a2

//显示工具位置和姿态角参数 x,y,z,Φ,Ψ,θ 及关节转角 a2
str=str+" \n \n x/y/z/Φ/Ψ/θ/a2: ";
for(i=0;i<7;i++) str=str+pos_space[i]+"/";

//计算关节转角 a0,a1,a2,a3,a4,a5,a6
axis=coord_trans7. space_tool_to_axis(pos_space,ax_now,0,0);

//显示关节转角 a0,a1,a2,a3,a4,a5,a6
str=str+" \n a0... a6: ";
for(i=0;i<7;i++) str=str+axis[i]+"/";

//验算工具位置和姿态角参数 x,y,z,Φ,Ψ,θ 及关节转角 a2
```

```
pos_space=coord_trans7.axis_to_space_op(axis);

//显示工具位置和姿态角参数 x,y,z,Φ,Ψ,θ 及关节转角 a2
str=str+"\n 验算 x/y/z/Φ/Ψ/θ/a2:";
for(i=0;i<7;i++) str=str+pos_space[i]+"/";

//--- 给定工具位置和姿态角参数 x,y,z,Φ,Ψ,θ 及关节转角 a2 第 7 组测试值
//---设定 a0,a1,a2,a3,a4,a5 初值---
ax_now[0]=45;
ax_now[1]=35;
ax_now[3]=-10;

pos_space[0]=700;                    //x
pos_space[1]=-100;                   //y
pos_space[2]=300;                    //z
pos_space[3]=00;                     //Φ
pos_space[4]=0;                      //Ψ
pos_space[5]=0;                      //θ
pos_space[6]=-90;                    //a2

//显示工具位置和姿态角参数 x,y,z,Φ,Ψ,θ 及关节转角 a2
str=str+"\n \n x/y/z/Φ/Ψ/θ/a2:";
for(i=0;i<7;i++) str=str+pos_space[i]+"/";

//计算关节转角 a0,a1,a2,a3,a4,a5,a6
axis=coord_trans7.space_tool_to_axis(pos_space,ax_now,0,0);

//显示关节转角 a0,a1,a2,a3,a4,a5,a6
str=str+"\n a0...a6:";
for(i=0;i<7;i++) str=str+axis[i]+"/";

//验算工具位置和姿态角参数 x,y,z,Φ,Ψ,θ 及关节转角 a2
pos_space=coord_trans7.axis_to_space_op(axis);

//显示工具位置和姿态角参数 x,y,z,Φ,Ψ,θ 及关节转角 a2
str=str+"\n 验算 x/y/z/Φ/Ψ/θ/a2:";
for(i=0;i<7;i++) str=str+pos_space[i]+"/";
//---显示---
view.append(str);
```

```
}

@ Override
public boolean onCreateOptionsMenu( Menu menu) {
//Inflate the menu;this adds items to the action bar if it is present.
getMenuInflater( ). inflate( R. menu. activity_main,menu) ;

return true;
}

}
```

附录 B　程序参数源程序

B.1　常数 CONST

```
public class CONST{
static int MAX_AXIS=8;              //机器人最大自由度数目
static int q_axis=6;                //7 自由度机器人的 J2 轴指令索引
}
```

B.2　参数 ROB_PAR

```
public class ROB_PAR{
/ *
//--- 程序示例 1 ---
static float L1x=150;
static float L1z=150;
static float L2=700;
static float L3=600;
static float L4=500;
static float L5=300;

//---编译兼容 ---
static float L1=150;
static float L6=240;
static float L2y=100;
public static int MAX_ARM=6;              //摆杆数目
public static float arm_offset_val=50;
```

```
                                        //上平台偏移量 h 值
public static float ARM_POS[ ] = {0.001f,0.001f,120,120,-120,-120};
                                        //上平台关节分布角 am0,am1,am2,am3,am4,am5
public static float ARM_OFFSET[ ] = { -arm_offset_val, arm_offset_val,
-arm_offset_val, arm_offset_val, -arm_offset_val, arm_offset_val} ;
                                        //上平台关节分布偏移量 h0,h1,h2,h3,h4,h5
public static float disc_r = 80;        //下平台球铰分布圆的半径
public static float alf = 38.68f;       //下平台球铰分布角度偏移值
                                        //alf = asin( arm_offset_val/disc_r)
public static float DISC_POS[ ] = { -alf, alf, 120-alf, 120+alf, -120+alf, -120-alf};
                                        //下平台球铰分布角 a0,a1,a2,a3,a4,a5
*/

//--- 程序示例 2,3,4,6,7 ---
static float L1 = 300;
static float L2 = 600;
static float L2y = 100;
static float L3 = 500;
static float L4 = 100;
static float L5 = 100;
static float L6 = 240;

//---编译兼容---
static float L1x = 150;
static float L1z = 150;
public static int MAX_ARM = 6;          //摆杆数目
public static float arm_offset_val = 50;
                                        //上平台偏移量 h 值
public static float ARM_POS[ ] = {0.001f,0.001f,120,120,-120,-120};
                                        //上平台关节角度分布 am0, am1, am2, am3,
                                          am4,am5
public static float ARM_OFFSET[ ] = { -arm_offset_val, arm_offset_val,
-arm_offset_val, arm_offset_val, -arm_offset_val, arm_offset_val} ;
                                        //上平台关节分布偏移量 h0,h1,h2,h3,h4,h5
public static float disc_r = 80;        //下平台球铰分布圆的半径
public static float alf = 38.68f;       //下平台球铰分布角偏移值
                                        //alf = arcsin( arm_offset_val/disc_r)
```

```
public static float DISC_POS[ ] = { -alf, alf, 120-alf, 120+alf, -120+alf, -120-alf} ;
                                        //下平台球铰分布角 a0,a1,a2,a3,a4,a5

/*
//---程序示例 5 六杆并联机器人结构参数 ---

public static float L1 = 150;           //关节位置 P1
public static float L2 = 200;           //摆杆长度 L2
public static float L4 = 450;           //摆杆长度 L4

public static int MAX_ARM = 6;          //摆杆数目
public static float arm_offset_val = 50;
                                        //上平台偏移量 h 值
public static float ARM_POS[ ] = {0.001f,0.001f,120,120,-120,-120} ;
                                        //上平台关节分布角 am0,am1,am2,am3,am4,am5
public static float ARM_OFFSET[ ] = { -arm_offset_val, arm_offset_val,
-arm_offset_val, arm_offset_val, -arm_offset_val, arm_offset_val} ;
                                        //上平台关节分布偏移量 h0,h1,h2,h3,h4,h5
public static float disc_r = 80;        //下平台球铰分布圆的半径
public static float alf = 38.68f;       //下平台球铰分布角度偏移值
                                        //alf = asin( arm_offset_val/disc_r)
public static float DISC_POS[ ] = { -alf, alf, 120-alf, 120+alf, -120+alf, -120-alf} ;
                                        //下平台球铰分布角 a0,a1,a2,a3,a4,a5


//---编译兼容 ---
static float L2y = 100;
static float L3 = 500;
static float L5 = 100;
static float L6 = 240;
static float L1x = 150;
static float L1z = 150;
 */

}
```

B.3 静态变量 ROB_MOVE

```
public class ROB_MOVE{
```

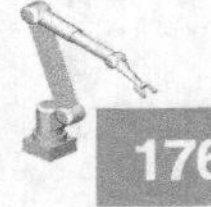

```
//球铰位置和关节转角
public static   float pos_6p4[ ][ ] =new float[ROB_PAR. MAX_ARM][CONST. MAX_AXIS];
public static   float pos_6p1[ ][ ] =new float[ROB_PAR. MAX_ARM][CONST. MAX_AXIS];
public static   float a1[ ] =new float[ROB_PAR. MAX_ARM];
}
```

附录 C　程序示例 1 的_coord_trans_k 类源程序

```
public class _coord_trans_k{
…
}
```

C.1　程序示例共用的变量定义

```
//---供所有程序示例使用的公共变量---
int  MAT4=4;                                              //矩阵阶数
int  MAT5=5;                                              //矩阵阶数
int  TRANS_AXIS=CONST. MAX_AXIS;                          //坐标变换自由度
int  MAX_NEWTON=3;                                        //非线性方程组变量数目

//--- 坐标变换矩阵变量定义 ---
float[ ][ ]trans0=new float[MAT4][MAT4];                 //T0
float[ ][ ]trans1=new float[MAT4][MAT4];                 //T1
float[ ][ ]trans2=new float[MAT4][MAT4];                 //T2
float[ ][ ]trans3=new float[MAT4][MAT4];                 //T3
float[ ][ ]trans4=new float[MAT4][MAT4];                 //T4
float[ ][ ]trans5=new float[MAT4][MAT4];                 //T5
float[ ][ ]trans01=new float[MAT4][MAT4];                //T0T1
float[ ][ ]trans012=new float[MAT4][MAT4];               //T0T1T2
float[ ][ ]trans0123=new float[MAT4][MAT4];              //T0T1T2T3
float[ ][ ]trans01234=new float[MAT4][MAT4];             //T0T1T2T3T4
float[ ][ ]trans012345=new float[MAT4][MAT4];            //T0T1T2T3T4T5
float[ ][ ]trans0123456=new float[MAT4][MAT4];           //T0T1T2T3T4T5T6
float[ ][ ]trans10=new float[MAT4][MAT4];                //T10
float[ ][ ]trans11=new float[MAT4][MAT4];                //T11
float[ ][ ]trans12=new float[MAT4][MAT4];                //T12
float[ ][ ]trans1011=new float[MAT4][MAT4];              //T10T11
float[ ][ ]trans101112=new float[MAT4][MAT4];            //T10T11T12
float[ ][ ]inverse012=new float[MAT4][MAT4];             //T012 的逆矩阵
float[ ][ ]inverse0123=new float[MAT4][MAT4];            //T0123 的逆矩阵
```

```
float[][]inverse01234=new float[MAT4][MAT4]; //T01234 的逆矩阵
```

C.2 程序示例共用的矩阵计算源程序

```
//----------------------------------
//        给矩阵一行赋值
//----------------------------------
public void mat_set_row(float[][]mat,int row,float col_0,  float col_1,float col_2,float col_
3){
mat[row][0]=col_0;
mat[row][1]=col_1;
mat[row][2]=col_2;
mat[row][3]=col_3;
}

//----------------------------------
//        给矩阵一列赋值
//----------------------------------
public void mat_set_col(float[][]mat,int col,float row_0,  float row_1,float row_2,float row_3){
mat[0][col]=row_0;
mat[1][col]=row_1;
mat[2][col]=row_2;
mat[3][col]=row_3;
}

//----------------------------------
//        矩阵相乘
//----------------------------------
public float[][]mat_mult(float[][]mat_a,float[][]mat_b){
float result[][]= new float[MAT4][MAT4];
int i,j,k;
float tmp=0;

for(i =0;i<MAT4;i++){
  for(j = 0;j<MAT4;j++){
    for(k=0;k<MAT4;k++)
      tmp += mat_a[i][k] * mat_b[k][j];
    result[i][j]= tmp;
```

```
        tmp = 0;                                    //中间变量,每次使用后清零
      }                                             //j
    }                                               //i

  return result;
  }

  //---------------------
  //---矩阵与向量相乘---
  //---------------------
  public float[ ]mat_mult_vector(float[ ][ ]mat,float[ ]vector){
  float[ ]result=new float[MAT4];
  int i,j;

  for(j=0;j<MAT4;j++){
    result[j]=0;
    for(i=0;i<MAT4;i++)
      result[j]=result[j]+mat[j][i] * vector[i];
    }
  return result;
  }

  //-----------------------------------
  //---计算 3 阶逆矩阵---
  //-----------------------------------
  public float[ ][ ]mat_inverse(float[ ][ ]src_matrix){
  float[ ][ ]inv_matrix=new float[MAT4][MAT4];

  float matrix_det =
    src_matrix[0][0] * (src_matrix[1][1] * src_matrix[2][2]-src_matrix[2][1] * src_
matrix[1][2])+src_matrix[1][0] * (src_matrix[2][1] * src_matrix[0][2]-src_matrix[0]
[1] * src_matrix[2][2])+src_matrix[2][0] * (src_matrix[0][1] * src_matrix[1][2]-src_
matrix[1][1] * src_matrix[0][2]);

  if(matrix_det == 0)
    {
    //矩阵不满秩,求逆矩阵失败,程序返回-1
    inv_matrix[3][3] = -1;
    }
```

```
else
  {                                                    //计算逆矩阵
  inv_matrix[3][3] = 1;                                //求解逆矩阵成功
  inv_matrix[0][0]=(src_matrix[1][1]*src_matrix[2][2]-src_matrix[2][1]*src_matrix[1][2])/matrix_det;
  inv_matrix[1][0]=(src_matrix[2][0]*src_matrix[1][2]-src_matrix[1][0]*src_matrix[2][2])/matrix_det;
  inv_matrix[2][0]=(src_matrix[1][0]*src_matrix[2][1]-src_matrix[2][0]*src_matrix[1][1])/matrix_det;
  inv_matrix[0][1]=(src_matrix[2][1]*src_matrix[0][2]-src_matrix[0][1]*src_matrix[2][2])/matrix_det;
  inv_matrix[1][1]=(src_matrix[0][0]*src_matrix[2][2]-src_matrix[2][0]*src_matrix[0][2])/matrix_det;
  inv_matrix[2][1]=(src_matrix[2][0]*src_matrix[0][1]-src_matrix[0][0]*src_matrix[2][1])/matrix_det;
  inv_matrix[0][2]=(src_matrix[0][1]*src_matrix[1][2]-src_matrix[1][1]*src_matrix[0][2])/matrix_det;
  inv_matrix[1][2]=(src_matrix[1][0]*src_matrix[0][2]-src_matrix[0][0]*src_matrix[1][2])/matrix_det;
  inv_matrix[2][2]=(src_matrix[0][0]*src_matrix[1][1]-src_matrix[1][0]*src_matrix[0][1])/matrix_det;
  }

return inv_matrix;
}

//-------------------------------
//用消元法求 N 阶逆矩阵
//srcMatrix[][]:输入矩阵
//invMatrix[][]:逆矩阵
//dim:矩阵的阶数
//-------------------------------
int inv_matrix(float srcMatrix[][],float invMatrix[][],int dim)
{
float[][]tmp=new float[dim][dim];
for(int m=0;m<dim;m++)
  {
  for(int n=0;n<dim;n++)
    {
```

```
        tmp[m][n] = srcMatrix[m][n];
      }
    }

    double localVariable;                              //临时变量
    int i,k,j,sizeOfMatrix = dim;
    float[]temprow=new float[dim];

    //初始化逆矩阵
    for(i = 0;i < sizeOfMatrix;i++)
      for(j = 0;j < sizeOfMatrix;j++)
        if(i == j)
          invMatrix[i][j]= 1;
        else
          invMatrix[i][j]= 0;

    //计算逆矩阵
    for(k = 0;k < sizeOfMatrix;k++)
      {
      if(tmp[k][k]== 0)
        {
        for(j = k + 1;j < sizeOfMatrix;j++)
          {
          if(tmp[j][k]! = 0)
            break;
          }

    if(j == sizeOfMatrix)                              //如果行列式为0,则没有逆矩阵
      {
      return -1;                                       //MATRIX IS NOT INVERSIBLE
      }
    for(int m = 0;m < sizeOfMatrix;m++)
      {
      temprow[m]= tmp[k][m];
      tmp[k][m]= tmp[j][m];
      tmp[j][m]= temprow[m];
      temprow[m]= invMatrix[k][m];
```

```
            invMatrix[k][m] = invMatrix[j][m];
            invMatrix[j][m] = temprow[m];
            }
        }
    localVariable = tmp[k][k];

    for(j = 0;j < sizeOfMatrix;j++)
        {
        tmp[k][j]/= localVariable;
        invMatrix[k][j]/= localVariable;
        }
      for(i = 0;i < sizeOfMatrix;i++)
        {
        localVariable = tmp[i][k];
        for(j = 0;j < sizeOfMatrix;j++)
           {
           if(i == k)
                break;
           tmp[i][j]-= tmp[k][j] * localVariable;
           invMatrix[i][j]-= invMatrix[k][j] * localVariable;
           }
        }
      }

    return 0;                                         //计算成功返回0
    }

    //---------------------------
    //5 阶矩阵与向量相乘
    //mat:矩阵
    //vector:向量
    //---------------------------
    float[]mat5_mult_vector(float[][]mat,float[]vector){
    float[]result=new float[MAT5];
    int i,j;

    for(j=0;j<MAT5;j++){
      result[j]=0;
      for(i=0;i<MAT5;i++){
```

```
            result[j]=result[j]+mat[j][i] * vector[i];
        }
    }

    return result;
}
```

C.3 坐标正变换程序示例1的计算源程序

```
//---------------------------------
//进行坐标正变换计算,输出工具位置参数x,y,z和工具方向矢量参数u,v,w
//---------------------------------
public float[]axis_to_space(float[] axis){
float[] pos=new float[TRANS_AXIS];          //工具位置和工具方向矢量参数x,y,z,u,v,w
float[] pt=new float[MAT4];                 //工具位置x,y,z
float[] a=new float[TRANS_AXIS];            //关节转角a0,a1,a2,a3,a4,a5
float[] vector=new float[MAT4];             //中间变量
float[] uvw=new float[MAT4];                //工具方向矢量参数u,v,w
int i;

//机器人结构参数
float L1x=ROB_PAR.L1x;                      //L1x
float L1z=ROB_PAR.L1z;                      //L1z
float L2=ROB_PAR.L2;                        //L2
float L3=ROB_PAR.L3;                        //L3
float L5=ROB_PAR.L5;                        //L5

//---计算cosa0,cosa1,cosa2,cosa3,cosa4,cosa5---
//---sina0,sina1,sina2,sina3,sina4,sina5---
for (i=0;i<TRANS_AXIS;i++)
    a[i]=(float)(Math.toRadians(axis[i]));

float c0=(float)Math.cos(a[0]);
float c1=(float)Math.cos(a[1]);
float c2=(float)Math.cos(a[2]);
float c3=(float)Math.cos(a[3]);
float c4=(float)Math.cos(a[4]);
float c5=(float)Math.cos(a[5]);

float s0=(float)Math.sin(a[0]);
float s1=(float)Math.sin(a[1]);
```

```
float s2=(float)Math.sin(a[2]);
float s3=(float)Math.sin(a[3]);
float s4=(float)Math.sin(a[4]);
float s5=(float)Math.sin(a[5]);

//建立坐标变换矩阵 T0,T1,T2,T3,T4,T5
//---T0---
mat_set_row(trans0,0,c0,-s0,0,L1x*c0);
mat_set_row(trans0,1,s0,c0,0,L1x*s0);
mat_set_row(trans0,2,0,0,1,L1z);
mat_set_row(trans0,3,0,0,0,1);

//---T1---
mat_set_row(trans1,0,c1,0,s1,L2*s1);
mat_set_row(trans1,1,0,1,0,0);
mat_set_row(trans1,2,-s1,0,c1,L2*c1);
mat_set_row(trans1,3,0,0,0,1);

//---T2---
mat_set_row(trans2,0,c2,0,s2,0);
mat_set_row(trans2,1,0,1,0,0);
mat_set_row(trans2,2,-s2,0,c2,0);
mat_set_row(trans2,3,0,0,0,1);

//---T3---
mat_set_row(trans3,0,1,0,0,L3);
mat_set_row(trans3,1,0,c3,-s3,0);
mat_set_row(trans3,2,0,s3,c3,0);
mat_set_row(trans3,3,0,0,0,1);

//---T4---
mat_set_row(trans4,0,c4,0,s4,0);
mat_set_row(trans4,1,0,1,0,0);
mat_set_row(trans4,2,-s4,0,c4,0);
mat_set_row(trans4,3,0,0,0,1);

//---T5---
mat_set_row(trans5,0,c5,-s5,0,0);
mat_set_row(trans5,1,s5,c5,0,0);
```

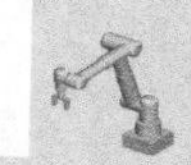

```
mat_set_row(trans5,2,0,0,1,-L5);
mat_set_row(trans5,3,0,0,0,1);

//---计算坐标变换矩阵 T0T1T2T3T4T5---
trans01=mat_mult(trans0,trans1);
trans012=mat_mult(trans01,trans2);
trans0123=mat_mult(trans012,trans3);
trans01234=mat_mult(trans0123,trans4);
trans012345=mat_mult(trans01234,trans5);

//---计算工具位置 pt(x,y,z)---
vector[0]=0;
vector[1]=0;
vector[2]=-L5;
vector[3]=1;
pt=mat_mult_vector(trans01234,vector);
pos[0]=pt[0];
pos[1]=pt[1];
pos[2]=pt[2];

//---计算工具方向矢量参数 u,v,w---
vector[0]=0;
vector[1]=0;
vector[2]=-1;
vector[3]=0;
uvw=mat_mult_vector(trans01234,vector);
pos[3]=uvw[0];
pos[4]=uvw[1];
pos[5]=uvw[2];

return pos;
}                                              //axis_to_space()


//---------------------------------
//进行坐标正变换计算,输出工具位置参数 x,y,z 和工具坐标系旋转姿态角 Φ,Ψ,θ
//---------------------------------
public float[] axis_to_space_op(float[] axis){
float[] pos=new float[TRANS_AXIS];          //工具位置和方向矢量参数 x,y,z,ux,vx,wx
```

```
float[] pt=new float[MAT4];                //工具位置 x,y,z
float[] vector=new float[MAT4];            //中间变量
float[] uvw=new float[MAT4];               //工具方向矢量参数 u,v,w
float[] uvw_x=new float[MAT4];             //工具方向矢量参数 ux,vx,wx
float[] rot=new float[MAT4];               //工具旋转姿态角 Φ,Ψ,θ

//---计算坐标变换矩阵 T0,T1,T2,T3,T4,T5 和工具位置 pt(x,y,z)---
pos=axis_to_space(axis);

//---计算工具方向矢量(u,v,w)---
vector[0]=0;
vector[1]=0;
vector[2]=1;
vector[3]=0;
uvw=mat_mult_vector(trans012345,vector);

//---计算工具方向矢量(ux,vx,wx)---
vector[0]=1;
vector[1]=0;
vector[2]=0;
vector[3]=0;
uvw_x=mat_mult_vector(trans012345,vector);

//---计算 θ---
rot[2]=(float)Math.atan2(uvw[0],uvw_x[0]);  //θ=arctan(u/ux)

//---计算 Ψ---
float a11=(float)Math.acos(uvw_x[0]/(Math.cos(rot[2])+0.00000001));
                                                //Ψ=arccos(ux/cosθ)

//---计算 Φ---
float s10=0;
float c10=0;
float s11=(float)Math.sin(a11);
float s12=(float)Math.sin(rot[2]);
float c12=(float)Math.cos(rot[2]);

float a10=0;
float a10_=0;
float vx=0;
```

```
if(Math.abs(s11)<0.01){
   a10=(float)Math.asin(-uvw[1]/(c12+0.00000001f));        //Φ=arcsin(-v/cosθ);
   rot[0]=a10;
   rot[1]=0;
   }
else{
   if(s11>0)s11=s11+0.00000001f;
   if(s11<0)s11=s11-0.00000001f;
   a10=(float)Math.asin((s12*uvw[2]+c12*uvw_x[2])/s11);
   a10_=(float)Math.asin((s12*uvw[2]+c12*uvw_x[2])/-s11);

   //select a10
   s10=(float)Math.sin(a10);
   c10=(float)Math.cos(a10);

   vx=c10*s11*c12+s10*s12;
   if(Math.abs(vx-uvw_x[1])<0.01){
      rot[0]=a10;
      rot[1]=a11;
      }
   else{
      rot[0]=a10_;
      rot[1]=-a11;
      }
   }

//---Φ,Ψ,θ 返回值和弧度-度转换---
pos[3]=(float)Math.toDegrees(rot[0]);
pos[4]=(float)Math.toDegrees(rot[1]);
pos[5]=(float)Math.toDegrees(rot[2]);

return pos;
}
```

C.4 坐标逆变换程序示例 1 的计算源程序

```
//---------------------------------
//由工具旋转姿态角 Φ,Ψ,θ 计算工具方向矢量(u,v,w)和(ux,vx,wx)
//    pos[3]=Φ,pos[4]=Ψ,pos[5]=θ
```

```
//---------------------------------
float[ ] tool_uvw(float[ ] pos) {
float[ ] uvw = new float[6];                   //工具方向矢量输出参数 u,v,w,ux,vx,wx
float[ ] vector = new float[MAT4];             //中间变量
float[ ] tmp_vector = new float[MAT4];         //中间变量

//---计算工具旋转姿态角正余弦值---
float a10 = (float)Math.toRadians(pos[3]);     //Φ
float a11 = (float)Math.toRadians(pos[4]);     //Ψ
float a12 = (float)Math.toRadians(pos[5]);     //θ

float s10 = (float)Math.sin(a10);
float s11 = (float)Math.sin(a11);
float s12 = (float)Math.sin(a12);

float c10 = (float)Math.cos(a10);
float c11 = (float)Math.cos(a11);
float c12 = (float)Math.cos(a12);

//---给坐标变换矩阵赋值---
//---T10---
mat_set_row(trans10,0,1,0,0,0);
mat_set_row(trans10,1,0,c10,-s10,0);
mat_set_row(trans10,2,0,s10,c10,0);
mat_set_row(trans10,3,0,0,0,1);

//---T11---
mat_set_row(trans11,0,c11,-s11,0,0);
mat_set_row(trans11,1,s11,c11,0,0);
mat_set_row(trans11,2,0,0,1,0);
mat_set_row(trans11,3,0,0,0,1);

//---T12---
mat_set_row(trans12,0,c12,0,s12,0);
mat_set_row(trans12,1,0,1,0,0);
mat_set_row(trans12,2,-s12,0,c12,0);
mat_set_row(trans12,3,0,0,0,1);

//---T10T11T12---
```

```
trans1011=mat_mult(trans10,trans11);
trans101112=mat_mult(trans1011,trans12);

//---计算工具方向矢量(u,v,w)---
vector[0]=0;
vector[1]=0;
vector[2]=-1;
vector[3]=0;

tmp_vector=mat_mult_vector(trans101112,vector);
uvw[0]=tmp_vector[0];                              //u
uvw[1]=tmp_vector[1];                              //v
uvw[2]=tmp_vector[2];                              //w

//---计算工具方向矢量(ux,vx,wx)---
vector[0]=1;
vector[1]=0;
vector[2]=0;
vector[3]=0;

tmp_vector=mat_mult_vector(trans101112,vector);
uvw[3]=tmp_vector[0];                              //ux
uvw[4]=tmp_vector[1];                              //vx
uvw[5]=tmp_vector[2];                              //wx

return uvw;
}

//---------------------------------
//由关节转角 a0,a1,a2,a3,a4 和工具方向矢量(ux,vx,wx)计算关节转角 a5
//---------------------------------
public float uvwx_to_a5(float[] axis_pos,float[] uvw_x){
float[] tr_uvw=new float[4];                       //中间变量

//---获得坐标正变换矩阵 T0T1T2T3T4---
axis_to_space(axis_pos);

//---计算 T0T1T2T3T4 的逆矩阵---
```

```
inverse01234 = mat_inverse( trans01234) ;

//---计算 T0T1T2T3T4 的逆矩阵与(ux,vx,wx)的乘积---
tr_uvw = mat_mult_vector( inverse01234,uvw_x) ;

//---计算 a5---
float a5 = (float) Math. atan2( tr_uvw[1],tr_uvw[0]) ;
a5 = (float) (Math. toDegrees( a5)) ;

return a5;
}//public float space_to_a5
//---------------------------------
//坐标逆变换计算
//由工具位置和方向矢量参数 x,y,z,u,v,w 计算关节转角 a0,a1,a2,a3,a4
//---------------------------------
public float[ ]space_to_axis(float[ ]pos) {
float[ ]axis = new float[TRANS_AXIS] ;
float[ ]axis_deg = new float[TRANS_AXIS] ;
float[ ]vector = new float[MAT4] ;
float[ ]tr_uvw = new float[MAT4] ;
int i;

//---获取机器人参数---
float L2 = ROB_PAR. L2;
float L3 = ROB_PAR. L3;
float L5 = ROB_PAR. L5;

//---读取输入变量---
float x = pos[0],y = pos[1],z = pos[2] ;
float u = pos[3],v = pos[4],w = pos[5] ;

//---计算关节转角 a0,a1,a2---
//计算关节 P4 的位置
float p4x = pos[0]-u * L5;
float p4y = pos[1]-v * L5;
float p4z = pos[2]-w * L5;

//计算 alf0
float alf0 = (float) Math. atan2( p4y,p4x) ;
```

```
axis[0]=alf0;

//计算 alf1
float p1x=(float)(ROB_PAR.L1x * Math.cos(alf0));
float p1y=(float)(ROB_PAR.L1x * Math.sin(alf0));
float p1z=ROB_PAR.L1z;
float Lz=p4z-p1z;

float Lp=(float)Math.sqrt((p4x-p1x) * (p4x-p1x)+(p4y-p1y) * (p4y-p1y)+Lz * Lz);
float A=(float)Math.acos((L2 * L2+Lp * Lp-L3 * L3)/(2 * L2 * Lp+0.00001));
float d=(float)Math.asin(Lz/Lp);
float alf1=(float)(Math.PI/2-(A+d));
axis[1]=alf1;

//计算 alf2
float alf2p=(float)Math.acos((L2 * L2+L3 * L3-Lp * Lp)/(2 * L2 * L3+0.00001));
float alf2=(float)(-(alf2p-Math.PI/2));
axis[2]=alf2;

//---计算关节转角 a3,a4---
//获得正变换矩阵 T0T1T2
for(i=0;i<TRANS_AXIS;i++)
  axis_deg[i]=(float)Math.toDegrees(axis[i]);
axis_to_space(axis_deg);

//获得变换矩阵 T0T1T2 的逆矩阵
inverse012=mat_inverse(trans012);

//计算工具方向矢量(u,v,w)与变换矩阵 T0T1T2 的逆矩阵的乘积
vector[0]=u;
vector[1]=v;
vector[2]=w;
vector[3]=0;
tr_uvw=mat_mult_vector(inverse012,vector);

float tr_u=tr_uvw[0];
float tr_v=tr_uvw[1];
float tr_w=tr_uvw[2];
```

```
//计算 a3,a4
float alf3 = (float)Math.atan2(tr_v,-tr_w);
float alf4 = (float)Math.asin(-tr_u);
axis[3] = alf3;
axis[4] = alf4;

//---弧度-度转换---
for(i = 0;i<TRANS_AXIS;i++)
    axis[i] = (float)Math.toDegrees(axis[i]);

return axis;
}                                             //space_to_axis()

//--------------------------------
//进行坐标逆变换计算,由工具位置 pt(x,y,z)和旋转姿态角 Φ,Ψ,θ 计算机器人的关节转角
a0,a1,a2,a3,a4,a5
//space_pos[1] = x,space_pos[2] = y,space_pos[3] = z
//space_pos[4] = Φ,space_pos[5] = Ψ,space_pos[6] = θ
//--------------------------------
public float[] space_tool_to_axis(float[] space_pos){
int i;
float[] pt = new float[CONST.MAX_AXIS];
float[] axis_pos = new float[CONST.MAX_AXIS];
float[] uvw_x = new float[CONST.MAX_AXIS];
float[] uvw = new float[CONST.MAX_AXIS];
float[] rot = new float[CONST.MAX_AXIS];

rot[3] = space_pos[3];                        //rot(x)Φ
rot[4] = space_pos[4];                        //rot(z)Ψ
rot[5] = space_pos[5];                        //rot(y)θ

uvw = tool_uvw(rot);

float u = uvw[0];
float v = uvw[1];
float w = uvw[2];

//---pt---
for(i = 0;i<CONST.MAX_AXIS;i++)pt[i] = space_pos[i];
pt[3] = u;                                    //u
```

```
pt[4]=v;                                    //v
pt[5]=w;                                    //w

//---进行坐标逆变换,计算 a0,a1,a2,a3,a4---
axis_pos=space_to_axis(pt);

//---计算 a5---
uvw_x[0]=uvw[3];                            //ux
uvw_x[1]=uvw[4];                            //vx
uvw_x[2]=uvw[5];                            //wx

float alf5=uvwx_to_a5(axis_pos,uvw_x);
axis_pos[5]=alf5;

return axis_pos;
}
```

附录 D 示例程序 2 的_coord_trans_u6 类源程序

```
public class _coord_trans_u6{
//…略…
}
```

D.1 坐标正变换程序示例 2 的计算源程序

```
//--------------------------------
//进行坐标正变换,输出工具位置和工具方向矢量参数 x,y,z,u,v,w
//--------------------------------
public float[]axis_to_space(float[]axis){
float[]pos=new float[TRANS_AXIS];           //工具位置和方向矢量参数 x,y,z,u,v,w
float[]pt=new float[MAT4];                  //工具位置 x,y,z
float[]a=new float[TRANS_AXIS];             //关节转角 a0,a1,a2,a3,a4,a5
float[]vector=new float[MAT4];              //中间变量
float[]uvw=new float[MAT4];                 //工具方向矢量参数 u,v,w
int i;

//机器人结构参数
L1=ROB_PAR.L1;
L2=ROB_PAR.L2;
L3=ROB_PAR.L3;
```

```
L4=ROB_PAR.L4;
L5=ROB_PAR.L5;
L6=ROB_PAR.L6;

//---cosa0,cosa1,cosa2,cosa3,cosa4,cosa5 值---
//---计算 sina0,sina1,sina2,sina3,sina4,sina5 值---
for(i=0;i<TRANS_AXIS;i++)
    a[i]=(float)(Math.toRadians(axis[i]));

c0=(float)Math.cos(a[0]);                               //cosa0
c1=(float)Math.cos(a[1]);                               //cosa1
c2=(float)Math.cos(a[2]);                               //cosa2
c3=(float)Math.cos(a[3]);                               //cosa3
c4=(float)Math.cos(a[4]);                               //cosa4
c5=(float)Math.cos(a[5]);                               //cosa5

s0=(float)Math.sin(a[0]);                               //sina0
s1=(float)Math.sin(a[1]);                               //sina1
s2=(float)Math.sin(a[2]);                               //sina2
s3=(float)Math.sin(a[3]);                               //sina3
s4=(float)Math.sin(a[4]);                               //sina4
s5=(float)Math.sin(a[5]);                               //sina5

//---建立坐标变换矩阵 T0,T1,T2,T3,T4,T5---
//---T0---
mat_set_row(trans0,0,c0,-s0,0,0);
mat_set_row(trans0,1,s0,c0,0,0);
mat_set_row(trans0,2,0,0,1,L1);
mat_set_row(trans0,3,0,0,0,1);

//---T1---
mat_set_row(trans1,0,c1,0,s1,L2*s1);
mat_set_row(trans1,1,0,1,0,0);
mat_set_row(trans1,2,-s1,0,c1,L2*c1);
mat_set_row(trans1,3,0,0,0,1);

//---T2---
mat_set_row(trans2,0,c2,0,s2,L3*c2);
mat_set_row(trans2,1,0,1,0,0);
```

```
mat_set_row(trans2,2,-s2,0,c2,-L3 * s2);
mat_set_row(trans2,3,0,0,0,1);

//---T3---
mat_set_row(trans3,0,c3,0,s3,0);
mat_set_row(trans3,1,0,1,0,-L4);
mat_set_row(trans3,2,-s3,0,c3,0);
mat_set_row(trans3,3,0,0,0,1);

//---T4---
mat_set_row(trans4,0,c4,-s4,0,0);
mat_set_row(trans4,1,s4,c4,0,0);
mat_set_row(trans4,2,0,0,1,-L5);
mat_set_row(trans4,3,0,0,0,1);

//---T5---
mat_set_row(trans5,0,1,0,0,0);
mat_set_row(trans5,1,0,c5,-s5,0);
mat_set_row(trans5,2,0,s5,c5,0);
mat_set_row(trans5,3,0,0,0,1);

//---计算坐标变换矩阵 T0T1T2T3T4T5---
trans01=mat_mult(trans0,trans1);
trans012=mat_mult(trans01,trans2);
trans0123=mat_mult(trans012,trans3);
trans01234=mat_mult(trans0123,trans4);
trans012345=mat_mult(trans01234,trans5);

//---计算工具位置 x,y,z---
vector[0]=L6;
vector[1]=0;
vector[2]=0;
vector[3]=1;
pt=mat_mult_vector(trans01234,vector);
pos[0]=pt[0];
pos[1]=pt[1];
pos[2]=pt[2];

//---计算工具方向矢量 ux,vx,wx---
```

```
vector[0]=1;
vector[1]=0;
vector[2]=0;
vector[3]=0;
uvw=mat_mult_vector(trans01234,vector);
pos[3]=uvw[0];
pos[4]=uvw[1];
pos[5]=uvw[2];

return pos;
}//axis_to_space()

//--------------------------------
//进行坐标正变换,输出工具位置和姿态角参数 x,y,z,Φ,Ψ,θ
//--------------------------------
public float[] axis_to_space_op(float[] axis){
//本程序与附录 C.3 同名程序内容相同,省略
}
```

D.2 坐标逆变换程序示例 2 的计算源程序

```
//--------------------------------
//由工具坐标系旋转姿态角 Φ,Ψ,θ 计算工具方向矢量参数 u,v,w,ux,vx,wx
//pos[3]=Φ,pos[4]=Ψ,pos[5]=θ
//--------------------------------
float[] tool_uvw(float[] pos){
float[] uvw=new float[6];                      //工具方向矢量输出 u,v,w,ux,vx,wx
float[] vector=new float[MAT4];                //中间变量
float[] tmp_vector=new float[MAT4];            //中间变量

//---计算工具坐标系旋转姿态角正余弦值---
float a10=(float)Math.toRadians(pos[3]);       //Φ
float a11=(float)Math.toRadians(pos[4]);       //Ψ
float a12=(float)Math.toRadians(pos[5]);       //θ

float s10=(float)Math.sin(a10);                //sinΦ
float s11=(float)Math.sin(a11);                //sinΨ
float s12=(float)Math.sin(a12);                //sinθ

float c10=(float)Math.cos(a10);                //cosΦ
```

```
float c11=(float)Math.cos(a11);                    //cosΨ
float c12=(float)Math.cos(a12);                    //cosθ

//---给坐标旋转变换矩阵赋值---
//---T10---
mat_set_row(trans10,0,1,0,0,0);
mat_set_row(trans10,1,0,c10,-s10,0);
mat_set_row(trans10,2,0,s10,c10,0);
mat_set_row(trans10,3,0,0,0,1);

//---T11---
mat_set_row(trans11,0,c11,-s11,0,0);
mat_set_row(trans11,1,s11,c11,0,0);
mat_set_row(trans11,2,0,0,1,0);
mat_set_row(trans11,3,0,0,0,1);

//---T12---
mat_set_row(trans12,0,c12,0,s12,0);
mat_set_row(trans12,1,0,1,0,0);
mat_set_row(trans12,2,-s12,0,c12,0);
mat_set_row(trans12,3,0,0,0,1);

//---T10T11T12---
trans1011=mat_mult(trans10,trans11);
trans101112=mat_mult(trans1011,trans12);

//---计算工具方向矢量参数 u,v,w---
vector[0]=0;
vector[1]=0;
vector[2]=1;
vector[3]=0;

tmp_vector=mat_mult_vector(trans101112,vector);
uvw[3]=tmp_vector[0];                              //uz
uvw[4]=tmp_vector[1];                              //vz
uvw[5]=tmp_vector[2];                              //wz

//---计算工具方向矢量参数 ux,vx,wx---
vector[0]=1;
```

```
vector[1]=0;
vector[2]=0;
vector[3]=0;

tmp_vector=mat_mult_vector(trans101112,vector);
uvw[0]=tmp_vector[0];                              //ux
uvw[1]=tmp_vector[1];                              //vx
uvw[2]=tmp_vector[2];                              //wx

return uvw;
}

//-------------------------------
//由工具位置和方向矢量参数 x,y,z,u,v,w 计算关节位置 P3(x3,y3,z3)
//-------------------------------
float[]space_to_p3p(float[]pos_sp){
float[]pos3=new float[TRANS_AXIS];                 //x3,y3,z3
float L6=ROB_PAR.L6;                               //机器人参数 L6
float L4=ROB_PAR.L4;                               //机器人参数 L4
float L5=ROB_PAR.L5;                               //机器人参数 L5
float x3,y3,z3;                                    //关节位置 P3
float[] vector=new float[MAT4];                    //中间变量
float[] tr_uvw=new float[MAT4];                    //中间变量
float[][] inverse0=new float[MAT4][MAT4];          //逆矩阵中间变量

//---输入关节位置和方向姿态---
float x=pos_sp[0];                                 //x
float y=pos_sp[1];                                 //y
float z=pos_sp[2];                                 //z
float u=pos_sp[3];                                 //u
float v=pos_sp[4];                                 //v
float w=pos_sp[5];                                 //w

//---计算关节位置 P5---
float x5=x-L6*u;
float y5=y-L6*v;
float z5=z-L6*w;
```

```
//---计算关节转角 a0---
float xy5=(float)Math. sqrt(x5 * x5+y5 * y5);
float E=(float)Math. atan2(y5,x5);

float B=(float)Math. asin(L4/xy5);
float a0=B+E;

//---计算关节转角 a3'---
float s0=(float)Math. sin(a0);
float c0=(float)Math. cos(a0);

//---T0---
mat_set_row(trans0,0,c0,-s0,0,0);
mat_set_row(trans0,1,s0,c0,0,0);
mat_set_row(trans0,2,0,0,1,0);
mat_set_row(trans0,3,0,0,0,1);

//---T0 的逆矩阵---
inverse0=mat_inverse(trans0);

//---关节转角 a3'---
vector[0]=u;
vector[1]=v;
vector[2]=w;
vector[3]=0;
tr_uvw=mat_mult_vector(inverse0,vector);
float a3p=(float)Math. atan2(-tr_uvw[2],tr_uvw[0]);

//---关节位置 P5'---
float L5p=(float)(L5 * Math. sin(a3p));
float x5p=(float)(x5+L5p * Math. cos(a0));
float y5p=(float)(y5+L5p * Math. sin(a0));

//---关节位置 P3---
x3=(float)(x5p-L4 * Math. sin(a0));
y3=(float)(y5p+L4 * Math. cos(a0));
z3=(float)(z5+L5 * Math. cos(a3p));

pos3[0]=x3;
```

```
pos3[1]=y3;
pos3[2]=z3;

return pos3;
}//float[] space_to_p3(float[] pos_sp){

//--------------------------------
//根据关节位置 P3(x3,y3,z3)计算关节转角 a0,a1,a2
//--------------------------------
float[]get_a012(float x3,float y3,float z3){
float[]a012=new float[TRANS_AXIS];                  //关节转角输出变量
float a0,a1,a2;                                     //关节转角中间变量
float PI=(float)Math.PI;
float PI_2=PI/2;
float L1=ROB_PAR.L1;                                //机器人参数 L1
float L2=ROB_PAR.L2;                                //机器人参数 L2
float L3=ROB_PAR.L3;                                //机器人参数 L3

//---计算 a0---
a0=(float)Math.atan2(y3,x3);
a012[0]=a0;

//---计算 a1---
float Lz=z3-L1;
float Lp=(float)Math.sqrt(x3*x3+y3*y3+Lz*Lz);

float A=(float)Math.acos((L2*L2+Lp*Lp-L3*L3)/(2*L2*Lp));
float d=(float)Math.asin(Lz/Lp);
a1=PI_2-(A+d);
a012[1]=a1;

//---计算 a2---
a2=(float)Math.acos((L2*L2+L3*L3-Lp*Lp)/-(2*L2*L3));
a2=a2-PI_2;
a012[2]=a2;

return a012;
}
```

```
//--------------------------------
//由工具方向矢量参数 u,v,w 和关节转角 a0,a1,a2 计算关节转角 a3,a4
//--------------------------------
float[]get_a34p(float[] ax_act,float u,float v,float w){
float[]a34=new float[TRANS_AXIS];                    //输出变量,a3,a4
float[]ax=new float[TRANS_AXIS];                     //中间变量
float[]vector=new float[MAT4];                       //中间变量
float[]tr_uvw=new float[MAT4];                       //中间变量
float a3,a4;                                         //中间变量,a3,a4

//---计算坐标变换矩阵 T0T1T2---
axis_to_space(ax_act);

//---计算坐标变换 T0T1T2 的逆矩阵---
inverse012=mat_inverse(trans012);

//---计算工具方向矢量(u,v,w)与 T0T1T2 的逆矩阵的乘积---
vector[0]=u;
vector[1]=v;
vector[2]=w;
vector[3]=0;
tr_uvw=mat_mult_vector(inverse012,vector);

//---计算 a3,a4---
a3=(float)Math.atan2(-tr_uvw[2],tr_uvw[0]);
a4=(float)Math.asin(tr_uvw[1]);

a34[3]=(float)Math.toDegrees(a3);
a34[4]=(float)Math.toDegrees(a4);

return a34;
}

//--------------------------------
//进行坐标逆变换,由工具位置和方向矢量参数 x,y,z,u,v,w 计算关节转角 a0,a1,a2,a3,a4
//--------------------------------
public float[]space_to_axis(float[]pos){
float[]ax_act=new float[TRANS_AXIS];                 //关节转角,中间变量
float[]pos_p3=new float[TRANS_AXIS];                 //关节位置 P3
```

```
float[ ] axis = new float[ TRANS_AXIS ];                //关节转角
float[ ] a34 = new float[ TRANS_AXIS ];                 //关节转角,中间变量
float[ ] a012 = new float[ TRANS_AXIS ];                //关节转角,中间变量
int i;


//---计算关节位置 P3---
pos_p3 = space_to_p3p( pos );

//---计算关节转角 a0,a1,a2---
a012 = get_a012( pos_p3[ 0 ], pos_p3[ 1 ], pos_p3[ 2 ] );
for( i = 0; i<3; i++ ) ax_act[ i ] = ( float ) Math. toDegrees( a012[ i ] );

//---计算关节转角 a3,a4---
a34 = get_a34p( ax_act, u, v, w );
ax_act[ 3 ] = a34[ 3 ];                                 //a3
ax_act[ 4 ] = a34[ 4 ];                                 //a4

//---输出计算结果---
for( i = 0; i<TRANS_AXIS; i++ ) axis[ i ] = ax_act[ i ];

return axis;
}//space_to_axis( )


//--------------------------------
//由已知关节转角 a0,a1,a2,a3,a4 和工具方向矢量参数 u,v,w 计算关节转角 a5
//--------------------------------
public float uvw_to_a5( float[ ] axis_pos, float[ ] uvw_z) {
float[ ] tr_uvw = new float[ MAT4 ];                    //中间变量

//---获得坐标正变换矩阵 T0T1T2T3T4---
axis_to_space( axis_pos );

//---计算 T0T1T2T3T4 的逆矩阵---
inverse01234 = mat_inverse( trans01234 );

//---计算 T0T1T2T3T4 的逆矩阵与工具方向矢量( uz, vz, wz) 的乘积---
tr_uvw = mat_mult_vector( inverse01234, uvw_z );
```

```
//---计算 a5---
float a5=(float)Math.atan2(-tr_uvw[1],tr_uvw[2]);
a5=(float)(Math.toDegrees(a5));

return a5;
}//public float space_to_a5

//---------------------------------
//进行坐标逆变换,由工具位置和姿态角参数 x,y,z,Φ,Ψ,θ 计算关节转角 a0,a1,a2,a3,
a4,a5
//---------------------------------
public float[]space_tool_to_axis(float[]space_pos){
int i;
float[]pt=new float[CONST.MAX_AXIS];             //工具位置中间变量
float[]axis_pos=new float[CONST.MAX_AXIS];       //输出关节转角
float[]uvw_z=new float[CONST.MAX_AXIS];          //工具坐标系 z 轴方向矢量
float[]uvw=new float[CONST.MAX_AXIS];            //工具方向矢量中间变量
float[]rot=new float[CONST.MAX_AXIS];            //工具坐标系旋转中间变量

//---计算工具方向矢量参数 ux,vx,wx---
rot[3]=space_pos[3];                             //rot(x)Φ
rot[4]=space_pos[4];                             //rot(z)Ψ
rot[5]=space_pos[5];                             //rot(y)θ

uvw=tool_uvw(rot);

float ux=uvw[0];
float vx=uvw[1];
float wx=uvw[2];

//---工具位置和方向矢量参数 x,y,z,ux,vx,wx---
for(i=0;i<CONST.MAX_AXIS;i++)pt[i]=space_pos[i];
pt[3]=ux;                                        //ux
pt[4]=vx;                                        //vx
pt[5]=wx;                                        //wx

//---坐标逆变换计算 a0,a1,a2,a3,a4---
axis_pos=space_to_axis(pt);
```

```
//---计算 a5---
uvw_z[0]=uvw[3];                                  //uz
uvw_z[1]=uvw[4];                                  //vz
uvw_z[2]=uvw[5];                                  //wz

float a5=uvw_to_a5(axis_pos,uvw_z);
axis_pos[5]=a5;

return axis_pos;
}
```

附录 E　程序示例 3 的_coord_trans_u6r 类源程序

```
public class _coord_trans_u6r {
//…略…
```

E.1　坐标正变换程序示例 3 的计算源程序

```
//--------------------------------
//进行坐标正变换,输出工具位置和方向矢量参数 x,y,z,u,v,w
//--------------------------------
public float[] axis_to_space(float[] axis) {
float[] pos=new float[TRANS_AXIS];        //工具位置和方向矢量参数 x,y,z,u,v,w
float[] pt=new float[MAT4];               //工具位置 x,y,z
float[] a=new float[TRANS_AXIS];          //关节转角 a0,a1,a2,a3,a4,a5
float[] vector=new float[MAT4];           //中间变量
float[] uvw=new float[MAT4];              //工具方向矢量参数 u,v,w
int i;

//机器人结构参数
L1=ROB_PAR.L1;
L2=ROB_PAR.L2;
L3=ROB_PAR.L3;
L4=ROB_PAR.L4;
L5=ROB_PAR.L5;
L6=ROB_PAR.L6;

//---计算 cosa0,cosa1,cosa2,cosa3,cosa4,cosa5---
//---计算 sina0,sina1,sina2,sina3,sina4,sina5---
for(i=0;i<TRANS_AXIS;i++)
```

```
    a[i]=(float)(Math.toRadians(axis[i]));

c0=(float)Math.cos(a[0]);                       //cosa0
c1=(float)Math.cos(a[1]);                       //cosa1
c2=(float)Math.cos(a[2]);                       //cosa2
c3=(float)Math.cos(a[3]);                       //cosa3
c4=(float)Math.cos(a[4]);                       //cosa4
c5=(float)Math.cos(a[5]);                       //cosa5

s0=(float)Math.sin(a[0]);                       //sina0
s1=(float)Math.sin(a[1]);                       //sina1
s2=(float)Math.sin(a[2]);                       //sina2
s3=(float)Math.sin(a[3]);                       //sina3
s4=(float)Math.sin(a[4]);                       //sina4
s5=(float)Math.sin(a[5]);                       //sina5

//建立坐标变换矩阵 T0,T1,T2,T3,T4,T5
//---T0---
mat_set_row(trans0,0,c0,-s0,0,0);
mat_set_row(trans0,1,s0,c0,0,0);
mat_set_row(trans0,2,0,0,1,L1);
mat_set_row(trans0,3,0,0,0,1);

//---T1---
mat_set_row(trans1,0,c1,0,s1,L2*s1);
mat_set_row(trans1,1,0,1,0,0);
mat_set_row(trans1,2,-s1,0,c1,L2*c1);
mat_set_row(trans1,3,0,0,0,1);

//---T2---
mat_set_row(trans2,0,c2,0,s2,L3*c2);
mat_set_row(trans2,1,0,1,0,0);
mat_set_row(trans2,2,-s2,0,c2,-L3*s2);
mat_set_row(trans2,3,0,0,0,1);

//---T3---
mat_set_row(trans3,0,c3,0,s3,0);
mat_set_row(trans3,1,0,1,0,-L4);
mat_set_row(trans3,2,-s3,0,c3,0);
```

```
mat_set_row(trans3,3,0,0,0,1);

//---T4---
mat_set_row(trans4,0,1,0,0,L5);
mat_set_row(trans4,1,0,c4,-s4,0);
mat_set_row(trans4,2,0,s4,c4,0);
mat_set_row(trans4,3,0,0,0,1);

//---T5---
mat_set_row(trans5,0,c5,-s5,0,0);
mat_set_row(trans5,1,s5,c5,0,0);
mat_set_row(trans5,2,0,0,1,0);
mat_set_row(trans5,3,0,0,0,1);

//---计算坐标变换矩阵 T0T1T2T3T4T5---
trans01=mat_mult(trans0,trans1);
trans012=mat_mult(trans01,trans2);
trans0123=mat_mult(trans012,trans3);
trans01234=mat_mult(trans0123,trans4);
trans012345=mat_mult(trans01234,trans5);

//---计算工具位置 x,y,z---
vector[0]=0;
vector[1]=0;
vector[2]=-L6;
vector[3]=1;
pt=mat_mult_vector(trans01234,vector);
pos[0]=pt[0];
pos[1]=pt[1];
pos[2]=pt[2];

//---计算工具方向矢量参数 uz,vz,wz---
vector[0]=0;
vector[1]=0;
vector[2]=-1;
vector[3]=0;
uvw=mat_mult_vector(trans01234,vector);
pos[3]=uvw[0];
pos[4]=uvw[1];
```

```
pos[5]=uvw[2];

return pos;
}//axis_to_space()

//---------------------------------
//进行坐标正变换,输出工具位置和姿态角参数 x,y,z,Φ,Ψ,θ
//---------------------------------
public float[]axis_to_space_op(float[]axis){
//本程序与附录 C 的 C.3 节程序示例 1 同名程序内容相同,省略
}
```

E.2 坐标逆变换程序示例 3 的计算源程序

```
//---------------------------------
//由工具坐标系旋转姿态角 Φ,Ψ,θ 计算工具方向矢量参数 u,v,w,ux,vx,wx
//    pos[3]=Φ,pos[4]=Ψ,pos[5]=θ
//---------------------------------
float[]tool_uvw(float[]pos){
//本程序与附录 C 的 C.4 节程序示例 1 的 tool_uvw()程序内容相同,省略
}

//---------------------------------
//由工具位置和方向矢量参数 x,y,z,u,v,w
//计算关节位置 P3(x3,y3,z3)
//---------------------------------
float[]space_to_p3(float[]pos_sp){
float[]pos3=new float[TRANS_AXIS];            //x3,y3,z3
float L6=ROB_PAR.L6;                          //机器人参数 L6
float L4=ROB_PAR.L4;                          //机器人参数 L4
float L5=ROB_PAR.L5;                          //机器人参数 L5
float x3,y3,z3;                               //关节位置 P3

//---输入关节位置和方向矢量参数---
float x=pos_sp[0];
float y=pos_sp[1];
float z=pos_sp[2];
float u=pos_sp[3];
float v=pos_sp[4];
float w=pos_sp[5];
```

```
//---计算关节位置 P5---
float x5=x-L6 * u;
float y5=y-L6 * v;
float z5=z-L6 * w;

//---计算关节转角 a0---
float xy5=(float)Math. sqrt(x5 * x5+y5 * y5);
float E=(float)Math. atan2(y5,x5);
float B=(float)Math. asin(L4/xy5);
float a0=B+E;

//---计算关节转角 a3---
float s0=(float)Math. sin(a0);
float c0=(float)Math. cos(a0);
float a3=-(float)Math. atan2((u * c0+v * s0),-w);

//---计算关节位置 P3---
float s3=(float)Math. sin(a3);
float c3=(float)Math. cos(a3);
x3=x5-L5 * c0 * c3-L4 * s0;
y3=y5-L5 * s0 * c3+L4 * c0;
z3=z5+L5 * s3;

pos3[0]=x3;
pos3[1]=y3;
pos3[2]=z3;

return pos3;
}//float[]space_to_p3(float[]pos_sp){

}//class end

//---------------------------------
//根据关节位置 P3(x3,y3,z3)计算关节转角 a0,a1,a2
//---------------------------------
float[]get_a012(float x3,float y3,float z3){
//本程序与附录 D 的 D.2 节程序示例 2 的 get_a012()程序内容相同,省略
}
```

```
//-------------------------------
//由工具方向矢量(u,v,w)和关节转角 a0,a1,a2 计算关节转角 a3,a4
//-------------------------------
float[ ]get_a34(float[ ]ax_act,float u,float v,float w){
float[ ]a34=new float[TRANS_AXIS];              //输出变量,a3,a4
float[ ]ax=new float[TRANS_AXIS];               //中间变量
float[ ]vector=new float[MAT4];                 //中间变量
float[ ]tr_uvw=new float[MAT4];                 //中间变量
float a3,a4;                                    //中间变量,a3,a4

//---计算坐标变换矩阵 T0T1T2---
axis_to_space(ax_act);

//---计算坐标变换矩阵 T0T1T2 的逆矩阵---
inverse012=mat_inverse(trans012);

//---计算工具方向矢量(u,v,w)与 T0T1T2 的逆矩阵的乘积---
vector[0]=u;
vector[1]=v;
vector[2]=w;
vector[3]=0;
tr_uvw=mat_mult_vector(inverse012,vector);

//---计算 a3,a4---
a3=(float)Math.atan2(-tr_uvw[0],-tr_uvw[2]);
a4=(float)Math.asin(tr_uvw[1]);

a34[3]=(float)Math.toDegrees(a3);
a34[4]=(float)Math.toDegrees(a4);

return a34;
}
//-------------------------------
//进行坐标逆变换,由工具位置和方向矢量参数 x,y,z,u,v,w 计算关节转角 a0,a1,a2,a3,a4
//-------------------------------
public float[ ]space_to_axis(float[ ]pos){
float[ ]ax_act=new float[TRANS_AXIS];           //关节转角,中间变量
float[ ]pos_p3=new float[TRANS_AXIS];           //关节位置 P3
```

```
float[ ]axis=new float[TRANS_AXIS];               //关节转角
float[ ]a34=new float[TRANS_AXIS];                //关节转角,中间变量
float[ ]a012=new float[TRANS_AXIS];               //关节转角,中间变量
int i;

//---计算关节位置 P3---
pos_p3=space_to_p3(pos);

//---计算关节转角 a0,a1,a2---
a012=get_a012(pos_p3[0],pos_p3[1],pos_p3[2]);
for(i=0;i<3;i++)ax_act[i]=(float)Math.toDegrees(a012[i]);

//---计算关节转角 a3,a4---
a34=get_a34(ax_act,u,v,w);
ax_act[3]=a34[3];//a3
ax_act[4]=a34[4];//a4

//---输出计算结果---
for(i=0;i<TRANS_AXIS;i++)axis[i]=ax_act[i];

return axis;
}//space_to_axis()

//---------------------------------
//由关节转角 a0,a1,a2,a3,a4 和工具方向矢量(ux,vx,wx)计算关节转角 a5
//---------------------------------
public float uvwx_to_a5(float[ ]axis_pos,float[ ]uvw_x){
float[ ]tr_uvw=new float[4];                      //中间变量

//---获得坐标正变换矩阵 T0T1T2T3T4---
axis_to_space(axis_pos);

//---计算 T0T1T2T3T4 的逆矩阵---
inverse01234=mat_inverse(trans01234);

//---计算 T0T1T2T3T4 的逆矩阵与(ux,vx,wx)的乘积---
tr_uvw=mat_mult_vector(inverse01234,uvw_x);

//---计算 a5---
```

```
float a5=(float)Math.atan2(tr_uvw[1],tr_uvw[0]);
a5=(float)(Math.toDegrees(a5));

return a5;
}//public float space_to_a5

//--------------------------------
//进行坐标逆变换,由工具位置和姿态角参数 x,y,z,Φ,Ψ,θ 计算关节转角 a0,a1,a2,a3,
a4,a5
//--------------------------------
public float[]space_tool_to_axis(float[]space_pos){
int i;
float[]pt=new float[CONST.MAX_AXIS];          //工具位置中间变量
float[]axis_pos=new float[CONST.MAX_AXIS];    //输出关节转角
float[]uvw_x=new float[CONST.MAX_AXIS];       //工具坐标系 x 轴方向矢量
float[]uvw=new float[CONST.MAX_AXIS];         //工具方向矢量中间变量
float[]rot=new float[CONST.MAX_AXIS];         //工具坐标系旋转中间变量

//---计算工具方向矢量参数 uz,vz,wz,ux,vx,wx---
rot[3]=space_pos[3];                          //rot(x)Φ
rot[4]=space_pos[4];                          //rot(z)Ψ
rot[5]=space_pos[5];                          //rot(y)θ

uvw=tool_uvw(rot);

float uz=uvw[0];
float vz=uvw[1];
float wz=uvw[2];

//---工具位置和方向矢量参数 x,y,z,u,v,w---
for(i=0;i<CONST.MAX_AXIS;i++)pt[i]=space_pos[i];
pt[3]=uz;                                     //uz
pt[4]=vz;                                     //vz
pt[5]=wz;                                     //wz

//---进行坐标逆变换,计算 a0,a1,a2,a3,a4---
axis_pos=space_to_axis(pt);

//---计算 a5---
```

```
uvw_x[0]=uvw[3];                          //ux
uvw_x[1]=uvw[4];                          //vx
uvw_x[2]=uvw[5];                          //wx

float a5=uvwx_to_a5(axis_pos,uvw_x);
axis_pos[5]=a5;

return axis_pos;
}
```

附录 F 示例程序 4 的_coord_trans_fn 类源程序

```
public class_coord_trans_fn{
//…略…
```

F.1 坐标正变换程序示例 4 的计算源程序

```
//--------------------------------
//进行坐标正变换,输出工具位置 Pt(x,y,z)和工具方向矢量(u,v,w)
//axis:关节转角
//--------------------------------
public float[]axis_to_space(float[]axis){
float[]pos=new float[TRANS_AXIS];         //工具位置和工具方向矢量参数 x,y,z,u,v,w
float[]pt=new float[TRANS_AXIS];          //工具位置和工具方向矢量参数 x,y,z,u,v,w
float[]uvw=new float[TRANS_AXIS];         //工具方向矢量参数 u,v,w 中间变量
float[]vector=new float[TRANS_AXIS];      //中间变量
float[]alf=new float[TRANS_AXIS];         //关节转角中间变量
int i;

//机器人结构参数
float L2=ROB_PAR.L2;
float L2y=ROB_PAR.L2y;
float L3=ROB_PAR.L3;
float L5=ROB_PAR.L5;
float L6=240;

//计算关节转角的正余弦值
for(i=0;i<TRANS_AXIS;i++)
```

```
alf[i] = (float)(Math.toRadians(axis[i]));

c0 = (float)Math.cos(alf[0]);                    //cosa0
c1 = (float)Math.cos(alf[1]);                    //cosa1
c2 = (float)Math.cos(alf[2]);                    //cosa2
c3 = (float)Math.cos(alf[3]);                    //cosa3
c4 = (float)Math.cos(alf[4]);                    //cosa4
c5 = (float)Math.cos(alf[5]);                    //cosa5
c6 = (float)Math.cos(alf[6]);                    //cosa6

s0 = (float)Math.sin(alf[0]);                    //sina0
s1 = (float)Math.sin(alf[1]);                    //sina1
s2 = (float)Math.sin(alf[2]);                    //sina2
s3 = (float)Math.sin(alf[3]);                    //sina3
s4 = (float)Math.sin(alf[4]);                    //sina4
s5 = (float)Math.sin(alf[5]);                    //sina5
s6 = (float)Math.sin(alf[6]);                    //sina6

//---设置 T0---
mat_set_row(trans0,0,c0,-s0,0,0);
mat_set_row(trans0,1,s0,c0,0,0);
mat_set_row(trans0,2,0,0,1,0);
mat_set_row(trans0,3,0,0,0,1);

//---设置 T1---
mat_set_row(trans1,0,c1,0,s1,L2 * s1);
mat_set_row(trans1,1,0,1,0,-L2y );
mat_set_row(trans1,2,-s1,0,c1,L2 * c1);
mat_set_row(trans1,3,0,0,0,1);

//---设置 T2---
mat_set_row(trans2,0,c2,-s2,0,-L2y * s2);
mat_set_row(trans2,1,s2,c2,0,L2y * c2);
mat_set_row(trans2,2,0,0,1,0);
mat_set_row(trans2,3,0,0,0,1);

//---设置 T3---
```

```
mat_set_row(trans3,0,c3,0,s3,L3 * c3);
mat_set_row(trans3,1,0,1,0,0);
mat_set_row(trans3,2,-s3,0,c3,-L3 * s3);
mat_set_row(trans3,3,0,0,0,1);

//---设置 T4---
mat_set_row(trans4,0,1,0,0,0);
mat_set_row(trans4,1,0,c4,-s4,-L5 * c4);
mat_set_row(trans4,2,0,s4,c4,-L5 * s4);
mat_set_row(trans4,3,0,0,0,1);

//---设置 T5---
mat_set_row(trans5,0,c5,0,s5,0);
mat_set_row(trans5,1,0,1,0,0);
mat_set_row(trans5,2,-s5,0,c5,0);
mat_set_row(trans5,3,0,0,0,1);

//---设置 T6---
mat_set_row(trans6,0,c6,-s6,0,0);
mat_set_row(trans6,1,s6,c6,0,0);
mat_set_row(trans6,2,0,0,1,0);
mat_set_row(trans6,3,0,0,0,1);

//---计算 T0T1T2T3T4T5T6---
trans01=mat_mult(trans0,trans1);
trans012=mat_mult(trans01,trans2);
trans0123=mat_mult(trans012,trans3);
trans01234=mat_mult(trans0123,trans4);
trans012345=mat_mult(trans01234,trans5);
trans0123456=mat_mult(trans012345,trans6);

//---计算工具位置 x,y,z---
vector[0]=0;
vector[1]=0;
vector[2]=-L6;
vector[3]=1;
pt=mat_mult_vector(trans012345,vector);
pos[0]=pt[0];
```

```
pos[1]=pt[1];
pos[2]=pt[2];

//---计算工具方向矢量参数 uz,vz,wz---
vector[0]=0;
vector[1]=0;
vector[2]=-1;
vector[3]=0;
uvw=mat_mult_vector(trans0123456,vector);
pos[3]=uvw[0];
pos[4]=uvw[1];
pos[5]=uvw[2];

return pos;
}//axis_to_space()

//---------------------------------
//进行坐标正变换,输出工具位置和姿态角参数 x,y,z,Φ,Ψ,θ
//axis:关节转角
//---------------------------------
public float[]axis_to_space_op(float[]axis){
float[]pos=new float[TRANS_AXIS];          //工具位置和方向矢量参数 x,y,z,ux,vx,wx
float[]vector=new float[MAT4];             //中间变量
float[]uvw=new float[MAT4];                //工具方向矢量参数 u,v,w
float[]uvw_x=new float[MAT4];              //工具方向矢量参数 ux,vx,wx
float[]rot=new float[MAT4];                //工具坐标系旋转姿态角 Φ,Ψ,θ

//---计算坐标变换矩阵 T012345 和工具位置 x,y,z---
pos=axis_to_space(axis);

//---计算工具方向矢量参数 u,v,w---
vector[0]=0;
vector[1]=0;
vector[2]=1;
vector[3]=0;
uvw=mat_mult_vector(trans0123456,vector);

//---计算工具方向矢量参数 ux,vx,wx---
vector[0]=1;
```

```
vector[1]=0;
vector[2]=0;
vector[3]=0;
uvw_x=mat_mult_vector(trans0123456,vector);

//---计算 θ---
rot[2]=(float)Math.atan2(uvw[0],uvw_x[0]);                //θ=arctan(u/ux)

//---计算 Ψ---
float a11=0;
if(Math.abs(uvw_x[0]/Math.cos(rot[2]))<1)
  a11=(float)Math.acos(uvw_x[0]/Math.cos(rot[2]));       //Ψ=arccos(ux/cosθ)
//---计算 Φ---
float s10=0;
float c10=0;
float s11=(float)Math.sin(a11);
float s12=(float)Math.sin(rot[2]);
float c12=(float)Math.cos(rot[2]);

float a10=0;
float a10_=0;
float vx=0;

if(Math.abs(s11)<0.01){
  a10=(float)Math.asin(-uvw[1]/(c12+0.00000001f));    //Φ=arcsin(-v/cosθ);
  rot[0]=a10;
  rot[1]=0;
  }
else{
  if(s11>0)s11=s11+0.00000001f;
  if(s11<0)s11=s11-0.00000001f;
  a10=(float)Math.asin((s12*uvw[2]+c12*uvw_x[2])/s11);
  a10_=(float)Math.asin((s12*uvw[2]+c12*uvw_x[2])/-s11);

  //---选择 θ 的正确解---
  s10=(float)Math.sin(a10);
  c10=(float)Math.cos(a10);

  vx=c10*s11*c12+s10*s12;
```

```
    if(Math.abs(vx-uvw_x[1])<0.01){
        rot[0]=a10;
        rot[1]=a11;
        }
    else{
        rot[0]=a10_;
        rot[1]=-a11;
        }
    }

//---Φ,Ψ,θ 返回值和弧度-度转换---
pos[3]=(float)Math.toDegrees(rot[0]);
pos[4]=(float)Math.toDegrees(rot[1]);
pos[5]=(float)Math.toDegrees(rot[2]);

return pos;
}
```

F.2 坐标逆变换程序示例 4 的计算源程序

```
//---------------------------------
//由工具坐标系旋转姿态角 Φ,Ψ,θ 计算工具方向矢量参数 u,v,w,ux,vx,wx
//   pos[3]=Φ,pos[4]=Ψ,pos[5]=θ
//---------------------------------
float[]tool_uvw(float[]pos){
//本程序与附录 C 的 C.4 节程序示例 1 的 tool_uvw()程序内容相同,省略
}
//---------------------------------
//进行坐标逆变换,采用牛顿-拉普森迭代法
//由工具位置 Pt(x,y,z)、工具方向矢量(u,v,w)和关节转角 a2 计算机器人的关节转角 a0,
a1,a3,a4,a5
//pos:x,y,z,u,v,w,a2
//solution:选择函数 f3 的元素
//ax_now:a0,a1,a3,a4,a5 的初始值
//---------------------------------
public float[]space_to_axis_sub(float[]pos,float[]ax_now,int solution){
float[][]jacob=new float[MAT5][MAT5];          //雅可比矩阵
float[][]inv_jacob=new float[MAT5][MAT5];      //雅可比逆矩阵
float[]vector5=new float[MAT5];                //5 维向量
float[]vector1=new float[MAT4];                //4 维向量
```

```
float[ ]vector2=new float[MAT4];                          //4 维向量
float[ ]temp5=new float[MAT5];                            //中间变量
float[ ]temp=new float[MAT4];                             //中间变量

float[ ]df0_ds=new float[CONST. MAX_AXIS];                //函数 f0 的偏导数
float[ ]df1_ds=new float[CONST. MAX_AXIS];                //函数 f1 的偏导数
float[ ]df2_ds=new float[CONST. MAX_AXIS];                //函数 f2 的偏导数
float[ ]df3_ds=new float[CONST. MAX_AXIS];                //函数 f3 的偏导数
float[ ]df4_ds=new float[CONST. MAX_AXIS];                //函数 f4 的偏导数
float[ ]axis=new float[TRANS_AXIS];                       //返回关节转角
int recu_n=5;                                             //迭代计算次数
float f0,f1,f2,f3,f4;                                     //函数值
float jacob_err=0;                                        //雅可比逆矩阵奇异标志
float[ ]si=new float[CONST. MAX_AXIS];                    //sina0,sina1,sina2,sina3,sina4,sina5,sina6
float L6=ROB_PAR. L6;                                     //工具长度
int i,j;

//读入工具位置和方向姿态
float x=pos[0],y=pos[1],z=pos[2];
float u=pos[3],v=pos[4],w=pos[5];

//--- 给定迭代初值---
ax_now[2]=pos[CONST. q_axis];                             //a2 的给定值
for(i=0;i<CONST. MAX_AXIS;i++)
  si[i]=(float)Math. sin(Math. toRadians(ax_now[i]));

//---迭代计算---
for(j=0;j<recu_n;j++){
 //设定坐标变换矩阵 T0,T1,T2,T3,T4,T5,并计算 T0T1T2T3T4T5
  set_t012345(si);

  //计算函数 f0,f1,f2 的值
  vector1[0]=0;
  vector1[1]=0;
  vector1[2]=-L6;
  vector1[3]=1;
  temp=mat_mult_vector(trans012345,vector1);
  f0=temp[0]-x;                                           //f0
  f1=temp[1]-y;                                           //f1
```

```
f2=temp[2]-z;                                  //f2

//计算函数 f3 的值
f3=newton_func3(si,u,v,solution);              //f3

//计算函数 f4 的值
vector2[0]=0;
vector2[1]=0;
vector2[2]=-1;
vector2[3]=0;
temp=mat_mult_vector(trans012345,vector2);
f4=temp[2]-w;                                  //f4

//计算 f0,f1,f2,f4 对 sina0,sina1,sina2,sina3,sina4,sina5 的偏导数
for(i=0;i<6;i++){
  set_df_ds(i,si);
  temp=mat_mult_vector(trans012345,vector1);
  df0_ds[i]=temp[0];                           //df0/ds[i],s[i]=sinai
  df1_ds[i]=temp[1];                           //df1/ds[i]
  df2_ds[i]=temp[2];                           //df2/ds[i]

  temp=mat_mult_vector(trans012345,vector2);
  df4_ds[i]=temp[2];                           //df4/ds[i]
  }
//计算 f3 对 sinai 的偏导数
df3_ds=set_df3_ds(si,u,v,solution);

//建立雅可比矩阵
jacob=set_jacob(df0_ds,df1_ds,df2_ds,df3_ds,df4_ds);

//计算雅可比逆矩阵
jacob_err=inv_matrix(jacob,inv_jacob,MAT5);

//更新 sinai 值
vector5[0]=f0;
vector5[1]=f1;
vector5[2]=f2;
vector5[3]=f3;
vector5[4]=f4;
```

```
    temp5 = mat5_mult_vector( inv_jacob, vector5) ;

    si[0] = si[0] -temp5[0] ;
    si[1] = si[1] -temp5[1] ;
    si[3] = si[3] -temp5[2] ;
    si[4] = si[4] -temp5[3] ;
    si[5] = si[5] -temp5[4] ;

    //sinai 值溢出处理
    for( i=0; i<CONST. MAX_AXIS; i++) {
        if( Math. abs( si[i]) >1) si[i] = 0. 5f;
        if( Math. abs( si[i]) <-1) si[i] = -0. 5f;
        }

    }//for( k=0; k<recu_n; k++) {

//axis 返回值
for( i=0; i<6 ; i++)
    axis[i] = ( float) Math. toDegrees( Math. asin( si[i]) ) ;

if( jacob_err = = -1) return ax_now;                    //雅可比逆矩阵奇异,无解
else return axis;
}//space_to_axis( )

//--------------------------------
//设定坐标变换矩阵 T0,T1,T2,T3,T4,T5 的值并计算矩阵 T0T1T2T3T4T5
//s[i]:s0,s1,s2,s3,s4,s5,即 sina0,sina1,sina2,sina3,sina4,sina5
//--------------------------------
void set_t012345( float[] s) {
int n_axis = 6;                                         //关节的数目
float[] c = new float[n_axis];                          //c[]
float L2 = ROB_PAR. L2;                                 //机器人结构参数 L2
float L2y = ROB_PAR. L2y;                               //机器人结构参数 L2y
float L3 = ROB_PAR. L3;                                 //机器人结构参数 L3
float L5 = ROB_PAR. L5;                                 //机器人结构参数 L5
int i;

//---计算 cosa0,cosa1,cosa2,cosa3,cosa4,cosa5---
```

```
for(i=0;i<n_axis;i++)
   c[i]=(float)Math.sqrt(1-s[i] * s[i]);

//---T0---
mat_set_row(trans0,0,c[0],-s[0],0,0);
mat_set_row(trans0,1,s[0],c[0],0,0);
mat_set_row(trans0,2,0,0,1,0);
mat_set_row(trans0,3,0,0,0,1);

//---T1---
mat_set_row(trans1,0,c[1],0,s[1],L2 * s[1]);
mat_set_row(trans1,1,0,1,0,-L2y);
mat_set_row(trans1,2,-s[1],0,c[1],L2 * c[1]);
mat_set_row(trans1,3,0,0,0,1);

//---T2---
mat_set_row(trans2,0,c[2],-s[2],0,-L2y * s[2]);
mat_set_row(trans2,1,s[2],c[2],0,L2y * c[2]);
mat_set_row(trans2,2,0,0,1,0);
mat_set_row(trans2,3,0,0,0,1);

//---T3---
mat_set_row(trans3,0,c[3],0,s[3],L3 * c[3]);
mat_set_row(trans3,1,0,1,0,0);
mat_set_row(trans3,2,-s[3],0,c[3],-L3 * s[3]);
mat_set_row(trans3,3,0,0,0,1);

//---T4---
mat_set_row(trans4,0,1,0,0,0);
mat_set_row(trans4,1,0,c[4],-s[4],-L5 * c[4]);
mat_set_row(trans4,2,0,s[4],c[4],-L5 * s[4]);
mat_set_row(trans4,3,0,0,0,1);

//---T5---
mat_set_row(trans5,0,c[5],0,s[5],0);
mat_set_row(trans5,1,0,1,0,0);
mat_set_row(trans5,2,-s[5],0,c[5],0);
mat_set_row(trans5,3,0,0,0,1);
```

```
//---计算 T0T1T2T3T4T5---
trans01 = mat_mult(trans0,trans1);
trans012 = mat_mult(trans01,trans2);
trans0123 = mat_mult(trans012,trans3);
trans01234 = mat_mult(trans0123,trans4);
trans012345 = mat_mult(trans01234,trans5);

}//void set_t012345(float s[])


//-----------------------------------
//计算函数 f3 的值
//s[i]:s0,s1,s2,s3,s4,s5,即 sina0,sina1,sina2,sina3,sina4,sina5
//u,v,w:工具方向矢量参数
//solution=+/-1:选择方程变量组成
//-----------------------------------
float newton_func3(float[]s,float u,float v,int solution){
float[]c=new float[CONST.MAX_AXIS];              //cos[i]
float f3;                                         //返回值
int i;

//---计算 cos 值---
for(i=0;i<CONST.MAX_AXIS;i++)
  c[i]=(float)Math.sqrt(1-s[i]*s[i]);

//---方程组成 1---
if(solution==1){
  float part1=c[2]*(c[3]*s[5]+s[3]*c[4]*c[5])
                  +s[2]*s[4]*c[5];
  float part2=s[3]*s[5]-c[3]*c[4]*c[5];

  f3=c[1]*part1-s[1]*part2+c[0]*u+s[0]*v;
  }

//---方程组成 2---
else{
  f3=s[2]*(c[3]*s[5]+s[3]*c[4]*c[5])
    -c[2]*s[4]*c[5]-s[0]*u+c[0]*v;
  }
```

```
return f3;
}
//---------------------------------
//计算 f[i]对 s[i]的偏导数
//s[i]:s0,s1,s2,s3,s4,s5,即 sina0,sina1,sina2,sina3,sina4,sina5
//axis_i:s[i]的索引
//---------------------------------
void set_df_ds(int axis_i,float[]si){
float L2=ROB_PAR.L2;                           //机器人结构参数 L2
float L3=ROB_PAR.L3;                           //机器人结构参数 L3
float L5=ROB_PAR.L5;                           //机器人结构参数 L5
float c0,c1,c2,c3,c4,c5;
float s0,s1,s2,s3,s4,s5;

//---建立坐标变换矩阵 T0,T1,T2,T3,T4,T5,计算 T012345---
set_t012345(si);

//---计算 sin 值和 cos 值---
float sin=si[axis_i];
if(sin>1)sin=1;
float cos=(float)Math.sqrt(1-sin*sin);
if(cos==0)cos=0.0000001f;

//---计算 f[i]对 s[i]的偏导数---
switch(axis_i){
  case 0://---trans0---
      s0=sin;
      c0=cos;
      mat_set_row(trans0,0,-s0/c0,-1,0,0);
      mat_set_row(trans0,1,1,-s0/c0,0,0);
      mat_set_row(trans0,2,0,0,0,0);
      mat_set_row(trans0,3,0,0,0,0);
      break;

  case 1://---trans1---
      s1=sin;
      c1=cos;
      mat_set_row(trans1,0,-s1/c1,0,1,L2);
      mat_set_row(trans1,1,0,0,0,0);
```

```
            mat_set_row(trans1,2,-1,0,-s1/c1,-L2 * s1/c1);
            mat_set_row(trans1,3,0,0,0,0);
            break;

        case 3://---trans3---
            s3=sin;
            c3=cos;
            mat_set_row(trans3,0,-s3/c3,0,1,-L3 * s3/c3);
            mat_set_row(trans3,1,0,0,0,0 );
            mat_set_row(trans3,2,-1,0,-s3/c3,-L3);
            mat_set_row(trans3,3,0,0,0,0 );
            break;

    case 4://---trans4---
        s4=sin;
        c4=cos;
        mat_set_row(trans4,0,0,0,0,0);
        mat_set_row(trans4,1,0,-s4/c4,-1,L5 * s4/c4);
        mat_set_row(trans4,2,0,1,-s4/c4,-L5);
        mat_set_row(trans4,3,0,0,0,0);
        break;

    case 5://---trans4---
        s5=sin;
        c5=cos;
        mat_set_row(trans5,0,-s5/c5,0,1,0);
        mat_set_row(trans5,1,0,0,0,0);
        mat_set_row(trans5,2,-1,0,-s5/c5,0);
        mat_set_row(trans5,3,0,0,0,0);
        break;
        }

trans01=mat_mult(trans0,trans1);
trans012=mat_mult(trans01,trans2);
trans0123=mat_mult(trans012,trans3);
trans01234=mat_mult(trans0123,trans4);
trans012345=mat_mult(trans01234,trans5);

}//void add_dtds(int ax_i,float si){
```

```
//---------------------------------
//计算 f3 对 s[i]的偏导数
//s[i]:s0,s1,s2,s3,s4,s5,即 sina0,sina1,sina2,sina3,sina4,sina5
//u,v,w:工具方向矢量参数
//solution=+/-1:选择方程变量组成
//---------------------------------
float[]set_df3_ds(float[]s,float u,float v,int solution){
float[]df3_ds=new float[CONST.MAX_AXIS];      //f3 的偏导数
float[]c=new float[CONST.MAX_AXIS];           //cos[i]
float min=0.0000001f;                          //最小数值
int i;

//---计算 cosa0,cosa1,cosa2,cosa3,cosa4,cosa5---
for(i=0;i<CONST.MAX_AXIS;i++)
   c[i]=(float)Math.sqrt(1-s[i]*s[i])+min;
float c2=c[2];

//---方程变量组成 1---
if(solution==1){
   float part1=c[2]*(c[3]*s[5]+s[3]*c[4]*c[5])
                   +s[2]*s[4]*c[5];
   float part2=s[3]*s[5]-c[3]*c[4]*c[5];

   df3_ds[0]=-s[0]/c[0]*u+v;
   df3_ds[1]=-s[1]/c[1]*part1-part2;
   df3_ds[2]=0;
   df3_ds[3]=-c[1]*(c[2]*(-s[3]/c[3]*s[5]+c[4]*c[5]))
           -s[1]*(s[5]+s[3]/c[3]*c[4]*c[5]);
   df3_ds[4]=-c[1]*(-c[2]*s[3]*s[4]/c[4]*c[5]+s[2]*c[5])
           -s[1]*c[3]*s[4]/c[4]*c[5];
   df3_ds[5]=c[1]*(c[2]*(c[3]-s[3]*c[4]*s[5]/c[5])
                -s[2]*s[4]*s[5]/c[5])
           -s[1]*(s[3]+c[3]*c[4]*s[5]/c[5]);
}

//---方程变量组成 2---
else{
   df3_ds[0]=-u-s[0]/c[0]*v;
```

```
  df3_ds[1]=0;
  df3_ds[2]=0;
  df3_ds[3]=s[2]*(-s[3]/c[3]*s[5]+c[4]*c[5]);
  df3_ds[4]=-s[2]*s[3]*s[4]/c[4]*c[5]-c[2]*c[5];
  df3_ds[5]=s[2]*(c[3]-s[3]*c[4]*s[5]/c[5])
          +c2*s[4]*s[5]/c[5];
  }

return df3_ds;
}

//---------------------------------
//构建雅可比矩阵
//f0_ds[i],f1_ds[i],f2_ds[i],f3_ds[i],f4_ds[i]:矩阵元素,为 f0,f1,f2,f3,f4 对 s[i]的偏导数
//s[i]:s0,s1,s2,s3,s4,s5,即 sina0,sina1,sina2,sina3,sina4,sina5
//---------------------------------
float[][]set_jacob(float[]f0_ds,float[]f1_ds,
        float[]f2_ds,float[]f3_ds,float[]f4_ds){

float[][]jacob=new float[MAT5][MAT5];

mat5_set_row(jacob,0,f0_ds[0],f0_ds[1],f0_ds[3],f0_ds[4],f0_ds[5]);
mat5_set_row(jacob,1,f1_ds[0],f1_ds[1],f1_ds[3],f1_ds[4],f1_ds[5]);
mat5_set_row(jacob,2,f2_ds[0],f2_ds[1],f2_ds[3],f2_ds[4],f2_ds[5]);
mat5_set_row(jacob,3,f3_ds[0],f3_ds[1],f3_ds[3],f3_ds[4],f3_ds[5]);
mat5_set_row(jacob,4,f4_ds[0],f4_ds[1],f4_ds[3],f4_ds[4],f4_ds[5]);

return jacob;
}
//---------------------------------
//由关节转角 a0,a1,a2,a3,a4,a5 和工具方向矢量(ux,vx,wx)计算关节转角 a6
//---------------------------------
public float uvwx_to_a6(float[]ax_pos,float[]uvw_x){
float[]tr_uvw=new float[4];                    //中间变量

//---获得坐标正变换矩阵 T0T1T2T3T4T5---
axis_to_space(ax_pos);
//set_t012345(ax_pos);
//---计算 T0T1T2T3T4T5 的逆矩阵---
```

```
inverse012345 = mat_inverse( trans012345 ) ;

//---计算 T0T1T2T3T4T5 的逆矩阵与工具方向矢量(ux,vx,wx)的乘积---
tr_uvw = mat_mult_vector( inverse012345,uvw_x) ;

//---计算 a6---
float a6 = (float) Math. atan2( tr_uvw[1],tr_uvw[0]) ;
a6 = (float) ( Math. toDegrees( a6) ) ;

return a6;
}//public float space_to_a6


//--------------------------------
//进行坐标逆变换,由工具位置(x,y,z)、工具方向矢量(u,v,w)和关节转角 a2
//计算机器人的关节转角 a0,a1,a3,a4,a5
//ax_now:解的初值
//--------------------------------
public float[] space_to_axis( float[] pos,float[] ax_now) {
float[] axis_solution1 = new float[TRANS_AXIS];    //关节转角解 1
float[] axis_solution2 = new float[TRANS_AXIS];    //关节转角解 2
float[] pos_solution1 = new float[TRANS_AXIS];     //验算解 1 的工具位置和方向矢量
float[] pos_solution2 = new float[TRANS_AXIS];     //验算解 2 的工具位置和方向矢量
float[] err_solution1 = new float[TRANS_AXIS];     //关节转角解 1 的方向矢量误差
float[] err_solution2 = new float[TRANS_AXIS];     //关节转角解 2 的方向矢量误差
float    err_1 = 0,err_2 = 0;                      //中间变量
int i;

//计算第 1 组解
axis_solution1 = space_to_axis_sub( pos,ax_now,1) ;
//计算第 2 组解
axis_solution2 = space_to_axis_sub( pos,ax_now,2) ;

//进行坐标正变换计算验算解 1 和解 2
pos_solution1 = axis_to_space( axis_solution1) ;
pos_solution2 = axis_to_space( axis_solution2) ;

//计算解 1 和解 2 的逆变换误差
for( i = 0;i<6;i++) {
```

```
    err_solution1[i]=pos_solution1[i]-pos[i];
    err_solution2[i]=pos_solution2[i]-pos[i];
    }

//计算解 1 和解 2 的工具方向矢量(u,v,w)误差之和
for(i=3;i<6;i++){
    err_1=err_1+Math.abs(err_solution1[i]);
    err_2=err_2+Math.abs(err_solution2[i]);
    }

//根据工具方向矢量(u,v,w)误差选择解
if(err_1<=err_2)
      return axis_solution1;
else return axis_solution2;
}

//----------------------------------
//进行坐标逆变换,由工具位置和旋转姿态角参数 x,y,z,Φ,Ψ,θ 和关节转角 a2
//计算机器人的关节转角 a0,a1,a3,a4,a5,a6
//space_pos:x,y,z,Φ,Ψ,θ,a2
//ax_now:a0,a1,a3,a4,a5 的初始值
//----------------------------------
public float[]space_tool_to_axis(float[]space_pos,float[]ax_now){
int i;
float[]pt=new float[CONST.MAX_AXIS];              //工具位置和方向矢量
float[]axis_pos=new float[CONST.MAX_AXIS];        //关节转角 a0,a1,a2,a3,a4,a5,a6
float[]uvw_x=new float[CONST.MAX_AXIS];           //工具方向矢量 tx
float[]uvw=new float[CONST.MAX_AXIS];             //工具方向矢量 tz,tx
float[]rot=new float[CONST.MAX_AXIS];             //工具坐标系旋转姿态角 Φ,Ψ,θ

//---计算工具方向矢量参数 uz,vz,wz,ux,vx,wx---
rot[3]=space_pos[3];                              //Φ
rot[4]=space_pos[4];                              //Ψ
rot[5]=space_pos[5];                              //θ
uvw=tool_uvw(rot);

//---设置工具位置 pt(x,y,z)和工具方向矢量参数 uz,vz,wz---
for(i=0;i<CONST.MAX_AXIS;i++)pt[i]=space_pos[i];
pt[3]=uvw[0];                                     //uz
```

```
pt[4]=uvw[1];                               //vz
pt[5]=uvw[2];                               //wz

//---进行坐标逆变换,计算关节转角 a0,a1,a2,a3,a4,a5---
axis_pos=space_to_axis(pt,ax_now,0,0);

//---计算关节转角 a6---
uvw_x[0]=uvw[3];                            //ux
uvw_x[1]=uvw[4];                            //vx
uvw_x[2]=uvw[5];                            //wx

float a6=uvwx_to_a6(axis_pos,uvw_x);
axis_pos[6]=a6;

return axis_pos;
}
```

附录 G　程序示例 5 的_coord_trans_h 类源程序

```
public class _coord_trans_h{
//…略…

//---------------------------------
//静态变量
//---------------------------------
public class ROB_MOVE{
//球铰位置和关节转角
public static    float pos_6p4[][]=new float[ROB_PAR.MAX_ARM][CONST.MAX_AXIS];
public static    float pos_6p1[][]=new float[ROB_PAR.MAX_ARM][CONST.MAX_AXIS];
public static    float a1[]=new float[ROB_PAR.MAX_ARM];
}
```

G.1　坐标逆变换程序示例 5 的计算源程序

```
//---------------------------------
//根据工具坐标系旋转姿态角 Φ,Ψ,θ 建立工具坐标变换矩阵
//    pos[3]=Φ,pos[4]=Ψ,pos[5]=θ
//---------------------------------
void set_trans101112(float[]pos){
```

```
//---计算工具坐标系旋转姿态角 Φ,Ψ,θ 正余弦值---
float a10=(float)Math.toRadians(pos[3]);          //Φ
float a11=(float)Math.toRadians(pos[4]);          //Ψ
float a12=(float)Math.toRadians(pos[5]);          //θ

float s10=(float)Math.sin(a10);                   //sinΦ
float s11=(float)Math.sin(a11);                   //sinΨ
float s12=(float)Math.sin(a12);                   //sinθ

float c10=(float)Math.cos(a10);                   //cosΦ
float c11=(float)Math.cos(a11);                   //cosΨ
float c12=(float)Math.cos(a12);                   //cosθ

//---给坐标旋转变换矩阵赋值---
//---T10---
mat_set_row(trans10,0,1,0,0,0);
mat_set_row(trans10,1,0,c10,-s10,0);
mat_set_row(trans10,2,0,s10,c10,0);
mat_set_row(trans10,3,0,0,0,1);

//---T11---
mat_set_row(trans11,0,c11,-s11,0,0);
mat_set_row(trans11,1,s11,c11,0,0);
mat_set_row(trans11,2,0,0,1,0);
mat_set_row(trans11,3,0,0,0,1);

//---T12---
mat_set_row(trans12,0,c12,0,s12,0);
mat_set_row(trans12,1,0,1,0,0);
mat_set_row(trans12,2,-s12,0,c12,0);
mat_set_row(trans12,3,0,0,0,1);

//---计算坐标变换矩阵 T10T11T12---
trans1011=mat_mult(trans10,trans11);
trans101112=mat_mult(trans1011,trans12);

}

//---------------------------------
```

```
//计算关节位置 P1.0,P1.1,P1.2,P1.3,P1.4,P1.5
//根据工具位置 x,y,z 和工具坐标系旋转姿态角 Φ,Ψ,θ
//计算关节位置 P4.0,P4.1,P4.2,P4.3,P4.4,P4.5
//--------------------------------
public void pos_pt_to_6p4(float[ ]pos_pt) {
int i;
float[ ]p45tr=new float[MAT4];//P4.0,P4.1,P4.2,P4.3,P4.4,P4.5 在 P5 坐标系的位置
float[ ]p45=new float[MAT4]; //P4.0,P4.1,P4.2,P4.3,P4.4,P4.5 在 P5 坐标系的位置中
                               间变量
float L5=220;                  //工具长度

//建立下平台坐标变换矩阵
set_trans101112(pos_pt);

//计算关节位置 P4.0,P4.1,P4.2,P4.3,P4.4,P4.5
for(i=0;i<ROB_PAR.MAX_ARM;i++) {
  //计算 P4.0,P4.1,P4.2,P4.3,P4.4,P4.5 在 P5 坐标系的位置
  p45[0] = (float) (ROB_PAR.disc_r * Math.cos (Math.toRadians (ROB_PAR.DISC_POS
[i])));
  p45 [1] = (float) (ROB_PAR.disc_r * Math.sin (Math.toRadians (ROB_PAR.DISC_POS
[i])));
  p45[2]=L5;
  p45[3]=1;
  p45tr=mat_mult_vector(trans101112,p45);

  //计算 P4.i 的位置
  ROB_MOVE.pos_6p4[i][0]=pos_pt[0]+p45tr[0];
  ROB_MOVE.pos_6p4[i][1]=pos_pt[1]+p45tr[1];
  ROB_MOVE.pos_6p4[i][2]=pos_pt[2]+p45tr[2];

  //计算 P1.i 的位置
  ROB_MOVE.pos_6p1[i][0]=
    (float)(ROB_PAR.L1 * Math.cos(Math.toRadians(ROB_PAR.ARM_POS[i])));//x
  ROB_MOVE.pos_6p1[i][1]=
    (float)(ROB_PAR.L1 * Math.sin(Math.toRadians(ROB_PAR.ARM_POS[i])));//y
  ROB_MOVE.pos_6p1[i][2]=0;//z
  }
}

//--------------------------------
```

```
//在 P0.i-xy'z 坐标系根据 P1.i 和 P4.i 的位置,计算关节转角 a1.i
//--------------------------------
public float p4xy_to_a1(float[]pos_p1,float[]pos_p4,int arm ){
float[]p41=new float[CONST.MAX_AXIS];          //P4 在 P0.i-xy'z 坐标系的位置
float[]p2=new float[CONST.MAX_AXIS];           //P2 的位置
float a1;                                      //关节转角 a1.i
int i;

//计算圆弧 1 和圆弧 2 的圆心位置
for(i=0;i<CONST.MAX_AXIS;i++)p41[i]=pos_p4[i]-pos_p1[i];
float L4zx=(float)Math.sqrt(ROB_PAR.L4*ROB_PAR.L4-p41[1]*p41[1]);
float xm1=pos_p1[0],zm1=pos_p1[2];
float xm2=pos_p4[0],zm2=pos_p4[2];

//计算关节位置 P2
float r1=ROB_PAR.L2;
float r2=L4zx;
get_k_k_cutpoint(r1,r2,xm1,zm1,xm2,zm2,0,0,p2);

//返回值 p2 中包含 2 个解,分别计算关节转角 a1 的 2 个解
//p2[0]=x2,p2[1]=z2,p2[3]=x2',p2[3]=z2'
float a1_1=(float)Math.atan2(p2[1]-zm1,p2[0]-xm1);
float a1_2=(float)Math.atan2(p2[3]-zm1,p2[2]-xm1);

//选择其中一个正确解
if(Math.abs(a1_1)<Math.abs(a1_2))a1=a1_1;
else a1=a1_2;

a1=(float)Math.toDegrees(a1);
return a1;
}//float pos_p4_to_joint_a1

//--------------------------------
//计算 2 个圆的交点
//--------------------------------
String get_k_k_cutpoint(float r1,float r2,float xm1,float ym1,float xm2,float ym2,float xe,float
ye,float[]pff){
float   l1,bx,by,a,b,c,dd;
float   x1,y1,x2,y2,x1a,y1a,x2a,y2a,x1b,y1b,x2b,y2b;
```

```
double   p;
String str = " " ;
bx = xm2-xm1 ;
by = ym2-ym1 ;
l1 = r2 * r2-r1 * r1-bx * bx-by * by;

if( Math. abs( by) >= 0. 01  ||  Math. abs( bx) >= 0. 01)
  {
  if( Math. abs( by) >= 0. 01)
     {
     a = 1+bx * bx/by/by;
     b = l1 * bx/by/by;
     c = l1 * l1/4/by/by-r1 * r1;
     dd = b * b-4 * a * c;
     if( dd<0. 0)         str = " no cutting point" ;
     x1 = ( float) ( ( -b+Math. sqrt( dd) )/2/a) ;
     x2 = ( float) ( ( -b-Math. sqrt( dd) )/2/a) ;
     y1a = ( float) ( ym1+Math. sqrt( r1 * r1-x1 * x1) ) ;
     y2a = ( float) ( ym1+Math. sqrt( r1 * r1-x2 * x2) ) ;
     y1b = ( float) ( ym1-Math. sqrt( r1 * r1-x1 * x1) ) ;
     y2b = ( float) ( ym1-Math. sqrt( r1 * r1-x2 * x2) ) ;
     x1 = xm1+x1 ;
     x2 = xm1+x2 ;
     p = Math. sqrt( ( x1-xm2) * ( x1-xm2) +( y1a-ym2) * ( y1a-ym2) ) ;
     if( Math. abs( p-r2) <= 0. 05)
        {
        pff[ 0 ] = x1 ;
        pff[ 1 ] = y1a ;
        }

  p = Math. sqrt( ( x1-xm2) * ( x1-xm2) +( y1b-ym2) * ( y1b-ym2) ) ;
  if( Math. abs( p-r2) <= 0. 05)
     {
     pff[ 0 ] = x1 ;
     pff[ 1 ] = y1b ;
     }
  p = Math. sqrt( ( x2-xm2) * ( x2-xm2) +( y2a-ym2) * ( y2a-ym2) ) ;
  if( Math. abs( p-r2) <= 0. 05)
     {
```

```
            pff[2]=x2;
            pff[3]=y2a;
            }
        p=Math.sqrt((x2-xm2)*(x2-xm2)+(y2b-ym2)*(y2b-ym2));
        if(Math.abs(p-r2)<=0.05)
            {
            pff[2]=x2;
            pff[3]=y2b;
            }
        } //if(Math.abs(by)>=0.01)

    else if(Math.abs(bx)>=0.01)
        {
        a=1+by*by/bx/bx;
        b=l1*by/bx/bx;
        c=l1*l1/4/bx/bx-r1*r1;
        dd=b*b-4*a*c;
        if(dd<0.0)str="no cutting point";
         y1=(float)((-b+Math.sqrt(dd))/2/a);
        y2=(float)((-b-Math.sqrt(dd))/2/a);
        x1a=(float)(xm1+Math.sqrt(r1*r1-y1*y1));
        x2a=(float)(xm1+Math.sqrt(r1*r1-y2*y2));
        x1b=(float)(xm1-Math.sqrt(r1*r1-y1*y1));
        x2b=(float)(xm1-Math.sqrt(r1*r1-y2*y2));
        y1=ym1+y1;
        y2=ym2+y2;
        p=Math.sqrt((y1-ym2)*(y1-ym2)+(x1a-xm2)*(x1a-xm2));
        if(Math.abs(p-r2)<=0.05)
            {
            pff[0]=x1a;
            pff[1]=y1;
            }
        p=Math.sqrt((y1-ym2)*(y1-ym2)+(x1b-xm2)*(x1b-xm2));
        if(Math.abs(p-r2)<=0.05)
            {
            pff[0]=x1b;
            pff[1]=y1;
            }
        p=Math.sqrt((y2-ym2)*(y2-ym2)+(x2a-xm2)*(x2a-xm2));
```

```
if(Math.abs(p-r2)<=0.05)
    {
    pff[2]=x2a;
    pff[3]=y2;
    }
p=Math.sqrt((y2-ym2)*(y2-ym2)+(x2b-xm2)*(x2b-xm2));
if(Math.abs(p-r2)<=0.05)
    {
    pff[2]=x2b;
    pff[3]=y2;
    }
}//else if(Math.abs(bx)>=0.01)
}//if(Math.abs(by)>=0.01 || Math.abs(bx)>=0.01)

else   str="no cutting point";

return(str);
}//get_k_k_cutpoint

//-------------------------------
//由关节位置 P4.i 计算关节转角 a1
//arm:摆杆的索引
//-------------------------------
public void pos_p4_to_a1(int arm){
float[]p0_=new float[CONST.MAX_AXIS];
                                        //关节位置 P0.0',P0.1',P0.2',P0.3',P0.4',P0.5'
float[]p1=new float[CONST.MAX_AXIS];
                                        //关节位置 P1.0,P1.1,P1.2,P1.3,P1.4,P1.5
float[]p1_=new float[CONST.MAX_AXIS];
                                        //关节位置 P1.0',P1.1',P1.2',P1.3',P1.4',P1.5'
float[]p2=new float[CONST.MAX_AXIS];
                                        //关节位置 P2.0,P2.1,P2.2,P2.3,P2.4,P2.5
float[]p4=new float[CONST.MAX_AXIS];
                                        //关节位置 P4.0,P4.1,P4.2,P4.3,P4.4,P4.5
float[]p1am=new float[CONST.MAX_AXIS];          //关节位置 P1.i
float[]p4am=new float[CONST.MAX_AXIS];          //关节位置 P4.i
float[]pc=new float[CONST.MAX_AXIS];            //直线 P0.i',P1.i'与 L4c 交点
float xc,yc;                                    //直线交点 Pc 坐标
float Lc,L4c;                                   //直线段长度
```

```
float L4c_=10;                                           //L4c'
float a0=(float)Math.toRadians(ROB_PAR.ARM_POS[arm]);
                                                         //摆杆方向角
float xa1,ya1,xe1,ye1;                                   //中间变量,直线起点终点
float xa2,ya2,xe2,ye2;                                   //中间变量,直线起点终点
float pi=(float)Math.PI;                                 //π
float am;                                                //直线段 Lc 的角度
float shift_x,shift_y;                                   //偏移量 h 的 x 和 y 方向分量
int i;


//输入 P1.i 和 P4.i 的位置
p1_=ROB_MOVE.pos_6p1[arm];
p4=ROB_MOVE.pos_6p4[arm];

//计算 P0.i'和 P1.i 的位置
if(a0>=0){
  shift_x=(float)(-ROB_PAR.ARM_OFFSET[arm] * Math.sin(a0));
  shift_y=(float)(ROB_PAR.ARM_OFFSET[arm] * Math.cos(a0));
  }
else{
  shift_x=(float)(ROB_PAR.ARM_OFFSET[arm] * Math.sin(a0));
  shift_y=(float)(-ROB_PAR.ARM_OFFSET[arm] * Math.cos(a0));
  }

p0_[0]=shift_x;
p0_[1]=shift_y;
p1[0]=p1_[0]+shift_x;
p1[1]=p1_[1]+shift_y;

//构建直线 P0.i'P1.i
xa1=p0_[0];
ya1=p0_[1];
xe1=p1[0];
ye1=p1[1];

//构建直线 L4c'
xa2=p4[0];
ya2=p4[1];
```

```
xe2=(float)(xa2-L4c_ * Math.sin(a0));
ye2=(float)(ya2+L4c_ * Math.cos(a0));

//计算直线 P0.i'P1.i 与 L4c'的交点 Pc
get_l_l_cutpoint(xa1,ya1,xe1,ye1,xa2,ya2,xe2,ye2,pc);
xc=pc[0];
yc=pc[1];

//计算 Lc
am=(float)Math.atan2(yc-p0_[1],xc-p0_[0]);
if(am>pi)am=-2 * pi+am;
Lc=(float)Math.sqrt((xc-p0_[0]) * (xc-p0_[0])
                        +(yc-p0_[1]) * (yc-p0_[1]));
if(am * ROB_PAR.ARM_POS[arm]<0)
        p4am[0]=-Lc;
else    p4am[0]=Lc;

//计算 L4c
L4c=(float)Math.sqrt((xc-p4[0]) * (xc-p4[0])+
            (yc-p4[1]) * (yc-p4[1]));

//设定 P1.i 和 P4.i 在 P0.i-xy'z坐标系的位置
p4am[1]=L4c;                              //p4y
p4am[2]=p4[2];                            //p4z
p1am[0]=ROB_PAR.L1;                       //p1x
p1am[1]=0;                                //p1y
p1am[2]=p1_[2];                           //p1z

//计算关节转角 a1
float a1=p4xy_to_a1(p1am,p4am,arm);
ROB_MOVE.a1[arm]=a1;
}

//--------------------------------
//计算 2 条直线的交点
//--------------------------------
String get_l_l_cutpoint(float xa1,float ya1,float xe1,float ye1,float xa2,float ya2,float xe2,float
ye2,float[]pff){
float    m1,m2,k1,k2,b,x,y;
```

```
m1=xe1-xa1;
m2=xe2-xa2;
if(Math.abs(m1)<0.001 && Math.abs(m2)>0.001)
  {
  k2=(ye2-ya2)/m2;
  x=xe1;                                    //x
  pff[0]=x;
  pff[1]=k2*(x-xa2)+ya2;
  }

else if(Math.abs(m1)>0.001 && Math.abs(m2)<0.001)
  {
  k1=(ye1-ya1)/m1;
  x=xe2;                                    //x
  pff[0]=x;
  pff[1]=k1*(x-xa1)+ya1;
  }

else if(Math.abs(m1)<0.001 && Math.abs(m2)<0.001)
  {
  pff[0]=xe1;
  pff[1]=ye1;
  }

else if(Math.abs(m1)>=0.001 && Math.abs(m2)>=0.001)
  {
  k1=(ye1-ya1)/m1;
  k2=(ye2-ya2)/m2;
  b=ya1-ya2;
  if(Math.abs(k1-k2)<=0.001)
     {
     pff[0]=xe1;
     pff[1]=ye1;
     }
  else    {
     x=(k1*xa1-k2*xa2-b)/(k1-k2);
     pff[0]=x;
     pff[1]=k1*(x-xa1)+ya1;                 //y
```

```
        }
    }//else if(Math.abs(m1)>=0.001)

if(Math.abs(pff[0])>=99999.0 || Math.abs(pff[0])>=99999.0)
      return("no cutting point");
else return("");
}//get_l_l_cutpoint

//--------------------------------
//根据工具位置和坐标系旋转姿态角参数 x,y,z,Φ,Ψ,θ
//计算关节转角 a1.0,a1.1,a1.2,a1.3,a1.4,a1.5
//--------------------------------
public void pos_pt_to_6a1(float[]pos_pt){
int i;

//计算关节位置 P4.i:ROB_MOVE.pos_6p4[i][0...2]
//计算关节位置 P1.i:ROB_MOVE.pos_6p1[i][0...2]
pos_pt_to_6p4(pos_pt);

//计算关节转角 a1.i:ROB_MOVE.a1[0...5]
for(i=0;i<ROB_PAR.MAX_ARM;i++){
  pos_p4_to_a1(i);
  }
}
```

G.2 坐标正变换程序示例5的计算源程序

```
//--------------------------------
//进行坐标正变换,由关节转角 a1.0,a1.1,a1.2,a1.3,a1.4,a1.5
//求工具位置 P5(x5,y5,z5)和工具坐标系旋转姿态角 Φ,Ψ,θ
//a1[i]:a1[0],a1[1],a1[2],a1[3],a1[4],a1[5],即 a1.0,a1.1,a1.2,a1.3,a1.4,a1.5
//--------------------------------
float[]axis_6a1_to_p5(float[]a1){
float[]p5=new float[CONST.MAX_AXIS];                //下平台中心位置

float[]x45=new float[ROB_PAR.MAX_ARM];
                     //球铰 P4.0,P4.1,P4.2,P4.3,P4.4,P4.5 在 P5 坐标系的 x 坐标
float[]y45=new float[ROB_PAR.MAX_ARM];
                     //球铰 P4.0,P4.1,P4.2,P4.3,P4.4,P4.5 在 P5 坐标系的 y 坐标

float[]x4=new float[ROB_PAR.MAX_ARM];
                     //球铰 P4.0,P4.1,P4.2,P4.3,P4.4,P4.5 在 P0 坐标系的 x 坐标
```

```
float[ ]y4=new float[ROB_PAR.MAX_ARM];
                    //球铰 P4.0,P4.1,P4.2,P4.3,P4.4,P4.5 在 P0 坐标系的 y 坐标
float[ ]z4=new float[ROB_PAR.MAX_ARM];
                    //球铰 P4.0,P4.1,P4.2,P4.3,P4.4,P4.5 在 P0 坐标系的 z 坐标

float[ ]x2=new float[ROB_PAR.MAX_ARM];
                    //球铰 P2.0,P2.1,P2.2,P2.3,P2.4,P2.5 在 P0 坐标系的 x 坐标
float[ ]y2=new float[ROB_PAR.MAX_ARM];
                    //球铰 P2.0,P2.1,P2.2,P2.3,P2.4,P2.5 在 P0 坐标系的 y 坐标
float[ ]z2=new float[ROB_PAR.MAX_ARM];
                    //球铰 P2.0,P2.1,P2.2,P2.3,P2.4,P2.5 在 P0 坐标系的 z 坐标

float[ ]x1=new float[ROB_PAR.MAX_ARM];
                    //关节位置 P1.0,P1.1,P1.2,P1.3,P1.4,P1.5 的 x 坐标
float[ ]y1=new float[ROB_PAR.MAX_ARM];
                    //关节位置 P1.0,P1.1,P1.2,P1.3,P1.4,P1.5 的 y 坐标
float[ ]z1=new float[ROB_PAR.MAX_ARM];
                    //关节位置 P1.0,P1.1,P1.2,P1.3,P1.4,P1.5 的 z 坐标

float[ ]func=new float[ROB_PAR.MAX_ARM];                 //非线性方程组
float[ ]df_dx=new float[ROB_PAR.MAX_ARM];                //f 对 x 的偏导数
float[ ]df_dy=new float[ROB_PAR.MAX_ARM];                //f 对 y 的偏导数
float[ ]df_dz=new float[ROB_PAR.MAX_ARM];                //f 对 z 的偏导数
float[ ]df_ds10=new float[ROB_PAR.MAX_ARM];              //f 对 sinΦ 的偏导数
float[ ]df_ds11=new float[ROB_PAR.MAX_ARM];              //f 对 sinΨ 的偏导数
float[ ]df_ds12=new float[ROB_PAR.MAX_ARM];              //f 对 sinθ 的偏导数
float[ ][ ]jacob=new float[ROB_PAR.MAX_ARM][ROB_PAR.MAX_ARM];
                                                         //雅可比矩阵
float[ ][ ]inv_jacob=new float[ROB_PAR.MAX_ARM][ROB_PAR.MAX_ARM];
                                                         //雅可比逆矩阵
float[ ]vector=new float[ROB_PAR.MAX_ARM];               //向量
float a0;                                                //摆杆方向角 a0
float shift_x,shift_y;                                   //摆杆偏移量

float x,y,z;                                             //下平台中心位置
float s10,s11,s12;                                       //下平台姿态角 sin 值
float c10,c11,c12;                                       //下平台姿态角 cos 值

float a0_pi;                                             //临时变量
```

```
float a1_pi;                                          //临时变量
int recu_n=6;                                         //迭代次数

int i,k;

//计算 P4.0,P4.1,P4.2,P4.3,P4.4,P4.5 在 P5 坐标系的位置
for(i=0;i<ROB_PAR.MAX_ARM;i++){
  x45[i]=(float)(ROB_PAR.disc_r * Math.cos(Math.toRadians(ROB_PAR.DISC_POS
[i])));
  y45[i]=(float)(ROB_PAR.disc_r * Math.sin(Math.toRadians(ROB_PAR.DISC_POS
[i])));
  }

//计算关节位置 P1.0,P1.1,P1.2,P1.3,P1.4,P1.5
for(i=0;i<ROB_PAR.MAX_ARM;i++){
  a0=(float)Math.toRadians(ROB_PAR.ARM_POS[i]);       //摆杆方向角 a0
  if(a0>=0){
    shift_x=(float)(-ROB_PAR.ARM_OFFSET[i] * Math.sin(a0));
    shift_y=(float)(ROB_PAR.ARM_OFFSET[i] * Math.cos(a0));
    }
  else {
    shift_x=(float)(ROB_PAR.ARM_OFFSET[i] * Math.sin(a0));
    shift_y=(float)(-ROB_PAR.ARM_OFFSET[i] * Math.cos(a0));
    }

  x1[i]=(float)(ROB_PAR.L1 * Math.cos(a0))+shift_x;   //x
  y1[i]=(float)(ROB_PAR.L1 * Math.sin(a0))+shift_y;   //y
  z1[i]=0;                                            //z
  }


//计算关节位置 P2.0,P2.1,P2.2,P2.3,P2.4,P2.5
for(i=0;i<ROB_PAR.MAX_ARM;i++){
  a1_pi=(float)Math.toRadians(a1[i]);
  a0_pi=(float)Math.toRadians(ROB_PAR.ARM_POS[i]);
  x2[i]=(float)(x1[i]+ROB_PAR.L2 * Math.cos(a1_pi) * Math.cos(a0_pi));
  y2[i]=(float)(y1[i]+ROB_PAR.L2 * Math.cos(a1_pi) * Math.sin(a0_pi));
  z2[i]=(float)(z1[i]-ROB_PAR.L2 * Math.sin(a1_pi));
}
```

```
//设定迭代初值
x=0;
y=0;
z=-ROB_PAR.L4;
s10=0;                                              //sinΦ
s11=0;                                              //sinΨ
s12=0;                                              //sinθ

//迭代计算
for(k=0;k<recu_n;k++){
  //计算 cosΦ,cosΨ,cosθ
  c10=(float)Math.sqrt(1-s10*s10);                  //cosΦ
  c11=(float)Math.sqrt(1-s11*s11);                  //cosΨ
  c12=(float)Math.sqrt(1-s12*s12);                  //cosθ

  //计算关节位置 P4.0,P4.1,P4.2,P4.3,P4.4,P4.5
  for(i=0;i<ROB_PAR.MAX_ARM;i++){
    x4[i]=x+x45[i]*c11*c12-y45[i]*s11;
    y4[i]=y+c10*(x45[i]*s11*c12+y45[i]*c11)+x45[i]*s10*s12;
    z4[i]=z+s10*(x45[i]*s11*c12+y45[i]*c11)-x45[i]*c10*s12;
  }

  //计算函数 f0,f1,f2,f3,f4,f5 的值
  for(i=0;i<ROB_PAR.MAX_ARM;i++){
    func[i]=(x4[i]-x2[i])*(x4[i]-x2[i])
            +(y4[i]-y2[i])*(y4[i]-y2[i])
            +(z4[i]-z2[i])*(z4[i]-z2[i])
            -ROB_PAR.L4*ROB_PAR.L4;

  }

  //计算 f0,f1,f2,f3,f4,f5 对 x,y,z,sinΦ,sinΨ,sinθ 的偏导数
  for(i=0;i<ROB_PAR.MAX_ARM;i++){
    df_dx[i]=2*(x4[i]-x2[i]);
    df_dy[i]=2*(y4[i]-y2[i]);
    df_dz[i]=2*(z4[i]-z2[i]);

    df_ds10[i]=2*(y4[i]-y2[i])*(-s10/c10*(x45[i]*s11*c12+y45[i]*c11)+x45
```

```
            [i] * s12)+2 * (z4[i]-z2[i]) * (x45[i] * s11 * c12+y45[i] * c11+x45[i]
            * s10/c10 * s12);
                                                //fi 对 sinΦ 的偏导数
    df_ds11[i]=2 * (x4[i]-x2[i]) * (-x45[i] * s11/c11 * c12-y45[i])
            +2 * (y4[i]-y2[i]) * c10 * (x45[i] * c12-y45[i] * s11/c11)
            +2 * (z4[i]-z2[i]) * s10 * (x45[i] * c12-y45[i] * s11/c11);
                                                //fi 对 sinΨ 的偏导数
    df_ds12[i]=2 * (x4[i]-x2[i]) * c11 * x45[i] * (-s12/c12)
            +2 * (y4[i]-y2[i]) * (c10 * x45[i] * s11 * (-s12/c12)+x45[i] * s10)
            +2 * (z4[i]-z2[i]) * (x45[i] * s10 * s11 * (-s12/c12)-x45[i] * c10);
                                                //fi 对 sinθ 的偏导数
  }

//设定雅可比矩阵
for(i=0;i<ROB_PAR.MAX_ARM;i++){
  jacob[i][0]=df_dx[i];
  jacob[i][1]=df_dy[i];
  jacob[i][2]=df_dz[i];
  jacob[i][3]=df_ds10[i];
  jacob[i][4]=df_ds11[i];
  jacob[i][5]=df_ds12[i];
  }

//计算雅可比矩阵的逆矩阵
inv_matrix(jacob,inv_jacob,MAT6);

//计算 x,y,z,sinΦ,sinΨ,sinθ
vector=mat6_mult_vector(inv_jacob,func);
x=x-vector[0];
y=y-vector[1];
z=z-vector[2];
s10=s10-vector[3];
s11=s11-vector[4];
s12=s12-vector[5];

//溢出处理
if(s10>1)s10=0.1f;
if(s10<-1)s10=-0.1f;
```

```
    if(s11>1)s11=0.1f;
    if(s11<-1)s11=-0.1f;

    if(s12>1)s12=0.1f;
    if(s12<-1)s12=-0.1f;

  }//for(k=0;k<recu_n;k++){

//返回值
p5[0]=x;
p5[1]=y;
p5[2]=z;
p5[3]=(float)Math.toDegrees(Math.asin(s10));
p5[4]=(float)Math.toDegrees(Math.asin(s11));
p5[5]=(float)Math.toDegrees(Math.asin(s12));

return p5;
}

//--------------------------------
//进行坐标正变换,由关节转角 a1.0,a1.1,a1.2,a1.3,a1.4,a1.5
//求工具位置 Pt(x,y,z)和工具坐标系旋转姿态角 Φ,Ψ,θ
//a1[i]:a1[0],a1[1],a1[2],a1[3],a1[4],a1[5],即 a1.0,a1.1,a1.2,a1.3,a1.4,a1.5
//--------------------------------
float[]axis_6a1_to_pt(float[]a1){
float[]pt=new float[CONST.MAX_AXIS];              //工具位置
float[]p5=new float[CONST.MAX_AXIS];              //下平台中心位置
float[]uvw=new float[CONST.MAX_AXIS];             //工具方向向量
float L5=220;                                     //工具长度

//计算 P5 的位置和姿态
p5=axis_6a1_to_p5(a1);

//计算工具方向矢量
uvw=tool_uvw(p5);

//计算工具的位置
pt[0]=p5[0]+L5*uvw[0];                            //x
pt[1]=p5[1]+L5*uvw[1];                            //y
pt[2]=p5[2]+L5*uvw[2];                            //z
```

```
//工具姿态返回值
pt[3]=p5[3];                                          //Φ
pt[4]=p5[4];                                          //Ψ
pt[5]=p5[5];                                          //θ

return pt;
}
```

附录 H 程序示例 6 的_coord_trans_f7 类源程序

```
public class _coord_trans_f7{
//…略…

//---------------------------------
//设定坐标变换矩阵 T0,T1,T2,T3,T4,T5 的值并计算矩阵 T0T1T2T3T4T5
//s[i]:s0,s1,s3,即 sina0,sina1,sina3
//ax_now[i]:a2,a4,a5
//---------------------------------
void set_t012345(float[]s,float c0_sign,float[]ax_now){
int n_axis=6;                                         //关节的数目
float[]c=new float[n_axis];                           //cos[]
float L2=ROB_PAR.L2;                                  //机器人结构参数 L2
float L2y=ROB_PAR.L2y;                                //机器人结构参数 L2y
float L3=ROB_PAR.L3;                                  //机器人结构参数 L3
float L5=ROB_PAR.L5;                                  //机器人结构参数 L5
int i;

//---计算 cos cosa0,cosa1,cosa2,cosa3,cosa4,cosa5---
for(i=0;i<4;i++)
  c[i]=(float)Math.sqrt(1-s[i]*s[i]);

c[0]=c[0]*c0_sign;
s[2]=(float)Math.sin(Math.toRadians(ax_now[2]));
s[4]=(float)Math.sin(Math.toRadians(ax_now[4]));
s[5]=(float)Math.sin(Math.toRadians(ax_now[5]));

c[2]=(float)Math.cos(Math.toRadians(ax_now[2]));
c[4]=(float)Math.cos(Math.toRadians(ax_now[4]));
```

```
c[5]=(float)Math.cos(Math.toRadians(ax_now[5]));

//---T0---
mat_set_row(trans0,0,c[0],-s[0],0,0);
mat_set_row(trans0,1,s[0],c[0],0,0);
mat_set_row(trans0,2,0,0,1,0);
mat_set_row(trans0,3,0,0,0,1);

//---T1---
mat_set_row(trans1,0,c[1],0,s[1],L2*s[1]);
mat_set_row(trans1,1,0,1,0, -L2y);
mat_set_row(trans1,2,-s[1],0,c[1],L2*c[1]);
mat_set_row(trans1,3,0,0,0,1);

//---T2---
mat_set_row(trans2,0,c[2],-s[2],0,-L2y*s[2]);
mat_set_row(trans2,1,s[2],c[2],0,L2y*c[2]);
mat_set_row(trans2,2,0,0,1,0);
mat_set_row(trans2,3,0,0,0,1);

//---T3---
mat_set_row(trans3,0,c[3],0,s[3],L3*c[3]);
mat_set_row(trans3,1,0,1,0,0);
mat_set_row(trans3,2,-s[3],0,c[3],-L3*s[3]);
mat_set_row(trans3,3,0,0,0,1);

//---T4---
mat_set_row(trans4,0,1,0,0,0);
mat_set_row(trans4,1,0,c[4],-s[4],-L5*c[4]);
mat_set_row(trans4,2,0,s[4],c[4],-L5*s[4]);
mat_set_row(trans4,3,0,0,0,1);

//---T5---
mat_set_row(trans5,0,c[5],0,s[5],0);
mat_set_row(trans5,1,0,1,0,0);
mat_set_row(trans5,2,-s[5],0,c[5],0);
mat_set_row(trans5,3,0,0,0,1);

//---计算 T0T1T2T3T4T5---
```

```
trans01=mat_mult(trans0,trans1);
trans012=mat_mult(trans01,trans2);
trans0123=mat_mult(trans012,trans3);
trans01234=mat_mult(trans0123,trans4);
trans012345=mat_mult(trans01234,trans5);

}//void set_t012345(float s[])

//---------------------------------
//计算 f[i]对 s[i]的偏导数
//s[]:s0,s1,s3,即 sina0,sina1,sina3
//ax_now[]:a2,a4,a5
//axis_i:si 的索引
//c0_sign: cosa0 的符号(+或-)
//---------------------------------
void set_df_ds(int axis_i,float[]si,float c0_sign,float[]ax_now){
float L2=ROB_PAR.L2;                                   //机器人结构参数 L2
float L3=ROB_PAR.L3;                                   //机器人结构参数 L3
float s0,s1,s3,c0,c1,c3;                               //中间变量

//---建立坐标变换矩阵 T0,T1,T2,T3,T4,T5,计算 T0T1T2T3T4T5---
set_t012345(si,c0_sign,ax_now);

//---计算 sin 值和 cos 值---
float sin=si[axis_i];
float cos=(float)Math.sqrt(1-sin*sin);
if(cos==0)cos=0.0000001f;

if(axis_i==0)cos=cos*c0_sign;

//---计算 f[i]对 s[i]的偏导数---
switch(axis_i){
  case 0://---trans0---
       s0=sin;
       c0=cos;
       mat_set_row(trans0,0,-s0/c0,-1,0,0);
       mat_set_row(trans0,1,1,-s0/c0,0,0);
       mat_set_row(trans0,2,0,0,0,0);
       mat_set_row(trans0,3,0,0,0,0);
```

```
        break;

    case 1://---trans1---
        s1=sin;
        c1=cos;
        mat_set_row(trans1,0,-s1/c1,0,1,L2);
        mat_set_row(trans1,1,0,0,0,0);
        mat_set_row(trans1,2,-1,0,-s1/c1,-L2 * s1/c1);
        mat_set_row(trans1,3,0,0,0,0);
        break;

    case 3://---trans3---
        s3=sin;
        c3=cos;
        mat_set_row(trans3,0,-s3/c3,0,1,-L3 * s3/c3);
        mat_set_row(trans3,1,0,0,0,0);
        mat_set_row(trans3,2,-1,0,-s3/c3,-L3);
        mat_set_row(trans3,3,0,0,0,0);
        break;
    }


//---计算 T0T1T2T3T4T5---
trans01=mat_mult(trans0,trans1);
trans012=mat_mult(trans01,trans2);
trans0123=mat_mult(trans012,trans3);
trans01234=mat_mult(trans0123,trans4);
trans012345=mat_mult(trans01234,trans5);

}//void add_dtds(int ax_i,float si){

//--------------------------------
//进行牛顿-拉普森迭代,
//由工具位置 Pt(x,y,z)和关节转角 a2,a4,a5 计算机器人的关节转角 a0,a1,a3
//pos[i]:x,y,z
//ax_now[i]:a0,a1,a3 的初始值,a4,a5 的值
//c0_sign: cosa0 的符号选择(+或-)
//--------------------------------
```

```
public float[]space_a45_to_a013(float[]pos,float[]ax_now,float c0_sign){
float[][]jacob3=new float[MAT4][MAT4];                    //雅可比矩阵
float[][]inv_jacob3=new float[MAT4][MAT4];                //雅可比逆矩阵
float[]vector1=new float[MAT4];                           //4 维向量
float[]vector2=new float[MAT4];                           //4 维向量
float[]temp=new float[MAT4];                              //中间变量

float[]df0_ds=new float[CONST.MAX_AXIS];                  //函数 f0 的偏导数
float[]df1_ds=new float[CONST.MAX_AXIS];                  //函数 f1 的偏导数
float[]df2_ds=new float[CONST.MAX_AXIS];                  //函数 f3 的偏导数
float[]axis=new float[TRANS_AXIS];                        //返回关节转角
float[]ax_act=new float[TRANS_AXIS];                      //关节转角变量

int recu_n=5;                                             //迭代计算次数
float f0,f1,f2;                                           //函数 f0,f1,f2 的值
float[]si=new float[CONST.MAX_AXIS];                      //sina0,sina1,sina2,sina3
float L6=240;                                             //机器人结构参数
int i,j;


//读入工具位置
float x=pos[0],y=pos[1],z=pos[2];

//---给定迭代初值---
for(i=0;i<CONST.MAX_AXIS;i++){
  si[i]=(float)Math.sin(Math.toRadians(ax_now[i]));
  ax_act[i]=ax_now[i];
  }

//---迭代计算---
for(j=0;j<recu_n;j++){
  //设定坐标变换矩阵 T0,T1,T2,T3,T4,T5,并计算 T0T1T2T3T4T5
  set_t012345(si,c0_sign,ax_act);

  //计算函数 f0,f1,f2 的值
  vector1[0]=0;
  vector1[1]=0;
  vector1[2]=-L6;
  vector1[3]=1;
```

```
    temp=mat_mult_vector(trans012345,vector1);
    f0=temp[0]-x;                                              //f0
    f1=temp[1]-y;                                              //f1
    f2=temp[2]-z;                                              //f2

    //计算偏导数分别计算 f0,f1,f2 对 sinai 的偏导数
  for(i=0;i<4;i++){
    set_df_ds(i,si,c0_sign,ax_act);
    temp=mat_mult_vector(trans012345,vector1);
    df0_ds[i]=temp[0];                                         //函数 f0 对 sinai 的偏导数
    df1_ds[i]=temp[1];                                         //函数 f1 对 sinai 的偏导数
    df2_ds[i]=temp[2];                                         //函数 f2 对 sinai 的偏导数
    }

  //建立雅可比矩阵
  mat_set_row(jacob3,0,df0_ds[0],df0_ds[1],df0_ds[3],0);
  mat_set_row(jacob3,1,df1_ds[0],df1_ds[1],df1_ds[3],0);
  mat_set_row(jacob3,2,df2_ds[0],df2_ds[1],df2_ds[3],0);
  mat_set_row(jacob3,3,0,0,0,1);

  //计算雅可比逆矩阵
  inv_jacob3=mat_inverse(jacob3);


  vector2[0]=f0;
  vector2[1]=f1;
  vector2[2]=f2;
  vector2[3]=0;

  //计算 sina0,sina1,sina3 的更新值
    temp=mat_mult_vector(inv_jacob3,vector2);
    si[0]=si[0]-temp[0];                                       //sina0
    si[1]=si[1]-temp[1];                                       //sina1
    si[3]=si[3]-temp[2];                                       //sina3

    //溢出处理
    for(i=0;i<CONST.MAX_AXIS;i++){
    if(si[i]>0.99999999)si[i]=0.99999999f;
    if(si[i]<-0.99999999)si[i]=-0.99999999f;
```

```
    }
    }//for(k=0;k<recu_n;k++){

  //axis 返回值
  for(i=0;i<4 ;i++)
    axis[i]=(float)Math.toDegrees(Math.asin(si[i]));

  axis[2]=ax_now[2];
  axis[4]=ax_now[4];
  axis[5]=ax_now[5];
  return axis;
  }//space_to_axis()


//---------------------------------
//进行坐标逆变换,
//由工具位置(x,y,z)、工具方向矢量(u,v,w)和关节转角 a2
//计算关节转角 a0,a1 和 a3,a4,a5
//---------------------------------
public float[]space_to_axis(float[]pos,float[]ax_now){
float[]axis=new float[TRANS_AXIS];           //关节转角返回值 a0,a1,a2,a3,a4,a5
float[]pos_act=new float[TRANS_AXIS];        //工具位置和姿态
float[]pos_start=new float[TRANS_AXIS];      //工具起点位置和姿态
float[]pos_end=new float[TRANS_AXIS];        //工具终点位置和姿态
float[]dL=new float[TRANS_AXIS];             //迭代位置和姿态增量
float[]ax_act=new float[TRANS_AXIS];         //当前关节转角

float[]a45=new float[TRANS_AXIS];            //关节转角 a4,a5
float dx,dy,dz;                              //工具位置误差
float xe=pos[0],ye=pos[1],ze=pos[2];         //工具迭代终点位置
float ue=pos[3],ve=pos[4],we=pos[5];         //工具迭代终点姿态
float xi,yi,zi,ui,vi,wi;                     //迭代位置和姿态
int recu_n=8;                                //迭代次数
int i,j;

//---计算单位方向矢量---
float uvw=(float)Math.sqrt(ue*ue+ve*ve+we*we);
ue=ue/uvw;
ve=ve/uvw;
```

```
we=we/uvw;

//---设定迭代终点位置和方向矢量---
pos_end[0]=xe;
pos_end[1]=ye;
pos_end[2]=ze;
pos_end[3]=ue;
pos_end[4]=ve;
pos_end[5]=we;

//---计算当前工具位置和方向矢量---
pos_start=axis_to_space(ax_now);

//---计算每个迭代周期工具位置和方向矢量的增量---
for(i=0;i<TRANS_AXIS;i++){
  dL[i]=(pos_end[i]-pos_start[i])/recu_n;
  ax_act[i]=ax_now[i];
  }

//---迭代计算---
for(j=0;j<=recu_n+2;j++){
  if(j<recu_n){
    //更新迭代位置和方向矢量
    xi=pos_start[0]+dL[0] * (j+1);
    yi=pos_start[1]+dL[1] * (j+1);
    zi=pos_start[2]+dL[2] * (j+1);
    ui=pos_start[3]+dL[3] * (j+1);
    vi=pos_start[4]+dL[4] * (j+1);
    wi=pos_start[5]+dL[5] * (j+1);
    }
  else {
    //到达迭代终点
    xi=pos_end[0];
    yi=pos_end[1];
    zi=pos_end[2];
    ui=pos_end[3];
    vi=pos_end[4];
    wi=pos_end[5];
    }
```

```
    //计算 a4,a5
     ax_act[2]=pos[CONST.q_axis];                  //关节转角 a2 的给定值
     a45=get_a45(ax_act,ui,vi,wi);
     ax_act[4]=a45[4];                              //关节转角 a4 的更新值
     ax_act[5]=a45[5];                              //关节转角 a5 的更新值

    //计算 a0,a1,a3
     pos_act[0]=xi;
     pos_act[1]=yi;
     pos_act[2]=zi;

     ax_act=space_a45_to_a013(pos_act,ax_act,1);
    }//for(j=0;j<=recu_n;j++)

//---输出返回值---
for(i=0;i<TRANS_AXIS;i++)
  axis[i]=ax_act[i];

return axis;
}//space_to_axis()
```

参考文献

[1] PAUL R P. Robot Manipulators: Mathematics, Programming and Control [M]. Cambridge: The MIT Press, 1982.

[2] 郇极. 工业机器人仿真与编程技术基础 [M]. 北京：机械工业出版社，2021.

[3] 库卡机器人有限公司. 库卡机器人编程手册 [Z]. 2011.

[4] 蔡自兴，谢斌. 机器人学 [M]. 北京：清华大学出版社，2015.

[5] 苏比尔·库马·萨哈. 工业机器人学导论 [M]. 付宜利，张松源，译. 哈尔滨：哈尔滨工业大学出版社，2017.

[6] 李星. 数值分析 [M]. 北京：科学出版社，2018.

[7] 梅莱. 并联机器人 [M]. 黄远灿，译. 北京：机械工业出版社，2014.

[8] 尹旭峰，郇极. 一种六杆并联机器人的控制问题和控制器研究 [J]. 北京航空航天大学学报，2003, 29 (6): 5.

[9] 柯元旦，宋锐. Android 程序设计 [M]. 北京：北京航空航天大学出版社，2010.